JN297778

システム制御工学シリーズ　22

マルチエージェントシステムの制御

博士（工学）　東　　俊一　編著
博士（情報学）　永原　正章

Ph.D.　石井　秀明
博士（工学）　林　　直樹　共著
博士（情報学）　桜間　一徳
博士（情報学）　畑中　健志

コロナ社

システム制御工学シリーズ編集委員会

編集委員長　池田　雅夫（大阪大学・工学博士）
編 集 委 員　足立　修一（慶應義塾大学・工学博士）
　（五十音順）　梶原　宏之（九州大学・工学博士）
　　　　　　　　杉江　俊治（京都大学・工学博士）
　　　　　　　　藤田　政之（東京工業大学・工学博士）

（2007年1月現在）

刊行のことば

わが国において，制御工学が学問として形を現してから，50年近くが経過した．その間，産業界でその有用性が証明されるとともに，学界においてはつねに新たな理論の開発がなされてきた．その意味で，すでに成熟期に入っているとともに，まだ発展期でもある．

これまで，制御工学は，すべての製造業において，製品の精度の改善や高性能化，製造プロセスにおける生産性の向上などのために大きな貢献をしてきた．また，航空機，自動車，列車，船舶などの高速化と安全性の向上および省エネルギーのためにも不可欠であった．最近は，高層ビルや巨大橋梁の建設にも大きな役割を果たしている．将来は，地球温暖化の防止や有害物質の排出規制などの環境問題の解決にも，制御工学はなくてはならないものになるであろう．今後，制御工学は工学のより多くの分野に，いっそう浸透していくと予想される．

このような時代背景から，制御工学はその専門の技術者だけでなく，専門を問わず多くの技術者が習得すべき学問・技術へと広がりつつある．制御工学，特にその中心をなすシステム制御理論は難解であるという声をよく耳にするが，制御工学が広まるためには，非専門のひとにとっても理解しやすく書かれた教科書が必要である．この考えに基づき企画されたのが，本「システム制御工学シリーズ」である．

本シリーズは，レベル0（第1巻），レベル1（第2～7巻），レベル2（第8巻以降）の三つのレベルで構成されている．読者対象としては，大学の場合，レベル0は1，2年生程度，レベル1は2，3年生程度，レベル2は制御工学を専門の一つとする学科では3年生から大学院生，制御工学を主要な専門としない学科では4年生から大学院生を想定している．レベル0は，特別な予備知識なしに，制御工学とはなにかが理解できることを意図している．レベル1は，少

し数学的予備知識を必要とし，システム制御理論の基礎の習熟を意図している。レベル2は少し高度な制御理論や各種の制御対象に応じた制御法を述べるもので，専門書的色彩も含んでいるが，平易な説明に努めている。

　1990年代におけるコンピュータ環境の大きな変化，すなわちハードウェアの高速化とソフトウェアの使いやすさは，制御工学の世界にも大きな影響を与えた。だれもが容易に高度な理論を実際に用いることができるようになった。そして，数学の解析的な側面が強かったシステム制御理論が，最近は数値計算を強く意識するようになり，性格を変えつつある。本シリーズは，そのような傾向も反映するように，現在，第一線で活躍されており，今後も発展が期待される方々に執筆を依頼した。その方々の新しい感性で書かれた教科書が制御工学へのニーズに応え，制御工学のよりいっそうの社会的貢献に寄与できれば，幸いである。

　1998年12月

編集委員長　池　田　雅　夫

まえがき

　マルチエージェントシステムとは，複数のエージェントの局所的な相互作用をもとに大域的な機能を発現するシステムのことである．近年，大きな注目を浴びているセンサネットワーク，スマートグリッド，高度交通システム，システムバイオロジなどへの応用を視野に入れ，システム制御分野においては2000年以降，最も重要な研究対象に成長してきた．

　一方で，それを学ぶための基礎事項や，一連の研究成果を体系的にまとめた書籍は，洋書に限られており，日本語を母語とする学生にとっては，そのことが学習を始める上での障害となっている．また，さまざまな角度から数多くの研究成果が発表されているために，新たに参入を目指す研究者や技術者も，どこから手をつけるべきかがわかりにくい．

　このような背景のもと，本書は，マルチエージェントシステムをシステム制御の視点から体系的にまとめた「初の邦書」として企画された．特に，今後，マルチエージェントシステムの制御を，勉強してみたい，使ってみたい，研究してみたい，と考える読者に，「これだけは最初に押さえておきたい事項」を厳選して伝えることを目的としている．また，上述のように，すでに多くの研究成果が得られている一方で，根本的な部分は共通しており，それを理解しておくことによって最先端の研究へも容易にアクセスできるようになる．本書は，この点にも十分に配慮している．

　本書を読むための予備知識としては，線形代数と現代制御論が必要である．しかし，線形代数は大学の教養課程レベルのもの，現代制御論は線形システムの基本的な性質だけである．このように，多くの予備知識を前提としない点も，本書の特徴の一つである．

　本書は，システム制御分野で，現在，マルチエージェントシステム研究の最

前線にいる6人の若手研究者によって執筆されている．全5章からなり，その構成は以下のとおりである．

1章	序論	石井秀明
2章	数学的基礎	林 直樹，永原正章，桜間一徳
3章	合意制御	桜間一徳
4章	被覆制御	東 俊一
5章	分散最適化	畑中健志

1章では，マルチエージェントシステムの背景や応用範囲を解説し，これをもとに諸課題を概説する．2章は，ネットワークで結合された動的システムを扱うにあたって数学的な道具立てとなる線形代数と代数的グラフ理論を解説する．3章では，マルチエージェントシステムの基本的な制御方法である合意制御について説明する．4章では，発展的な制御方法である被覆制御について述べ，最後に5章では，集中的な方法では解けないような大規模な最適化問題を，マルチエージェントシステム上で分散的に解く方法を解説する．1～3章を基礎編，4章と5章を発展編と位置付けているが，実際には，1章，2章の2.2.1～2.2.3項，3章の3.1節と3.2節を読めば，マルチエージェントシステムの制御の全体像と基本的な理論が理解できるようになっている．初学者は，最初にこれらの部分を手を動かしながら読み進め，その後，残りの部分に進むことを勧める．

本書は，システム制御情報学会 会誌「システム/制御/情報」(2013年5月～2014年5月）に掲載された連載講座「マルチエージェントシステムの制御」[1)～8)†]をもとにしている．出版を快くご許可くださったシステム制御情報学会にお礼を申し上げたい．また，「システム制御工学シリーズ」の編集委員会の委員各位，特に，編集委員長である大阪大学 池田雅夫先生，企画に際してご尽力くださった京都大学 杉江俊治先生に感謝の意を表したい．さらに，草稿を読んでご意見をいただいた，大阪大学大学院工学研究科電気電子情報工学専攻 インテリジェントシステム領域の浅井俊紀氏，安部洸暉氏，岩瀬真司氏，加藤雅也氏，瀬川昂平氏，野村健二氏，藤村勇人氏，三宅志織氏，村西悠氏，鳥取大学大学院工

---

† 肩付き番号は巻末の引用・参考文献を示す．

学研究科機械宇宙工学専攻 制御・ロボティクス研究室の太田洋平氏，大塚貴浩氏，小阪悠介氏，西垣建志氏にお礼を申し上げる．最後に，出版に際してお世話になったコロナ社にも謝意を表したい．

2015 年 7 月

著者を代表して
東 俊一, 永原正章

本書で用いる記法

本書を通して，以下の記法を用いる。

- $\mathbb{R}$：実数の集合
- $\mathbb{N}$：自然数の集合（0 を含む）
- $\mathbb{C}$：複素数の集合
- $\mathbb{R}_+$：非負実数の集合
- j：虚数単位
- $|z|$：複素数 z の絶対値
- $\text{Re}(z)$：複素数 z の実部（Re で実軸を表すこともある）
- $\text{Im}(z)$：複素数 z の虚部（Im で虚軸を表すこともある）
- $\emptyset$：空集合
- $\mathcal{S}^{m \times n}$：集合 $\mathcal{S}$ の要素で構成される $m \times n$ 行列の集合
- $\mathcal{S}^n$：集合 $\mathcal{S}$ の要素で構成される n 次元列ベクトルの集合
- $\text{int}(\mathcal{S})$：集合 $\mathcal{S}$ の内部
- $\text{bd}(\mathcal{S})$：集合 $\mathcal{S}$ の境界
- $|\mathcal{S}|$：有限集合 $\mathcal{S}$ の要素数
- $\dim(\mathcal{S})$：線形空間 $\mathcal{S}$ の次元
- $\mathcal{S}^\perp$：線形空間 $\mathcal{S}$ の直交補空間
- $\mathcal{S}_1 \subset \mathcal{S}_2$：集合 $\mathcal{S}_1$ は集合 $\mathcal{S}_2$ の真部分集合（$\mathcal{S}_1 \neq \mathcal{S}_2$）
- $\mathcal{S}_1 \subseteq \mathcal{S}_2$：集合 $\mathcal{S}_1$ は集合 $\mathcal{S}_2$ の部分集合
- $\mathcal{S}_1 \cup \mathcal{S}_2$：集合 $\mathcal{S}_1$ と $\mathcal{S}_2$ の和集合
- $\bigcup_{i=1}^{n} \mathcal{S}_i$：集合 $\mathcal{S}_1, \mathcal{S}_2, \cdots, \mathcal{S}_n$ の和集合
- $\mathcal{S}_1 \cap \mathcal{S}_2$：集合 $\mathcal{S}_1$ と $\mathcal{S}_2$ の共通集合
- $\bigcap_{i=1}^{n} \mathcal{S}_i$：集合 $\mathcal{S}_1, \mathcal{S}_2, \cdots, \mathcal{S}_n$ の共通集合
- $\mathbf{0}$：零ベクトル
- $\mathbf{1}_n$：要素がすべて 1 の n 次元列ベクトル
- $\langle x, y \rangle := y^\top x$：二つのベクトル $x, y \in \mathbb{R}^n$ の標準内積（またはユーク

リッド内積）

- $\|x\| := \sqrt{\langle x, x \rangle}$：ベクトル $x \in \mathbb{R}^n$ のユークリッドノルム
- $x \perp y$：ベクトル $x, y \in \mathbb{R}^n$ が直交する，すなわち $\langle x, y \rangle = 0$
- $\mathrm{span}(x_1, x_2, \cdots, x_n)$：ベクトル $x_1, x_2, \cdots, x_n$ が張る線形空間
- I_n：$\mathbb{R}^{n \times n}$ の単位行列（添え字 n はサイズが明らかなときは省略する）
- 0：零行列
- $[a_{ij}]$：第 (i, j) 要素が a_{ij} である行列
- $A^\top$：行列 A の転置
- $\mathrm{abs}(A)$：行列 $A = [a_{ij}]$ に対して $\mathrm{abs}(A) := [|a_{ij}|]$
- $\ker(A)$：行列 A の零化空間（カーネル）
- $\mathrm{imag}(A)$：行列 A の像空間（イメージ）
- $\mathrm{rank}(A)$：行列 A の階数
- $\det(A)$：正方行列 A の行列式
- A^{-1}：正方行列 A の逆行列
- $\mathrm{diag}(A_1, A_2, \cdots, A_n)$：行列 $A_1, A_2, \cdots, A_n$ を対角ブロックに持つブロック対角行列
- $\rho(A)$：正方行列 A のスペクトル半径
- δ_{ij}：クロネッカーのデルタ，すなわち $i = j$ のとき $\delta_{ij} = 1$，それ以外で $\delta_{ij} = 0$
- $o(g(x))$：ランダウの記号（連続関数 $f(x), g(x)$ に対して，$\lim_{x \to a} |f(x)/g(x)| = 0$ が成り立つとき，$f(x)$ は $x = a$ で $o(g(x))$ であるという）
- $\dfrac{\partial J}{\partial x}(x)$：微分可能な関数 $J : \mathbb{R}^n \to \mathbb{R}$ の勾配（列ベクトル），すなわち

$$\frac{\partial J}{\partial x}(x) := \begin{bmatrix} \dfrac{\partial J}{\partial x_1}(x) & \dfrac{\partial J}{\partial x_2}(x) & \cdots & \dfrac{\partial J}{\partial x_n}(x) \end{bmatrix}^\top$$

- $\mathrm{dom}(J)$：関数 $J : \mathbb{R}^n \to \mathbb{R} \cup \{\infty\}$ の実行定義域 $\{x \in \mathbb{R}^n : J(x) < \infty\}$
- $x(t) \to \mathcal{S}$：関数 $x(t)$ の集合 $\mathcal{S}$ への収束（おのおのの正数 ε に対して，ある正数 τ が存在し，任意の $t \in [\tau, \infty)$ において $\inf_{z \in \mathcal{S}} \|x(t) - z\| < \varepsilon$）
- $x[k] \to \mathcal{S}$：ベクトル列 $x[k]$ $(k = 0, 1, \cdots)$ の集合 $\mathcal{S}$ への収束

目　次

1. 序　論

1.1　マルチエージェントシステムとは …………………………………… *1*
1.2　動物の協調行動モデル：ボイド ……………………………………… *2*
1.3　ビークル群の協調制御 ………………………………………………… *4*
1.4　センサネットワーク …………………………………………………… *7*
1.5　エージェント間の情報交換 …………………………………………… *11*
1.6　ネットワーク構造のモデル化 ………………………………………… *14*
1.7　関連分野におけるマルチエージェントシステム …………………… *16*

2. 数学的基礎

2.1　線形代数の基礎 ………………………………………………………… *21*
　2.1.1　有限次元実ベクトル空間と行列 ………………………………… *21*
　2.1.2　行列の固有値 ……………………………………………………… *27*
　2.1.3　行列指数関数 ……………………………………………………… *36*
2.2　代数的グラフ理論 ……………………………………………………… *39*
　2.2.1　グラフ ……………………………………………………………… *39*
　2.2.2　グラフの演算 ……………………………………………………… *46*
　2.2.3　グラフラプラシアン ……………………………………………… *49*
　2.2.4　ペロン行列 ………………………………………………………… *61*
　2.2.5　重み付きグラフの場合 …………………………………………… *68*
演　習　問　題 ……………………………………………………………… *77*

3. 合意制御

- 3.1 合意問題 ····· 80
  - 3.1.1 ネットワークと分散制御器 ····· 80
  - 3.1.2 合意の定義と種類 ····· 82
- 3.2 連続時間システムの合意制御 ····· 87
  - 3.2.1 合意を達成するための分散制御器 ····· 87
  - 3.2.2 無向グラフの場合 ····· 89
  - 3.2.3 一般のグラフの場合 ····· 96
- 3.3 離散時間システムの合意制御 ····· 105
- 3.4 スイッチングネットワークにおける合意制御 ····· 110
  - 3.4.1 離散時間システムの場合 ····· 110
  - 3.4.2 連続時間システムの場合 ····· 115
- 演習問題 ····· 119

4. 被覆制御

- 4.1 被覆問題 ····· 122
- 4.2 ボロノイ図と勾配系 ····· 125
  - 4.2.1 ボロノイ図 ····· 125
  - 4.2.2 勾配系 ····· 131
- 4.3 被覆制御 ····· 133
- 演習問題 ····· 140

5. 分散最適化

- 5.1 分散最適化問題 ····· 142
- 5.2 最適化の基礎 ····· 147
  - 5.2.1 劣勾配法 ····· 147

5.2.2		双対問題と劣勾配法による解法 ·················	150
5.3		双対分解による分散最適化 ·····················	153
5.3.1		問題設定 ··································	153
5.3.2		双対分解による分散最適化 ···················	156
5.4		合意制御による分散最適化 ·····················	160
5.4.1		問題設定 ··································	160
5.4.2		制約無し問題の場合 ························	163
5.4.3		制約付き問題の場合 ························	166

演習問題 ··· 167

付　　録 ··· 169

A.1	動的システムの安定性 ·······························	169
A.1.1	リアプノフ安定性 ··································	169
A.1.2	ラサールの不変性原理 ·····························	171
A.2	定理と補題の証明 ···································	171
A.2.1	定理 2.21(i) の証明と (ii) の必要性の証明 ········	171
A.2.2	定理 2.29 の必要性の証明 ··························	176
A.2.3	定理 2.30 の証明 ··································	177
A.2.4	定理 3.1(iii) の証明 ······························	178
A.2.5	定理 3.2(iii) の証明 ······························	178
A.2.6	補題 4.4 の証明 ···································	179
A.2.7	定理 5.6 の証明 ···································	182
A.2.8	補題 A.2 の証明 ···································	188

引用・参考文献 ··· 195

演習問題の解答 ··· 199

索　　引 ··· 217

1 序論

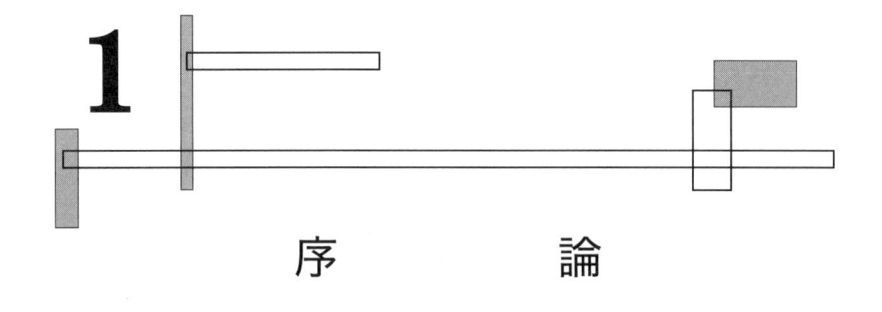

本書では，どのようなシステムをマルチエージェントシステムとして扱い，その制御を考える際にはどのような挙動を実現することを目指すのか．本章では，まず代表的な応用例である自律移動型ビークル群やセンサネットワークにおける分散制御問題を見ることで，こうしたシステムが持つ特徴や課題を考える．その上で，マルチエージェントシステムをより一般的に扱うために，エージェント間の情報交換や相互作用のあり方，その結果として得られるネットワーク構造を表すグラフによるモデル化について説明する．これらを通じて，マルチエージェントシステムの考え方とその世界の広がりを感じ，次章以降で理論的な基礎を学ぶ際の動機付けとしてもらいたい．

1.1 マルチエージェントシステムとは

多数の自律的に意思決定を行うことのできる構成要素からなるシステムを**マルチエージェントシステム**（multi-agent system）と呼ぶ．各要素を**エージェント**（agent）と呼び，それらが相互に影響を及ぼし合うことで，システム全体のレベルでの振る舞いが定まる．特に工学的なシステムにおいては，エージェント間で共通の目標を達成することが目的となる．

近年のセンサやアクチュエータ技術の向上により，小型機器であっても無線通信や一定の計算を行えるものが比較的安価に手に入るようになった．制御システムにおいてもネットワーク化が可能となり，大規模・複雑化してきた結果，そうしたシステムをどのように協調的に制御すべきかが，制御工学の観点からも新たな研究対象となってきた．そこでは，特定の制御タスクを実行したいと

きに，どのような相互作用，情報交換，あるいは分散制御アルゴリズムを実行すれば達成できるかが重要な課題となっている。

近年，こうした課題は，制御工学の分野で多くの研究者の関心を集め，熱心に研究がなされてきた[9]~[12]。その理由の一つに，関連する応用分野が非常に幅広いことが挙げられる。従来，制御工学が扱ってきた応用分野に近いものでは，自律移動型ビークル群やセンサネットワークがある。より最近は，電力ネットワーク，システムバイオロジ，あるいは社会的ネットワークなどの関連する分野に深く関わる形で発展している。

本書の目的は，こうしたマルチエージェントシステムの制御に関する初等的な内容を，システム制御の観点から体系立てて紹介することである。その導入として，以下ではマルチエージェントシステムの代表的な応用や関連する課題についてまとめる。

1.2 動物の協調行動モデル：ボイド

自然界における協調制御の代表的な例として，魚や鳥の群れ行動がある。そこでは多数の個体が，集まる，まとまって移動する，フォーメーションを組むなど，社会的な集団行動をとることができる。こうした現象は，マルチエージェントシステムの研究を行う際の強い動機付けとなり，目指すべき目標とされてきた。個々の動物（エージェント）がどのような意思決定を行っているかを考える上で，米国の研究者レイノルズによるコンピュータグラフィクスの**ボイド**（Boids）[13]はよく知られ，多くの示唆を与えてきた。本節では，その概要を説明する。

複数のエージェントが一定速度で移動している状況を考える。進行方向については，おのおののエージェントは，位置的に近い他のエージェントの行動を考慮して決定するとしよう。どのようなルールに基づいて進行方向を決めれば，すべてのエージェントが同一の方向に向くような協調行動を示すことができるだろうか。また，その際に考慮すべき他のエージェントは，魚や鳥であれば視

覚で感知できる範囲内にいる仲間程度であろうから，図 1.1 に示すように，一定のセンサレンジ内にいるものとなる。

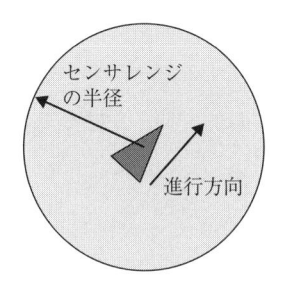

図 1.1 ボイドにおけるエージェント

むろん，グループに指揮をとるリーダーがいれば，マルチエージェントシステムのモデル化は比較的簡単である。しかし，ここではリーダーの存在は仮定せず，全エージェントが対等に同一のルールに従って行動するものとしよう。さらに，ルールといっても（動物であるので）可能な限り単純なものを想定したい。ボイドのモデルでは，図 1.2 に示す三つのルール，すなわち

- 衝突回避：エージェント同士が衝突しないよう，混雑してきたら離れる方向に移動する
- 整列：レンジ内の全エージェントの進行方向の平均にあたる方向に向きを変える
- 結合：レンジ内の全エージェントの位置の重心にあたる場所の方向へ移動する

が採用された。

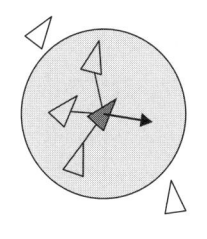

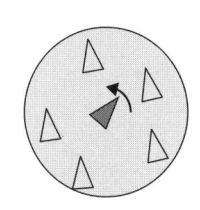

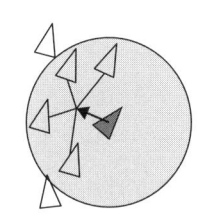

(a) 衝突回避   (b) 整 列   (c) 結 合

図 1.2 ボイド：三つのルール

上の三つのルールはいずれも，各エージェントが自身の周りで局所的に得られる情報のみを用いて，つまりシステム全体の情報を知ることなく，従うことができるものだとわかる。このモデルを用いてシミュレーションを行うと，エージェントが群れを作って移動する様子を再現することができる。これは，単純なルールに従うエージェントが全体として目的を持った振る舞いを示す興味深い結果となっている。

1.3 ビークル群の協調制御

動物のグループ行動に近いイメージの工学的な応用として，地上や空中を自律的に移動できる車両や飛行体などからなるビークル群がまとまって移動してタスクを実行するものが考えられよう。特に航空宇宙の分野では幅広い応用が期待されている。本節では，近年検討されている方向性をいくつか紹介する[12),14),15)]。

〔1〕 人工衛星群による干渉計

その一つに人工衛星の**フォーメーションフライト**（formation flight）がある。これは，従来大きな衛星が1台で行ってきたタスクを，複数の衛星が協調することで実行するものである。宇宙空間にセンサを分散的に配置することで，科学的，軍事的あるいは民生の目的の観測や監視において，観測範囲を広げたり，精度を向上したりできることが知られている。各衛星が小さいため，メリットとして，打ち上げや運用にかかるコストを削減できる点や，タスクの目的変更や故障といった変化へ柔軟に対応できる点が挙げられる。

フォーメーションフライトの一つの応用例として，天文観測で用いられる干渉計を実現する方法について説明しよう[16)]。干渉計では，複数の望遠鏡を連動させ，得られたデータをまとめて画像処理することで，より精細な天体画像を合成することが可能である。一般に望遠鏡の分解能は口径に依存するが，干渉計測では，2台の望遠鏡を結ぶ線（基線と呼ばれる）の長さに相当する口径を持つ望遠鏡と同等の解像度が得られる。その実現には，同一の発信源からの電波が，離れた望遠鏡に到達するとき，到達時間に差が生じることを利用する。地

上でも広く使われるが，宇宙空間で実現することで，地球の大気や地理的な条件に影響されることのない観測が可能となる．

このような干渉計で高い観測性能を実現するためには，構成要素である複数の望遠鏡をいかに精度良く配置できるかが重要な課題となる．大きな構造物に望遠鏡を固定する方法も考えられるが，宇宙空間における構造物の大きさには限度がある．その意味でより現実的なのは，図 1.3 に示すように，複数の衛星にそれぞれ望遠鏡を積む方法である．この場合には，図 1.4 のように，衛星同士が相対的な位置を一定に保つ高度なフォーメーション制御の実現が不可欠となる．

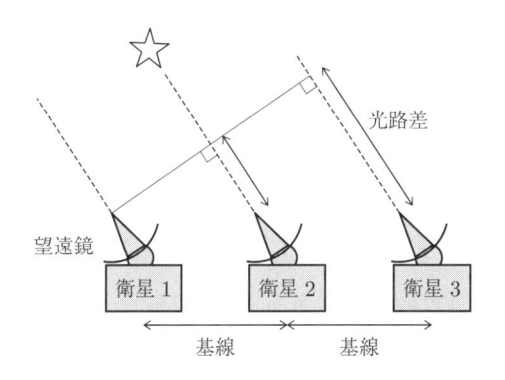

図 1.3 衛星群による干渉計

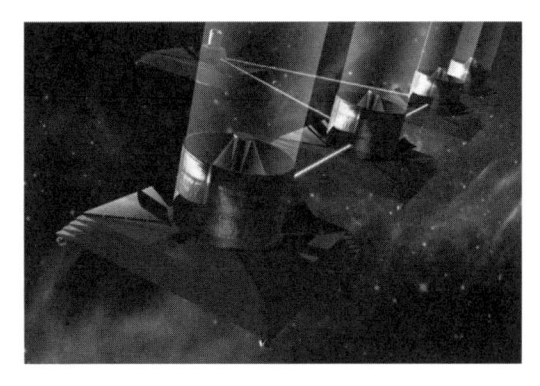

図 1.4 衛星群のフォーメーション制御
　　　（NASA 提供）

衛星の軌道制御には一定の燃料が必要となるため，その制約を守りつつフォーメーションを維持するような軌道設計が行われる。また，衛星数が数十を超える場合には，ある衛星がリーダーとなって集中的に制御をすることは，計算負荷や通信容量の面で難しい。そこで，分散制御型のシステム設計が重要となる。この技術は，2000年頃から米国宇宙航空局（NASA）が太陽系外惑星探査のために積極的に推進したことで注目されたが，その後，予算的な問題で計画は中止になった[17]。同様に衛星群を用いた技術として，小型衛星による巨大なアンテナやレーダーの形成が挙げられる。

〔2〕 ビークル群によるアンテナアレイ

人間が行動するのが難しい危険な地域や惑星での調査や捜索において，無人の自律探査車や飛行体が用いられることがある。このときも，タスクに必要な機器類を複数のビークルに分散して載せ，協調した行動をとらせることで，コスト面からのメリットが少なくない。例えば，個々のビークルの積載能力が小さくてすむため，製作や運転にかかるコストが抑えられる。また，ビークル数を増やして冗長性を持たせることで，その一部に故障や事故が起きた場合でも，システム全体として機能が維持できるようになる。

遠隔地においては，操作する側とビークルとの間での交信が重要である。これを保てないと，行動範囲が限定されたり，活動そのものが困難になったりする。例えば，NASAが火星の地表で用いる探査車 Curiosity は，地球と交信する際にいくつか制約がある。直接通信を行うことが可能であるが，通常は火星を回る人工衛星を通じて交信する。こちらのほうが送信スピードが速く，消費電力も少ないからである。しかし，衛星が探査車の上空にいる時間は，（火星での時間で）1日にたかだか10分程度である[18]。

そのような状況では，複数のビークルが一定の形状にフォーメーションを組むことで，無線通信が可能な距離を伸ばせることが知られている[19],[20]。これには，図 1.5 に示すアンテナアレイ（antenna array）と呼ばれる通信技術が活用される。おのおののビークルはアンテナを一つしか持っていないため出力も限られるが，複数のアンテナからの出力を合成することで，結果として大

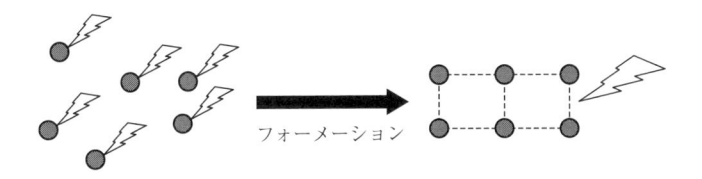

図 1.5 ビークルによるアンテナアレイの形成

きな出力が得られるのである。これは，アンテナ間で電波を発信する位相をずらすことで，一定の方向に指向性を持った電波が生成されることにより達成される。

〔3〕 合意問題について

このようなアンテナアレイを実現する際に，制御の面で以下の課題がある。第一に，地理的に分散しているビークルを特定のエリアに集合させる必要がある。事前に集合地点を決定せずに，ビークルの初期位置に応じた適切な場所を動的に決めることが望まれる。第二に，集合した後，ビークル群が自律的に所望のフォーメーションを形成し，また，通信が行われる間も環境の影響などによりフォーメーションが乱れないよう維持しなければならない。

3章で見るように，こうした問題は一般に**合意問題**（consensus problem）あるいは**ランデブー問題**（rendezvous problem）と呼ばれる基本的なクラスに属する。そこでは，全エージェントが局所的な相互作用を通じて，特定の状態変数について一致することを目指す。ビークルの例では，一致すべき状態は位置となる。また，1.2節で見たボイドでは，（一定速度で移動する）エージェントが進む方向となる。

1.4 センサネットワーク

センサネットワークは広い領域で種々の計測を行うためのシステムである。このシステムにおいて分散的なアルゴリズムの設計，あるいは移動型のセンサノードを考えることで，新しい制御の問題が現れる。

〔1〕 特徴とシステム構成

センサネットワーク（sensor network）とは，複数のセンサ端末を広範囲に配置し，その環境の温度や音，振動，圧力といった物理量を観測するシステムである[21]。各端末は比較的小型で，おもに電池により駆動され，無線通信機能が付いている。そのため，初期導入が容易であり，構造物や環境，地震のモニタリングなど，さまざまな分野で応用されている。この技術によって，これまで有線を用いていた計測機器を低コスト化したり，従来は難しかった計測を高精度で実行したりすることができるようになった。

例えば，建物や橋梁などの巨大な構造物は，経年劣化により崩壊するなどの危険性が考えられるが，そのような事故を未然に防ぐためには，健全性をモニタリングする必要がある。具体的には，構造物の複数箇所で振動を計測し，そのデータを解析することとなる。このような計測は，加速度センサを積んだ端末を多数設置し，データをワイヤレス通信を介して収集することで実現可能である。

センサネットワークの通信で特徴的なのは，基地局やアクセスポイントを介さずにノード同士で通信が可能な点である。図 **1.6** に示すように，直接無線が届かないノード間での通信は，その間にあるノードを介して行われる。これを**マルチホップ通信**（multi-hop communication）と呼ぶ。マルチホップ通信は，自律的に通信ルートを形成する必要があるため，新しいタイプの分散ネットワー

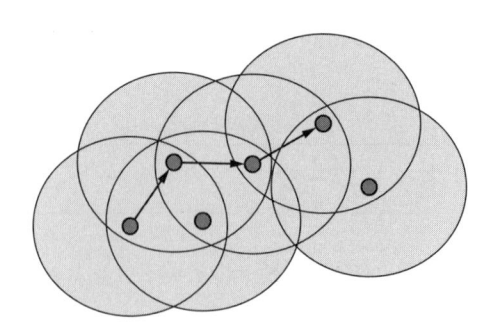

図 **1.6** センサネットワークにおける
マルチホップ通信

クとして注目されている。

各ノードの電力は，おもに電池により供給される。なるべく駆動時間を伸ばすためには，電力消費を抑えたシステム設計が求められる。通信や計算，センシングの実行についても，頻度や時間が極力少なくなるようスケジューリングされることになる。特に無線通信は，センサネットワーク全体で消費される電力の大半を占めるとされる。したがって，上で述べたマルチホップ通信を用いる場合も，センサの配置場所を決定する上で通信距離は考慮しなければならない。

センサネットワークのシステム構成には，**図 1.7** のように大まかに 2 通りあり，計測データの処理の仕方により決まる。

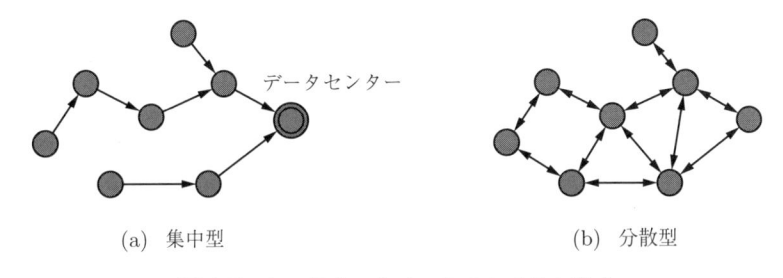

(a) 集中型　　　　　　　　　(b) 分散型

図 1.7 センサネットワークのシステム構成

- 集中型：解析に必要な情報のすべてを特定のノード（データセンター）に集める構成である。大局的な意思決定が可能となるが，データセンターに負荷が集中することになり，そのノード自身，あるいはマルチホップ通信時にそのノードへのルート上にあるノードが故障した場合に弱い。
- 分散型：各ノードは，直接通信できるノードと情報交換を行い，得られたデータをもとに処理を行う。例えば，複数のノードで計測したデータから，本来知りたい物理量のより精確な推定値（全データの平均値など）を求めたい場合に有効な構成となる。

マルチエージェントシステムの制御の観点から興味があるのは，後者の構成を採用した際に有用な分散アルゴリズムを構築することである。計測データをもとに全ノードで特定の値（平均値など）を分散的に求めるような問題は，前

節で述べた合意問題のクラスに属する。

〔2〕 時 刻 同 期

上で述べた構造物のモニタリングのような応用では，データ解析をする際に，各センサが取得したデータ間の時間的な整合性が非常に重要となる．例えば，どのセンサが先に振動したかを厳密に知らなければならず，そのためには，100マイクロ秒の単位で時刻を合わせる必要がある．しかし，一般にセンサノードが持つクロックには微小な個体差があるため，時計の進み方が異なっている．したがって，これを補正するために，センサノード間でクロックを高精度に同期する必要がある．電波時計を用いた通常の方法は，誤差が大きく十分ではない．

こうした手法は**時刻同期**（time synchronization）と呼ばれる．センサネットワークのための手法も多く提案されており，やはり集中型と分散型のものに分類される．集中型の手法では，ある特定のノードが持つ時刻を基準として，他のノードにそれを送信する．受信した側はその時刻に同期した上で，近くのノードに次々と時刻信号を送っていく．システム構成は**図 1.7** (a) と同様であるが，情報の流れを表す矢印の向きが逆になる．一般には，時刻同期において，このアルゴリズム（flooding time synchronization などと呼ばれる）は通信の遅延に影響を受けやすいが，センサネットワークでは通信距離が短いので問題にならない．

分散型の手法では，**図 1.7** (b) のように，各ノードが近くのノードと時刻情報を交換することで同期を実現する[14],[22]．時刻同期の場合にも，分散型のほうが，ノードの故障に対してよりロバストな構成であることがわかる．基準ノードを持たず，またメッシュ状に情報交換が行われるためである．この場合も合意問題の手法を用いることで解決できる．

〔3〕 被 覆 制 御

ここまでは，おもにセンサノードが固定された状況を想定してきたが，一方で，監視などの用途のためにセンサを搭載したロボット群を自律的に移動させるセンサネットワークも注目されている応用である[11]．**被覆問題**（coverage problem）と呼ばれる問題では，多数のセンサロボットを事前に定められた領域

内に配置することを目的とする．領域を分割した上で，各ロボットはその一部を担当してセンサで観測することとなる．全領域を網羅的に計測できるような位置を分散的に見つけて移動する．全領域を被覆する必要がない場合には，領域内に観測すべきかどうかを表す重要度を設定し，それに合わせて非均一に分散した配置となるように制御する．それぞれのロボットは，リアルタイムに計測をしつつ，自身が向かうべき位置を定めることとなる．

1.5 エージェント間の情報交換

1.3 節, 1.4 節では，自律移動型ビークル群やセンサネットワークのマルチエージェントシステムとしての特徴を見てきた．共通する点は二つある．まず，おのおののエージェントは自律的に振る舞っており，そのダイナミクスを無視することはできない．それはビークルが持つ物理的な運動方程式であったり，位置や時刻を決定するためのアルゴリズムであったりする．その意味で，各エージェントは低いレベルで通常のフィードバック制御を持つシステムといえる．

しかし，エージェントは物理的に分散しているため，おのおのが持っている情報は異なる．したがって，各エージェントは，協調するためになんらかの形で情報を交換している．それゆえ，マルチエージェントシステムは従来の制御系に比べると，より高いレベルで，このようにネットワーク化されたシステムとしての側面が強い．大規模なシステムでは，すべての情報をエージェント間で共有することは現実的ではなく，距離的に近いエージェント間で局所的に行うこととなる．

情報交換の方法として，無線などの**通信**（communication）による方法と，相手の状態をセンサを介して**計測**（sensing）する方法がある．以下では，それぞれについて少し詳しく考える[12]．

〔1〕通信による情報交換

エージェント間ではワイヤレス通信によって情報を共有することができる．センサネットワーク用デバイスに用いられる無線モジュールでは，数十〜百数

十kbpsの通信速度と，数m〜数百mの通信距離を確保できる[21]。先に述べたように，通常は各ノードで利用可能なエネルギーは限られる。そのため，無線による通信には，以下のような制約が伴う。

まず，通信可能な距離は送信する際に用いる電力に応じて決まるので，情報を直接交換できるのは限られた範囲内にいるエージェントとなる。より遠くにいるエージェント間では，中間にいるノードを介してアドホックにマルチホップ通信を行うほうがシステム全体のエネルギー効率が良い場合がある。また，多くの無線にはスリープモードが付いているため，通信する頻度や送信データの量を最小限に抑えて待機状態を増やすことが望ましい[21]。したがって，通信する頻度や送信データの量を最小限に抑える必要がある。

他方，大規模なネットワークの場合には，複数のエージェントが同時に送信を行う可能性が出てくる。そのときには，電波が相互に干渉を起こし，通信品質が劣化する。さらに，無線通信は障害物などの外部環境の影響も受けやすいため，必ずしも信頼性は高くない。送信中の損失が生じると，データの再送が必要となる。その頻度が高いと通信のリアルタイム性が下がり，センシングや制御の性能にも悪影響が出てくるだろう。そのため，通信に関してもエージェント間で協調が必要になる†。

〔2〕 センサによる情報取得

直接通信を行わなくても，センサを介した観測により，他のエージェントの状態に関する情報を得ることが可能である。自律移動型ビークル群が協調行動をとる際には，まずたがいの位置を知ることが不可欠である。この場合には，距離センサやビジョンセンサを用いることになる。以下で見るように，デバイスや手法によって計測可能な範囲や精度に特徴や制約がある[24]。

相手までの距離を測定することのできる距離センサとしては，超音波を用いるものと，レーザーや赤外光などを用いる光学的なものがある。距離測定は，基本的には測定対象となるエージェントに向けて超音波や光を照射し，往復する

---

† 通常のフィードバック制御系内に，通信量が限られたネットワークが用いられる場合についても盛んに研究されている[23]。

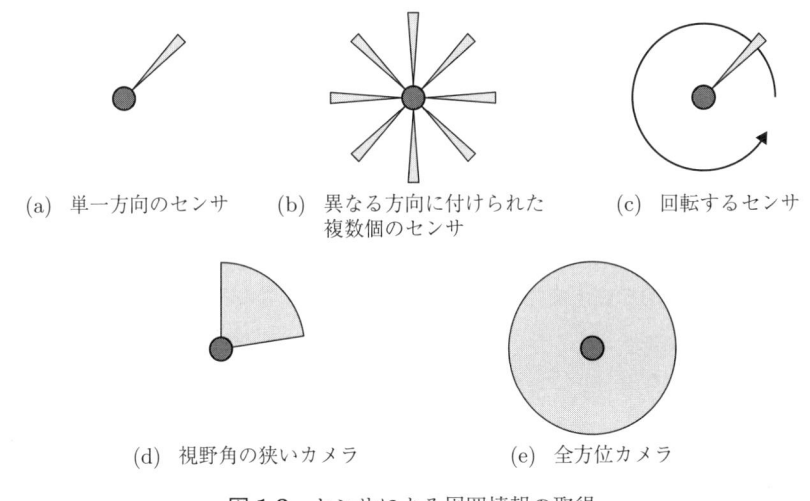

のにかかる伝搬時間を計測することで行う．超音波による距離センサは，空気中で超音波のエネルギーが吸収されるため，計測可能距離が数 m 程度である．一方，利点として，装置が小型で安価なこと，その割に距離の測定精度が高いことなどが挙げられる．レーザーによるものは，装置は高価であるが，計測可能範囲（数十 cm〜数十 m）および精度（数 mm〜数 m）の面での性能は十分である．こうしたセンサでは，図 **1.8** (a) のように単一方向のセンシングしか行えず，得られる情報は 1 次元の距離データのみである．2 次元的な位置データを得るには，図 **1.8** (b) に示すように複数個のセンサを異なる方向に向けて設置したり，図 **1.8** (c) のようにセンサを回転させてスキャンしたりする必要がある．

(a) 単一方向のセンサ　(b) 異なる方向に付けられた複数個のセンサ　(c) 回転するセンサ

(d) 視野角の狭いカメラ　(e) 全方位カメラ

図 **1.8** センサによる周囲情報の取得

カメラを用いたビジョンセンサでは，目的のエージェントに視覚的にわかりやすいマーキングをし，画像解析することで位置を計測する．計測範囲が広く，2 次元的な広がりを持つ距離データが比較的短時間に得られるなどの利点がある．欠点としては，カメラのキャリブレーションが必要なこと，測定領域が図 **1.8** (d) のようにカメラの視野角に制限されてしまうことが挙げられる．

エージェントの周りの環境全体をカメラによって比較的簡単に測定する方法

として，図 1.8 (e) に示すような周囲 360 度を撮影可能な全方位カメラがある。これは，球面状の鏡に映っている周囲の情景を下から上向きのカメラで撮影する方法である。1 台のカメラで一度撮影すれば周囲全体を見渡せる点で優れている。その反面，カメラを回して撮影した場合に比べると解像度が低く，また，垂直方向の視野角が狭いなどの制約もあるため，使い方には注意が必要である。

1.6 ネットワーク構造のモデル化

前節では，通信やセンサを通じた情報交換のあり方を見たが，マルチエージェントシステムをシステムレベルで見た場合には，エージェント間での情報交換の経路を表す**ネットワーク構造**（network structure）が重要な性質となる。つまり，どのような手段で情報交換を行うかにかかわらず，相互作用があるかどうかを陽にモデル化する必要がある。

マルチエージェントシステムにおいては，この目的のために**グラフ**（graph）と呼ばれる数学的な表現を用いる。ネットワーク構造のみをシステムから取り出すことで，マルチエージェントシステムの解析や設計の抽象化レベルを高めることができる。さらに，ネットワーク構造に対する性質を，グラフ理論の知見を用いて議論できるようになる。こうした点は，マルチエージェントシステムを解析・設計する上で重要であり，本書を通じて繰り返し強調される。

グラフ自体は，すでに本章で用いられてきた。例えば，図 1.6 のセンサネットワークでは，センサノードとその通信距離を示したが，ネットワーク構造のみを表すには，各センサノードと通信可能なエージェント間を結ぶ線があれば十分である。その結果，図 1.9 が得られる。これがグラフ表現である。グラフの用語では，エージェントに対応するものを**頂点**（node; vertex）と呼び，頂点間の相互作用を表す線を**辺**（edge）と呼ぶ。図 1.9 のグラフは，六つの頂点と七つの辺からなる。

マルチエージェントシステムの制御において，ネットワーク構造にはいくつ

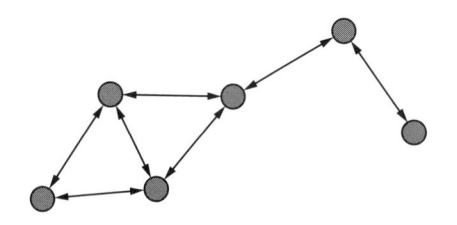

図 1.9 図 1.6 のセンサネットワークの
グラフ表現

か種類がある．以下では，グラフの基礎を応用に即して説明する．より厳密な扱いについては，2 章に譲る．

〔1〕 情報の流れる向き

まず，図 1.9 のセンサネットワークでは，すべてのセンサノードが同じ通信距離を持つことが前提となっている．その結果，二つのノード間で 1 方向で通信できるときは，つねに他の方向でも可能となる．つまり，相互に情報交換できることになる．しかし，容易に想像できるように，通信性能が異なるノードが含まれるマルチエージェントシステムであれば状況は異なる．ノード i からノード j へとデータを送ることができるが，逆向きには送信できないことが起きうる．このような情報の流れる向きを明示的に表現するために，図 1.7 (a) のように，グラフ中の辺は情報が流れる向きに沿った矢印で表すこととする．こうしたグラフは一般に**有向グラフ**（directed graph; digraph）と呼ばれる．本書では有向グラフを基本とするので，それを単にグラフと呼ぶこともある．

特別な場合として，図 1.9 のように，すべての辺が双方向の矢印であるものは**無向グラフ**（undirected graph）と呼ばれる．一般に，無向グラフでは，辺は矢印でなく，線分で表されることが多い．

本書を通じて，矢印の向きと情報の流れについては上述のように表記するが，文献によっては矢印の向きを逆に定義している場合があり，若干注意を要する．実際，群ロボットのようにセンサを通じて他エージェントの情報を得る状況を想定すると，ロボット i がロボット j をセンシングすることを $i \to j$ と表すのは自然かもしれない．ただ，システム制御分野の文献を見る限り，こちらは

16　1. 序　論

〔2〕　ネットワークのダイナミクス

マルチエージェントシステムにおける情報交換は，システムの状態や周囲の環境に応じて行われる．そのため，ネットワーク構造はダイナミックに変化しうる．この点に関して，以下のような分類が可能である．

静的なネットワーク（static network）とは，エージェント間の情報交換のネットワークが時間とともに変化しない場合を指す．例えば，群ロボットにおいて，各エージェントが時間的に連続してセンシングを行い，周りのロボットの位置を観測しているとき，このようなネットワーク表現が適切であろう．

他方，**動的なネットワーク**（dynamic network）においては，エージェントの接続構造が時間的に変化する．1.4 節で述べた橋や建物の健全性モニタリングのためのセンサネットワークのように，センサノードが固定されている場合には，システム内での接続可能なネットワーク自体は時間的に変わらない．しかし，ノード間で通信するタイミングは異なるので，システムを表現するときには時変のグラフを用いることになる．また，通信の信頼性が低い場合には，送信データにノイズが混入する，あるいはデータが損失することが起こりうる．こうした事象は時間的にランダムに発生するので，確率的なモデルを導入する必要がある．さらに，移動型のセンサネットワークでは，通信できる相手は各送信時刻におけるセンサの位置によって決まる．したがって，この場合には，ネットワーク構造はマルチエージェントシステム全体の状態に依存することとなる．

1.7　関連分野におけるマルチエージェントシステム

ここまでは，工学の中でも制御工学に近い分野の応用を中心に，マルチエージェントシステムのあり方を説明してきた．本節では少し視野を広げて，関連する分野においても，ネットワーク化されたマルチエージェントシステムが現れることを見る．

〔1〕 電力システム

電力システム（power system）は，種々の発電所から各需要家（家庭や工場，商業施設など）までを送電・配電系統で結ぶ非常に大規模なシステムである。簡単な電力ネットワークの例を**図 1.10** に示す。ここで，番号が付いたバスは発電所や変電所，需要家を表し，相互に送電線で結ばれている。電力システムにおけるネットワーク構造は広域にわたり，さらに構成要素はそれぞれ非線形なダイナミクスを持つため，その解析は非常に複雑である。さらに，2011年の東日本大震災以降，日本国内でもスマートグリッドの実現に向けた取り組みが始まっている。そこでは，おもに太陽光や風力などによる再生可能エネルギーを大量に導入することを前提としており，システムの複雑さがさらに増すと考えられる。このような大規模な問題では，マルチエージェント的なネットワークや分散性の考え方が有効となる。以下では，関連する二つの問題について述べる[25),26)]。

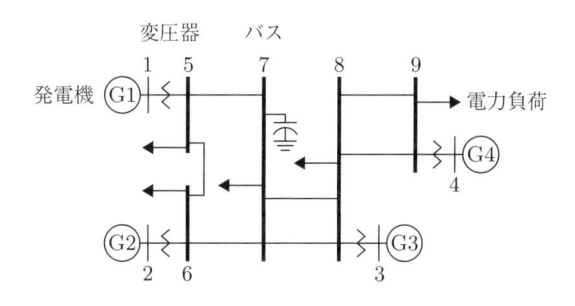

図 1.10 電力ネットワーク

(i) 同期問題

電力システムが満たすべき基本要件の一つは，接続されている多数の発電機が発電する際に，一定の周波数を持つ交流電力を**同期**（synchronization）させること，つまり，発電機間で回転軸の角度の差を許容範囲内に抑えて発電することである。この同期が保てなくなると，必要な電力が得られなくなり，システムが不安定な状態に陥る。特定の地域で起きた不安定性に対処できないと，不

安定性が徐々に周辺地域の系統に広がり,大規模な停電が引き起こされる。不安定性の原因にはさまざまなものがあるが,設備の故障や送電線の断線,電力需要の急激な変化などが挙げられる。さらに,再生可能エネルギーによる発電は,天候などに影響されてランダムに振る舞うため,従来とは異なる影響を電力システムにもたらす。

同期問題においては,電力システムのネットワーク構造および系統のダイナミクスを考慮した上で,システムの安定性と同期を保つための条件を導出することが課題となる[27]。こうした問題は,物理の力学系分野で長年研究されてきた,**蔵本振動子**(Kuramoto oscillator)と呼ばれる結合振動子ネットワーク[28]と共通するモデルであることが指摘されており,その関係も興味深い。

(ii) 分散推定・分散制御

電力システムのような規模の大きいシステムにおいては,その状態推定や制御,故障検出を集中的に行うことは困難である。というのも,システムが地理的に広がりを持つ上,扱うデータ量が膨大だからである。しかも今後,各家庭などにスマートメーターが導入されるようになると,消費電力だけでなく,発電した電力の売買に関する情報を通信することになり,ますますシステムが複雑化する。そのため,エネルギー管理システムを分散的に実現することが望まれている。もちろん,スマートメーターのレベルでも分散的な意思決定が必要である。また,系統レベルにおいても,電力ネットワークを地域ごとに分割して,各地域において局所的なデータをもとに監視・観測や制御を行うことになる。このときも,システム間で通信して情報を交換することで,集中的な手法に準ずる性能を実現することが望まれる。

特に電力システムでは,各ノードでの消費電力あるいはノード間でやりとりされる電力が必ずしも計測されていない。そうした電力を限られた計測値から推定することが重要な課題であり,分散的に行う手法が研究されている[29]。

〔2〕 情報科学における分散アルゴリズム

情報科学分野においても,分散的に計算を行うアルゴリズムは長年研究され

てきた[30]。**分散アルゴリズム**（distributed algorithm）は，通信を介して接続された複数の計算機上のプロセスで実行されるが，アルゴリズム内の異なる部分で何が計算されているかについては，それぞれが限られた情報しか持たない。主たる課題は，そのように情報が分散している状況で，特に計算機や通信に不具合や故障が起きた場合にも，アルゴリズムの各部分が協調して所望の計算を実行するような，信頼できるロバストなアルゴリズムを設計することである。代表的な問題のクラスには，**合意問題**（consensus problem）や**リーダー選挙問題**（leader election problem），**最小生成木構成問題**（minimum spanning tree problem）など，制御分野で研究されている問題と関連するものも，少なからず含まれる。

また，大規模な計算問題として，近年，Google 社の検索エンジンにおいて検索結果ランキングを生成する**ページランク問題**（PageRank problem）が注目されている[31]。これはウェブ内のページ間のリンクを介して定まる接続構造をもとにして，各ページの人気度や重要度を定量化するものである。Google 社が登録しているインターネット上のウェブページ数は数十億ともいわれ，すべてのページランク値を求めるには膨大な計算を要する。このため，マルチエージェントシステムの考え方や理論的なツールを用いた分散計算手法が提案されている[32),33)]。

〔3〕 ネットワーク科学

非常に複雑なシステムには，元来，ネットワークの構造を持つものが少なくない。上述の電力システムやウェブをはじめ，道路や航空路の交通ネットワーク，電話回線やインターネットの通信網，生物における代謝ネットワーク，人的なネットワークなどである。**ネットワーク科学**（network science）と呼ばれる比較的新しい分野では，具体的な個々の対象が持つ性質から離れて，構成要素のネットワーク構造に着目する。要素間での相互結合が持つ特徴量を抽出してモデル化することで，現実の多くのネットワークが持つ性質として，スモールワールド性やスケールフリー性といった新しい概念が得られてきた。この分野は，統計力学，数学，情報科学，生物学，経済学，社会学のネットワーク分

析などが関わる学際的な領域となっている[34],[35]。

　本章の冒頭で，本書が対象とするマルチエージェントシステムはセンサやアクチュエータ，通信の技術的な発展に伴って，研究が進展してきたと述べた。より広い視点から見ると，このネットワーク科学と呼ばれる分野における大規模システムの見方やその活発な研究活動に触発された面が，少なからずある。そして，ここまで見てきたように，ネットワーク内の各エージェントにおける「ダイナミクス」に注目することで，制御工学が扱うべき問題は数多くあるのである。

2 数学的基礎

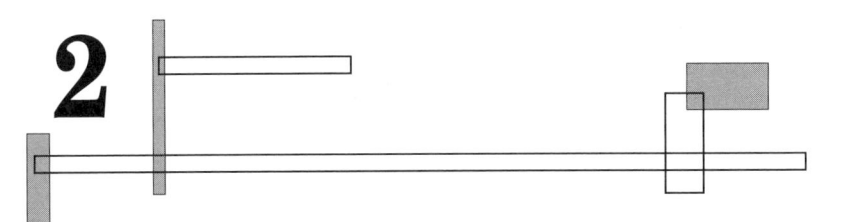

1章で見たように，マルチエージェントシステムの協調制御では，情報交換や知覚を通したエージェント間の「つながり方」が重要になる。そのような「つながり方」の構造を解き明かす代数的グラフ理論は，マルチエージェントシステムの解析や制御系設計においてきわめて強力なツールである。本章では，マルチエージェントシステムの制御を学ぶ上で必要となる線形代数と代数的グラフ理論を概説する。

2.1 線形代数の基礎

本節では，代数的グラフ理論で頻繁に用いる線形代数の知識を概観する。定理の証明はすべて省略するので，線形代数の標準的な教科書，例えば文献36)~38)などを参照されたい。

2.1.1 有限次元実ベクトル空間と行列

ここでは，マルチエージェントシステムの制御を考える上で重要となるベクトル空間の性質および行列の性質について復習する。

〔1〕 有限次元実ベクトル空間

有限次元実ベクトル空間 $\mathbb{R}^n$ の二つのベクトル x, y に対して，$\langle x, y \rangle := y^\top x$ を**標準内積**（standard inner product）または**ユークリッド内積**（Euclidean inner product）と呼ぶ。また，ベクトル $x \in \mathbb{R}^n$ に対して，$\|x\| := \sqrt{\langle x, x \rangle}$ を**ユークリッドノルム**（Euclidean norm）と呼ぶ。ベクトル $x, y \in \mathbb{R}^n$ に対し

て $\langle x, y \rangle = 0$ が成り立つとき，x と y は**直交** (orthogonal) するといい，$x \perp y$ と記す．$\mathbb{R}^n$ の二つの部分集合 $\mathcal{S}_1$ と $\mathcal{S}_2$ があって，任意の $x_1 \in \mathcal{S}_1$ と任意の $x_2 \in \mathcal{S}_2$ に対して $x_1 \perp x_2$ が成り立つとき，集合 $\mathcal{S}_1$ と $\mathcal{S}_2$ は直交するといい，$\mathcal{S}_1 \perp \mathcal{S}_2$ と記す．$\mathbb{R}^n$ の部分集合 $\mathcal{S}$ に対して，集合

$$\{ x \in \mathbb{R}^n : \langle x, y \rangle = 0 \ \ \forall y \in \mathcal{S} \} \tag{2.1}$$

を $\mathcal{S}$ の**直交補空間** (orthogonal complement) と呼び，それを $\mathcal{S}^\perp$ と記す．任意の部分集合 $\mathcal{S} \subseteq \mathbb{R}^n$ に対して，$\mathcal{S}^\perp$ は $\mathbb{R}^n$ の閉線形部分空間となる．特に $\mathcal{S}$ が $\mathbb{R}^n$ の線形部分空間のとき，任意のベクトル $x \in \mathbb{R}^n$ は，二つのベクトル $x_\mathcal{S} \in \mathcal{S}$ と $x_{\mathcal{S}^\perp} \in \mathcal{S}^\perp$ を用いて

$$x = x_\mathcal{S} + x_{\mathcal{S}^\perp} \tag{2.2}$$

と一意に分解できる．すなわち，$\mathbb{R}^n$ は $\mathcal{S}$ と $\mathcal{S}^\perp$ の直和であり

$$\mathbb{R}^n = \mathcal{S} \oplus \mathcal{S}^\perp \tag{2.3}$$

と書ける．この分解を $\mathbb{R}^n$ の**直交分解** (orthogonal decomposition) と呼ぶ．

有限次元実ベクトル空間の間の線形写像は，行列によって表現される．行列 $A \in \mathbb{R}^{m \times n}$ に対して

$$\ker(A) := \{ x \in \mathbb{R}^n : Ax = 0 \} \tag{2.4}$$

を A の**零化空間**または**カーネル** (kernel) と呼び，また

$$\mathrm{imag}(A) := \{ Ax \in \mathbb{R}^m : x \in \mathbb{R}^n \} \tag{2.5}$$

を A の**像空間**または**イメージ** (image) と呼ぶ．像空間 $\mathrm{imag}(A)$ の次元を行列 A の**階数** (rank) と呼び，それを $\mathrm{rank}(A)$ と記す．

行列 A の零化空間 $\ker(A)$ の次元と階数 $\mathrm{rank}(A)$ について，**次元定理** (dimension theorem) と呼ばれるつぎの定理が成り立つ．

【定理 2.1】（次元定理） 行列 $A \in \mathbb{R}^{m \times n}$ に対して

$$\dim(\ker(A)) + \mathrm{rank}(A) = n \tag{2.6}$$

が成り立つ．

さらに，行列の階数に関して，つぎの定理が成り立つ．

【定理 2.2】
(i) 行列 $A \in \mathbb{R}^{m \times n}$ に対して

$$\mathrm{rank}(A^\top) = \mathrm{rank}(A) \tag{2.7}$$

が成り立つ．

(ii) 行列 $A_1, A_2 \in \mathbb{R}^{m \times n}$ に対して

$$\mathrm{rank}(A_1 + A_2) \leqq \mathrm{rank}(A_1) + \mathrm{rank}(A_2) \tag{2.8}$$

が成り立つ．

(iii) 行列 $A \in \mathbb{R}^{m \times n}$ と正則行列 $T_1 \in \mathbb{R}^{m \times m}$, $T_2 \in \mathbb{R}^{n \times n}$ に対して

$$\mathrm{rank}(A) = \mathrm{rank}(T_1 A) = \mathrm{rank}(A T_2) = \mathrm{rank}(T_1 A T_2) \tag{2.9}$$

が成り立つ．

(iv) 行列 $A_1, A_2 \in \mathbb{R}^{m \times n}$ が

$$\mathrm{rank}(A_1) = \mathrm{rank}(A_2) \tag{2.10}$$

を満たすための必要十分条件は，ある二つの正則行列 $T_1 \in \mathbb{R}^{m \times m}$ と $T_2 \in \mathbb{R}^{n \times n}$ が存在して

$$A_2 = T_1 A_1 T_2 \tag{2.11}$$

となることである。

(v) 行列 $A \in \mathbb{R}^{m \times n}$ が

$$\mathrm{rank}(A) = n \tag{2.12}$$

を満たすとき，行列 $A^\top A$ は正則となる。さらにこのとき，$\mathcal{S} := \mathrm{imag}(A)$ とおくと，任意のベクトル x に対して，$x_\mathcal{S} \in \mathcal{S}$ と $x_{\mathcal{S}^\perp} \in \mathcal{S}^\perp$ が一意に存在し，$x = x_\mathcal{S} + x_{\mathcal{S}^\perp}$ と書け，それらは

$$x_\mathcal{S} = A(A^\top A)^{-1} A^\top x,\ x_{\mathcal{S}^\perp} = \left(I - A(A^\top A)^{-1} A^\top\right) x \tag{2.13}$$

で与えられる。

複数のベクトル $x_1, x_2, \cdots, x_n$ が張る線形空間を

$$\mathrm{span}(x_1, x_2, \cdots, x_n)$$
$$:= \{\alpha_1 x_1 + \alpha_2 x_2 + \cdots + \alpha_n x_n : \alpha_1, \alpha_2, \cdots, \alpha_n \in \mathbb{R}\} \tag{2.14}$$

と書く。集合 $\mathrm{span}(x_1, x_2, \cdots, x_n)$ は集合 $\{x_1, x_2, \cdots, x_n\}$ を含む最小の線形部分空間である。また，行列 A の第 i 列を a_i とすると（すなわち，$A = [a_1\ a_2\ \cdots\ a_n]$ とすると）

$$\mathrm{span}(a_1, a_2, \cdots, a_n) = \mathrm{imag}(A) \tag{2.15}$$

が成り立つ。特に，列ベクトル $a \in \mathbb{R}^n$ に対して

$$\mathrm{span}(a) = \mathrm{imag}(a) \tag{2.16}$$

が成り立つ。

〔2〕 行列の諸性質

正方行列 $A \in \mathbb{R}^{n \times n}$ の行列式を $\det(A)$ で表す。正方行列 $A \in \mathbb{R}^{n \times n}$ に対して，第 i 行，第 j 列を取り去って得られる $n-1$ 次行列を $A(i|j)$ で表す。また

$$\Delta_{ij} := (-1)^{i+j} \det(A(i|j)) \tag{2.17}$$

を行列 A の (i,j) **余因子**（cofactor）と呼ぶ。正方行列の行列式に対して，**ラプラス展開**（Laplace expansion）と呼ばれるつぎの定理が成り立つ。

【定理 2.3】（ラプラス展開）　行列 $A = [a_{ij}] \in \mathbb{R}^{n \times n}$ の行列式に対して

$$\det(A) = \sum_{k=1}^{n} a_{kj}\Delta_{kj} = \sum_{k=1}^{n} a_{ik}\Delta_{ik} \tag{2.18}$$

が任意の $i, j \in \{1, 2, \cdots, n\}$ に対して成り立つ[†]。ただし，Δ_{ij} は行列 A の (i,j) 余因子である。

対称行列 $A \in \mathbb{R}^{n \times n}$ が**正定値**（positive definite）であるとは，任意の非零のベクトル $x \in \mathbb{R}^n$ に対して，$x^\top A x > 0$ が成り立つことである。同様に，対称行列 $A \in \mathbb{R}^{n \times n}$ が**半正定値**（positive semidefinite）であるとは，任意のベクトル $x \in \mathbb{R}^n$ に対して，$x^\top A x \geqq 0$ が成り立つことである。対称行列 $-A \in \mathbb{R}^{n \times n}$ が正定値（または半正定値）のとき，A は**負定値**（negative definite）（または**半負定値**（negative semidefinite））であるという。

行列 $A \in \mathbb{R}^{m \times n}$ の要素がすべて正（または非負）のとき，行列 A は**正**（positive）（または**非負**（nonnegative））であるという。定義から明らかなように，二つの正行列（または非負行列）A_1, A_2 の和 $A_1 + A_2$ および積 $A_1 A_2$ は正（または非負）となる。

非負行列 $A = [a_{ij}] \in \mathbb{R}^{n \times n}$ の各行の和が 1，すなわち，任意の $i \in \{1, 2, \cdots, n\}$ に対して

$$a_{i1} + a_{i2} + \cdots + a_{in} = 1 \tag{2.19}$$

が成り立つとき，A を**確率行列**（stochastic matrix）と呼ぶ。式 (2.19) は要素がすべて 1 の n 次元列ベクトル $\mathbf{1}_n$ を用いて

[†] ラプラス展開を行列式の定義としている教科書もある[36]）。

$$A\mathbf{1}_n = \mathbf{1}_n \tag{2.20}$$

と表すこともできる。確率行列 A に対して，$A^\top$ も確率行列となるとき，A を**二重確率行列**（doubly stochastic matrix）と呼ぶ。

例 2.1 行列

$$A_1 = \begin{bmatrix} \frac{1}{2} & 0 & \frac{1}{2} \\ \frac{1}{4} & \frac{1}{2} & \frac{1}{4} \\ 0 & \frac{2}{3} & \frac{1}{3} \end{bmatrix} \tag{2.21}$$

は確率行列である。また，行列

$$A_2 = \begin{bmatrix} \frac{1}{2} & 0 & \frac{1}{2} \\ \frac{1}{4} & \frac{1}{2} & \frac{1}{4} \\ \frac{1}{4} & \frac{1}{2} & \frac{1}{4} \end{bmatrix} \tag{2.22}$$

は，A_2 も $A_2^\top$ も確率行列となるので，二重確率行列である。

行列 $\Pi \in \{0,1\}^{n \times n}$ の各行各列に 1 がちょうど一つだけあり，その他の要素がすべて 0 であるとき，行列 Π を**置換行列**（permutation matrix）と呼ぶ。行列 $A \in \mathbb{R}^{n \times n}$ が**可約**（reducible）であるとは，$n = 1$ の場合 $A = 0$，$n \geq 2$ の場合，ある置換行列 $\Pi \in \mathbb{R}^{n \times n}$ が存在して

$$\Pi^\top A \Pi = \begin{bmatrix} A_{11} & A_{12} \\ 0 & A_{22} \end{bmatrix} \tag{2.23}$$

と右上ブロック三角行列で表現できるときをいう。ただし，A_{11} と A_{22} は正方行列である。行列 $A \in \mathbb{R}^{n \times n}$ が可約でないとき，A は**既約**（irreducible）であるという。行列の既約性に関し，つぎの定理が成り立つ。

【定理 2.4】 行列 $A \in \mathbb{R}^{n \times n}$（ただし $n \geq 2$ とする）が既約であるため

の必要十分条件は

$$(I + \text{abs}(A))^{n-1} > 0 \tag{2.24}$$

が成り立つことである.ただし,式 (2.24) の不等号は要素ごとの不等号を表し,また $\text{abs}(A)$ は A の要素 a_{ij} の絶対値 $|a_{ij}|$ からなる行列である(すなわち,$\text{abs}(A) = [|a_{ij}|] \in \mathbb{R}^{n \times n}$).

2.1.2 行列の固有値

正方行列 $A \in \mathbb{R}^{n \times n}$ に対して

$$Ax = \lambda x \tag{2.25}$$

を満たす複素数 λ を行列 A の**固有値**(eigenvalue),非零のベクトル x を固有値 λ に対応する**固有ベクトル**(eigenvector)と呼ぶ.また,行列 A の固有値 λ に対して

$$\xi A = \lambda \xi \tag{2.26}$$

を満たす非零の行ベクトル ξ を固有値 λ に対応する**左固有ベクトル**(left eigenvector)と呼ぶ.これに対応させて,式 (2.25) を満たす固有ベクトル x を**右固有ベクトル**(right eigenvector)と呼ぶこともある(以降,単に固有ベクトルという場合は,右固有ベクトルを指すものとする).つぎの定理は,行列の固有値を特徴付ける重要な定理である.

【定理 2.5】 複素数 λ が行列 $A \in \mathbb{R}^{n \times n}$ の固有値であるための必要十分条件は,ベクトル x に関する線形方程式 $Ax = \lambda x$ が非自明解(非零の解)を持つこと,すなわち行列 $\lambda I - A$ が逆行列を持たないことである.

この定理に対応して,行列の固有値に関するつぎの定理も重要である.

【定理 2.6】 複素数 λ が行列 $A \in \mathbb{R}^{n \times n}$ の固有値であるための必要十分条件は，λ が A の**特性多項式** (characteristic polynomial)

$$p_A(s) := \det(sI - A) \tag{2.27}$$

の根であることである．

定理 2.6 より，行列 $A \in \mathbb{R}^{n \times n}$ の固有値は重複を含めて必ず n 個存在する．特性多項式の根の重複度を，その固有値の**代数的重複度** (algebraic multiplicity) と呼ぶ．一方，一つの固有値に対する 1 次独立な固有ベクトルの個数，言い換えれば $\ker(\lambda I - A)$ の次元を，その固有値の**幾何学的重複度** (geometric multiplicity) と呼ぶ．任意の固有値に対して，その幾何学的重複度は 1 以上であり，かつ代数的重複度より小さいか，または等しい．代数的重複度が 1 （よって幾何学的重複度も 1）の固有値は**単純** (simple) であるといい，代数的重複度と幾何学的重複度が等しい固有値は**半単純** (semisimple) であるという．また，すべての固有値が半単純であるような行列を**半単純行列** (semisimple matrix) と呼ぶ[†]．

例 2.2 行列

$$A = \begin{bmatrix} 1 & 0 & 0 \\ 0 & 1 & 1 \\ 0 & 0 & 1 \end{bmatrix} \tag{2.28}$$

の特性多項式は，$p_A(s) = \det(sI - A) = (s-1)^3$ となる．したがって，行列 A の固有値は $\lambda = 1$（3 重根）であり，その代数的重複度は 3 となる．一方，固有値 $\lambda = 1$ に対応する 1 次独立な固有ベクトルは二つ，例えば $x_1 = [1\ 0\ 0]^\top$, $x_2 = [0\ 1\ 0]^\top$ だけであり，幾何学的重複度は 2 となる．

[†] ここで定義した半単純行列を「単純行列」と呼ぶ教科書もある（例えば文献37））．

〔1〕 ジョルダン標準形とスペクトル分解

二つの正方行列 $A_1 \in \mathbb{R}^{n \times n}$ と $A_2 \in \mathbb{R}^{n \times n}$ が**相似**（similar）であるとは，ある正則行列 $T \in \mathbb{R}^{n \times n}$ が存在して，$A_2 = T^{-1} A_1 T$ が成り立つことである。行列 A の相異なる固有値を $\lambda_1, \lambda_2, \cdots, \lambda_r$ とし，固有値 λ_i の代数的重複度を m_i，幾何学的重複度を α_i とおく。このとき，行列 A は

$$J := \mathrm{diag}(J_1, J_2, \cdots, J_r) \tag{2.29}$$

で定義される行列 J に相似である。ただし，$J_1, J_2, \cdots, J_r$ はつぎで定義される。

$$J_i := \mathrm{diag}(J_{i1}, J_{i2}, \cdots, J_{i\alpha_i}) \in \mathbb{C}^{m_i \times m_i} \quad (i = 1, 2, \cdots, r) \tag{2.30}$$

$$J_{ij} := \begin{bmatrix} \lambda_i & 1 & 0 & \cdots & 0 \\ 0 & \lambda_i & 1 & \ddots & \vdots \\ 0 & 0 & \ddots & \ddots & 0 \\ \vdots & \vdots & \ddots & \lambda_i & 1 \\ 0 & 0 & \cdots & 0 & \lambda_i \end{bmatrix} \in \mathbb{C}^{n_{ij} \times n_{ij}} \quad (j = 1, 2, \cdots, \alpha_i) \tag{2.31}$$

$$m_i := \sum_{j=1}^{\alpha_i} n_{ij} \tag{2.32}$$

行列 J を行列 A の**ジョルダン標準形**（Jordan canonical form），行列 J_{ij} を**ジョルダン細胞**（Jordan cell）または**ジョルダンブロック**（Jordan block）と呼ぶ。

行列 $A \in \mathbb{R}^{n \times n}$ が対角行列に相似であるとき，行列 A は**対角化可能**（diagonalizable）であるという。上のジョルダン標準形より，行列の対角化可能性について，つぎの定理が得られる。

【定理 2.7】 行列 $A \in \mathbb{R}^{n \times n}$ が対角化可能であるための必要十分条件は，行列 A が半単純であることである。

上の定理より，半単純行列 $A \in \mathbb{R}^{n \times n}$ には n 個の 1 次独立な固有ベクトル

$x_1, x_2, \cdots, x_n$ が存在する。また，A が半単純であれば，$A^\top$ も半単純であり，$A^\top$ も n 個の 1 次独立な固有ベクトル $y_1, y_2, \cdots, y_n$ を持つ。すなわち

$$Ax_i = \lambda_i x_i \tag{2.33}$$

$$A^\top y_i = \lambda_i y_i \tag{2.34}$$

が任意の $i \in \{1, 2, \cdots, n\}$ について成り立つ。式 (2.34) の両辺の転置をとると

$$y_i^\top A = \lambda_i y_i^\top \tag{2.35}$$

となるので，$y_i^\top$ は A の左固有ベクトルであることがわかる。固有ベクトル $x_1, x_2, \cdots, x_n$ の 1 次独立性より，$T := [x_1 \; x_2 \; \cdots \; x_n]$ とおくと，T は正則である。また，固有ベクトル y_i の長さを $y_i^\top x_i = 1 \; (i = 1, 2, \cdots, n)$ が成り立つようにとれば，$T^{-1} = [y_1 \; y_2 \; \cdots \; y_n]^\top$ となることが容易に示せる[†]。以上より

$$A = T \mathrm{diag}(\lambda_1, \lambda_2, \cdots, \lambda_n) T^{-1} = \sum_{i=1}^{n} \lambda_i x_i y_i^\top \tag{2.36}$$

が成り立つ。式 (2.36) を半単純行列 A の**スペクトル分解**（spectral decomposition）と呼ぶ。

多項式

$$f(s) := \sum_{k=0}^{N} \alpha_k s^k \tag{2.37}$$

の変数 s に形式的に行列 $A \in \mathbb{R}^{n \times n}$ を代入したものを**行列多項式**（matrix polynomial）と呼び，それを $f(A)$ と記す。すなわち

$$f(A) := \sum_{k=0}^{N} \alpha_k A^k \tag{2.38}$$

と定義する。ただし，$A^0 = I$ である。行列多項式 $f(A)$ の固有値に関して，**スペクトル写像定理**（spectral mapping theorem）と呼ばれるつぎの定理が知られている。

[†] 例えば，文献37) の 6.3 節を参照。

【定理 2.8】（スペクトル写像定理）

行列 $A \in \mathbb{R}^{n \times n}$ の固有値を重複も含め $\lambda_1, \lambda_2, \cdots, \lambda_n$ とし，$f(s)$ を s の多項式とする。このとき，行列多項式 $f(A) \in \mathbb{R}^{n \times n}$ の固有値は，重複も含め $f(\lambda_1), f(\lambda_2), \cdots, f(\lambda_n)$ となる。

〔2〕 固有値の存在範囲

ここでは，行列の固有値を直接求めることなく，複素平面上における固有値の存在範囲を求める方法について述べる。

行列 $A \in \mathbb{R}^{n \times n}$ に対して，その固有値の集合を**スペクトル**（spectrum）と呼ぶ。また，固有値の絶対値の最大値を**スペクトル半径**（spectral radius）と呼び，それを $\rho(A)$ と記す。すなわち，行列 $A \in \mathbb{R}^{n \times n}$ の固有値を $\lambda_1, \lambda_2, \cdots, \lambda_n$ とおくと

$$\rho(A) := \max(|\lambda_1|, |\lambda_2|, \cdots, |\lambda_n|) \tag{2.39}$$

である。スペクトル半径の上界に関して，つぎの定理が成り立つ。

【定理 2.9】 行列 $A \in \mathbb{R}^{n \times n}$ に対して

$$\rho(A) \leqq \|A\| \tag{2.40}$$

が成り立つ。ただし，$\|A\|$ はユークリッドノルムから導かれる行列 A の**誘導ノルム**（induced norm）であり

$$\|A\| := \max_{x \in \mathbb{R}^n \setminus \{0\}} \frac{\|Ax\|}{\|x\|} \tag{2.41}$$

で定義される。さらに A が対称行列ならば

$$\rho(A) = \|A\| \tag{2.42}$$

が成り立つ。

この定理より，複素平面の原点を中心とする半径 $\|A\|$ の円は A のすべての固有値を含むことがわかる。すなわち，行列 A の固有値を具体的に求めなくても，その存在範囲が大雑把にわかるのである。しかし，より精密に固有値の存在範囲を（具体的に固有値を求めずに）知りたい場合も多く，そのようなときには，**ゲルシュゴーリンの定理**（Gershgorin's theorem）と呼ばれるつぎの定理が有用である。

【定理 2.10】（ゲルシュゴーリンの定理）　行列 $A = [a_{ij}] \in \mathbb{R}^{n \times n}$ に対して

$$\mathcal{R}_i := \left\{ z \in \mathbb{C} : |z - a_{ii}| \leqq \sum_{j \in \{1,2,\cdots,n\} \setminus \{i\}} |a_{ij}| \right\} \tag{2.43}$$

$$\mathcal{C}_j := \left\{ z \in \mathbb{C} : |z - a_{jj}| \leqq \sum_{i \in \{1,2,\cdots,n\} \setminus \{j\}} |a_{ij}| \right\} \tag{2.44}$$

とおき，行列 A の固有値を $\lambda_1, \lambda_2, \cdots, \lambda_n$ とすると

$$\{\lambda_1, \lambda_2, \cdots, \lambda_n\} \subseteq \mathcal{R} := \bigcup_{i=1}^{n} \mathcal{R}_i \tag{2.45}$$

$$\{\lambda_1, \lambda_2, \cdots, \lambda_n\} \subseteq \mathcal{C} := \bigcup_{j=1}^{n} \mathcal{C}_j \tag{2.46}$$

が成り立ち，したがって $\{\lambda_1, \lambda_2, \cdots, \lambda_n\} \subseteq \mathcal{R} \cap \mathcal{C}$ となる。

具体例でゲルシュゴーリンの定理を確かめてみよう。

例 2.3　行列

$$A = \begin{bmatrix} 1 & -6 & 0 \\ 3 & 3 & 2 \\ -1 & 0 & 2 \end{bmatrix} \tag{2.47}$$

の固有値の存在範囲を考える。**定理 2.10** より，集合 $\mathcal{R}_i$ と $\mathcal{C}_j$ は，それぞれつぎのように求められる。

$$\mathcal{R}_1 = \{z \in \mathbb{C} : |z-1| \leqq 6\} \tag{2.48}$$

$$\mathcal{R}_2 = \{z \in \mathbb{C} : |z-3| \leqq 5\} \tag{2.49}$$

$$\mathcal{R}_3 = \{z \in \mathbb{C} : |z-2| \leqq 1\} \tag{2.50}$$

$$\mathcal{C}_1 = \{z \in \mathbb{C} : |z-1| \leqq 4\} \tag{2.51}$$

$$\mathcal{C}_2 = \{z \in \mathbb{C} : |z-3| \leqq 6\} \tag{2.52}$$

$$\mathcal{C}_3 = \{z \in \mathbb{C} : |z-2| \leqq 2\} \tag{2.53}$$

よって，集合 $\mathcal{R} = \bigcup_{i=1}^{3} \mathcal{R}_i$, $\mathcal{C} = \bigcup_{j=1}^{3} \mathcal{C}_j$ は，それぞれ図 **2.1** の (a), (b) の網掛け部のようになる。行列 A の固有値は $2.69, 1.66 \pm 4.17\mathrm{j}$ となるの

(a) 集合 $\mathcal{R} = \bigcup_{i=1}^{3} \mathcal{R}_i$

(b) 集合 $\mathcal{C} = \bigcup_{j=1}^{3} \mathcal{C}_j$

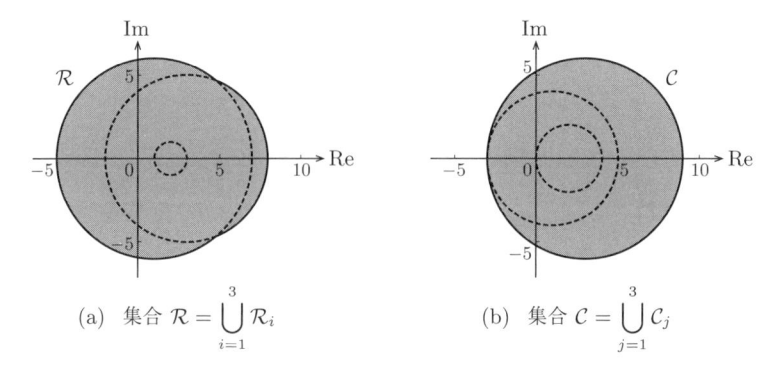

図 2.1 行列 A の固有値の存在範囲（図中の破線はそれぞれ集合 $\mathcal{R}_i$ または $\mathcal{C}_j$ の境界を表す）

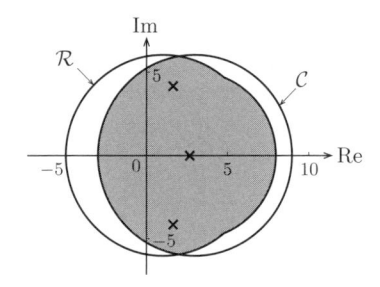

図 2.2 行列 A の固有値（図中の × 印）

で[†]，図 **2.2** のように，A の固有値は $\mathcal{R}$ と $\mathcal{C}$ の共通集合 $\mathcal{R} \cap \mathcal{C}$ 内（図の網掛け部）に存在することがわかる。

〔3〕 実対称行列の固有値

ここでは，実対称行列の固有値の性質について述べる。

まず，実対称行列の固有値に関して，つぎの定理が成り立つ。

【定理 2.11】 対称行列 $A \in \mathbb{R}^{n \times n}$ は半単純であり，対角化可能である。さらに，対称行列 A の固有値はすべて実数であり，すべての固有ベクトルはたがいに直交する。

実対称行列の中でも特に正定値（または半正定値）行列の固有値に関して，つぎの定理が成り立つ。

【定理 2.12】 対称行列 $A \in \mathbb{R}^{n \times n}$ が正定値（または半正定値）であるための必要十分条件は，A の固有値がすべて正（または非負）であることである。

〔4〕 非負行列と正行列の固有値

非負行列の固有値に関して，**ペロン・フロベニウスの定理**（Perron-Frobenius theorem）と呼ばれるつぎの定理が成り立つ。

【定理 2.13】（ペロン・フロベニウスの定理） 行列 $A \in \mathbb{R}^{n \times n}$ を非負行列とする。このとき，A のスペクトル半径 $\rho(A)$ は A の固有値の一つと等しく，それに対応する非負の固有ベクトル（すべての要素が非負の固有ベクトル）が存在する。さらに A が既約であれば，つぎが成り立つ。

[†] 本書では，小数点以下が長い場合，小数点第 3 位を四捨五入して表している。

(i) $\rho(A)$ は正である。

(ii) $\rho(A)$ は A の単純固有値の一つと等しい。

(iii) $\rho(A)$ と等しい固有値に対応する正の固有ベクトル（すべての要素が正の固有ベクトル）が存在する。

また，正行列の固有値に関しては，**ペロンの定理**（Perron theorem）と呼ばれるつぎの定理が成り立つ。

【定理 2.14】（ペロンの定理） 行列 $A \in \mathbb{R}^{n \times n}$ を正行列とする。このとき，つぎが成り立つ。

(i) $\rho(A)$ は正である。

(ii) $\rho(A)$ は A の単純固有値の一つと等しく，$\rho(A)$ は他のどの固有値の絶対値よりも大きい。

(iii) $\rho(A)$ と等しい固有値に対応する正の固有ベクトルが存在する。

具体例によって，**定理 2.13** および**定理 2.14** を確かめてみよう。

例 2.4 つぎの行列を考える。

$$A_1 = \begin{bmatrix} 1 & 0 & 0 \\ 0 & 1 & 1 \\ 0 & 0 & 1 \end{bmatrix}, \; A_2 = \begin{bmatrix} 1 & 0 & 1 \\ 1 & 1 & 1 \\ 0 & 1 & 1 \end{bmatrix}, \; A_3 = \begin{bmatrix} 1 & 1 & 1 \\ 2 & 1 & 1 \\ 1 & 1 & 1 \end{bmatrix} \tag{2.54}$$

(a) 行列 A_1 に関し

$$\left(I_3 + \mathrm{abs}(A_1)\right)^2 = \begin{bmatrix} 4 & 0 & 0 \\ 0 & 4 & 4 \\ 0 & 0 & 4 \end{bmatrix} \tag{2.55}$$

であるので，**定理 2.4** より A_1 は可約な非負行列である。A_1 の固有値は

1, 1, 1（3重根）であり，スペクトル半径 $\rho(A_1) = 1$ は A_1 の固有値の一つと等しいことがわかる。また，$\rho(A_1) = 1$ と等しい固有値に対応した非負の固有ベクトルとして，例えば $[1\ 0\ 0]^\top$ がとれる。

(b) 行列 A_2 に関し，$(I_3 + \mathrm{abs}(A_2))^2 > 0$ が成り立つので，**定理 2.4** より A_2 は既約な非負行列である。行列 A_2 の固有値は $0.34 \pm 0.56\mathrm{j}, 2.32$ であり，$\rho(A_2) = 2.32$ は A_2 の単純固有値の一つと等しい。また，$\rho(A_2) = 2.32$ と等しい固有値に対応した正の固有ベクトルとして，例えば $[0.41\ 0.73\ 0.55]^\top$ がとれる。

(c) 行列 A_3 は正行列である。A_3 の固有値は $-0.30,\ 0,\ 3.30$ であり，$\rho(A_3) = 3.30$ は A_3 の単純固有値の一つと等しい。また，$\rho(A_3) = 3.30$ と等しい固有値に対応した正の固有ベクトルとして，例えば $[0.52\ 0.68\ 0.52]^\top$ がとれる。

2.1.3 行列指数関数

正方行列 $A \in \mathbb{R}^{n \times n}$ に対して，行列の関数

$$\sum_{k=0}^{\infty} \frac{1}{k!} A^k \tag{2.56}$$

を**行列指数関数**（matrix exponential）と呼び，それを e^A で記す。行列指数関数には，つぎの性質がある。

【定理 2.15】

(i) 零行列 $0 \in \mathbb{R}^{n \times n}$ に対して，$e^0 = I$ が成り立つ。

(ii) 行列 $A_1 \in \mathbb{R}^{n \times n}$ と $A_2 \in \mathbb{R}^{n \times n}$ が可換，すなわち $A_1 A_2 = A_2 A_1$ が成り立てば

$$e^{A_1} e^{A_2} = e^{A_1 + A_2} \tag{2.57}$$

が成り立つ．特に，行列 $A \in \mathbb{R}^{n \times n}$ とスカラー $t_1, t_2 \in \mathbb{R}$ に対して

$$e^{At_1} e^{At_2} = e^{A(t_1+t_2)} \tag{2.58}$$

が成り立つ．

(iii) 行列 $A \in \mathbb{R}^{n \times n}$ と正則行列 $T \in \mathbb{R}^{n \times n}$ に対して

$$e^{TAT^{-1}} = T e^A T^{-1} \tag{2.59}$$

が成り立つ．

(iv) 行列 $A \in \mathbb{R}^{n \times n}$ に対して

$$e^A e^{-A} = I \tag{2.60}$$

が成り立つ．すなわち，e^{-A} は e^A の逆行列である．

(v) 行列 $A \in \mathbb{R}^{n \times n}$ の固有値を $\lambda_1, \lambda_2, \cdots, \lambda_n$ とすると，e^A の固有値は $e^{\lambda_1}, e^{\lambda_2}, \cdots, e^{\lambda_n}$ となる．

制御理論において特に重要なのは，時間パラメータ t を持つ行列指数関数 e^{At} である．この行列指数関数は，線形の微分方程式の性質を調べるのに役立つ．

【定理 2.16】 微分方程式

$$\dot{x}(t) = Ax(t), \quad x(0) = x_0 \tag{2.61}$$

を考える．ここで，$x(t)$ は $\mathbb{R}^n$ のベクトルである．このとき，$t \geqq 0$ における式 (2.61) の解は行列指数関数を用いて

$$x(t) = e^{At} x_0 \tag{2.62}$$

で与えられる．

式 (2.60) の行列指数関数の性質より，行列指数関数はつねに正則であること

がわかる。行列指数関数は一般に半単純ではないが，式 (2.36) のような行列分解を考えることができる。行列 $A \in \mathbb{R}^{n \times n}$ の相異なる固有値を $\lambda_1, \lambda_2, \cdots, \lambda_r$ とし，行列 A のジョルダン標準形 J が式 (2.29)〜(2.32) で与えられているとする。ジョルダン標準形への変換行列を T とおく。すなわち，$A = TJT^{-1}$ とする。このとき

$$\begin{aligned} e^{At} &= e^{T(Jt)T^{-1}} \\ &= Te^{Jt}T^{-1} \\ &= T\mathrm{diag}\left(e^{J_{11}t}, e^{J_{12}t}, \cdots, e^{J_{ij}t}, \cdots, e^{J_{r\alpha_r}t}\right) T^{-1} \end{aligned} \quad (2.63)$$

が成り立つ。ただし

$$e^{J_{ij}t} := \begin{bmatrix} e^{\lambda_i t} & te^{\lambda_i t} & \cdots & \dfrac{t^{n_{ij}-1}}{(n_{ij}-1)!}e^{\lambda_i t} \\ 0 & e^{\lambda_i t} & \ddots & \vdots \\ \vdots & \ddots & \ddots & te^{\lambda_i t} \\ 0 & \cdots & 0 & e^{\lambda_i t} \end{bmatrix} \quad (2.64)$$

である。これより，行列指数関数 e^{At} はつぎのように分解される。

$$e^{At} = e^{\lambda_1 t}M_1(t) + e^{\lambda_2 t}M_2(t) + \cdots + e^{\lambda_r t}M_r(t) \quad (2.65)$$

ここで，$M_i(t)$ はたかだか $m_i - 1$ 次（m_i は固有値 λ_i の代数的重複度）の多項式を要素に持つ行列であり，つぎで定義される。

$$M_i(t) := \sum_{\ell=0}^{m_i-1} \frac{t^\ell}{\ell!}(A - \lambda_i I)^\ell \Phi_i \quad (2.66)$$

ただし，Φ_i は線形部分空間 $\ker((A - \lambda_i I)^{m_i})$ への射影行列である[†]。

[†] ここで述べた行列指数関数の分解については，文献39), 40) を参照。

2.2 代数的グラフ理論

2.2.1 グラフ

グラフ（graph）とは，いくつかの**頂点**[†]（node; vertex）とそれらの頂点を結ぶ**辺**[††]（edge）から構成される図形のことである。図 **2.3** はその一例を示している。数学的には，グラフを構成する n 個の頂点の集合 $\mathcal{V} = \{1, 2, \cdots, n\}$，および，頂点と頂点を結ぶ辺の集合 $\mathcal{E} \subseteq \mathcal{V} \times \mathcal{V}$ を用い，$G = (\mathcal{V}, \mathcal{E})$ と定義される[†††]。集合 $\mathcal{V}$ はグラフ G の**頂点集合**（node set），集合 $\mathcal{E}$ は G の**辺集合**（edge set）と呼ばれる。例えば，図 **2.3** のグラフの場合，頂点集合 $\mathcal{V}$ と辺集合 $\mathcal{E}$ は，それぞれつぎのようになる。

$$\mathcal{V} = \{1, 2, 3, 4, 5, 6, 7, 8\} \tag{2.67}$$

$$\begin{aligned}\mathcal{E} = \{&(1,2), (1,8), (2,3), (3,4), (4,5), (4,8),\\ &(5,7), (7,1), (7,4), (7,6), (8,4)\}\end{aligned} \tag{2.68}$$

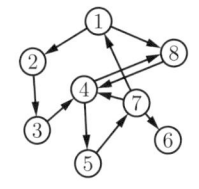

図 **2.3** グラフの例

図 **2.4** のように，グラフ G の任意の辺 $(i, j) \in \mathcal{E}$ に対して $(j, i) \in \mathcal{E}$ が成り立つとき，G を**無向グラフ**（undirected graph）という[††††]。無向グラフの場合，もしある頂点間に辺が存在するならば，たがいに逆向きの 2 本の辺が存在

[†] 節点またはノードと呼ばれることもある。
[††] 枝またはエッジと呼ばれることもある。
[†††] ここで定義されるグラフは**有向グラフ**（directed graph; digraph）と呼ばれることもある。
[††††] 本書で用いる無向グラフの定義は，無向辺を頂点間の非順序対で表す一般的なグラフ理論のものと異なるが，本質的には同じであることに注意されたい。

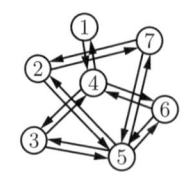

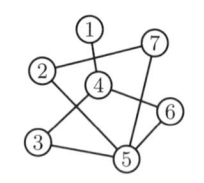

図 2.4　無向グラフ　　図 2.5　辺を線分で略記した無向グラフ

するため，図 2.5 のように，たがいに逆向きの 2 本の辺を 1 本の線分で略記することも多い．本書でも無向グラフの辺は線分で表すことにする．

例 2.5　図 2.5 の無向グラフ $G = (\mathcal{V}, \mathcal{E})$ を考える．このとき，頂点集合 $\mathcal{V}$ と辺集合 $\mathcal{E}$ は，それぞれつぎのようになる．

$$\mathcal{V} = \{1, 2, 3, 4, 5, 6, 7\} \tag{2.69}$$

$$\mathcal{E} = \{(1,4), (2,5), (2,7), (3,4), (3,5), (4,1), (4,3), (4,6),$$
$$(5,2), (5,3), (5,6), (5,7), (6,4), (6,5), (7,2), (7,5)\} \tag{2.70}$$

代表的な無向グラフとして，図 2.6 のようなものがある．図 2.6 (a) のように，辺を線分で略記したとき，頂点が鎖状につながっている無向グラフを**道グラフ**（path graph）という．また，図 2.6 (b) のように，頂点が環状につな

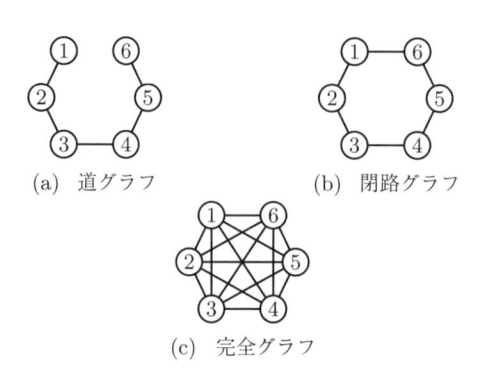

(a) 道グラフ　　(b) 閉路グラフ

(c) 完全グラフ

図 2.6　代表的な無向グラフ

がっている無向グラフを**閉路グラフ**（cycle graph）という。さらに，**図 2.6** (c) のように，すべての頂点の間に両方向の辺が存在する無向グラフを**完全グラフ**（complete graph）という。

つぎに，グラフを特徴付けるさまざまな概念について説明する。

〔1〕 頂点の次数

グラフ G の辺 (i,j) に対し，頂点 i を辺 (i,j) の**始点**，頂点 j を辺 (i,j) の**終点**と呼ぶ。また，頂点 i が終点となる辺の数 d_i^{in} を頂点 i の**入次数**（in-degree）といい，頂点 i が始点となる辺の数 d_i^{out} を頂点 i の**出次数**（out-degree）という。すなわち，頂点 i の入次数 d_i^{in} は頂点 i に入ってくる辺の数を表し，出次数 d_i^{out} は頂点 i から出ていく辺の数を表す。式 (2.71) で定義される，G の頂点の入次数の最大値 Δ を G の**最大次数**（maximum degree）という。

$$\Delta := \max_{i \in \mathcal{V}} d_i^{\text{in}} \tag{2.71}$$

例 2.6 図 2.3 のグラフの頂点の入次数と出次数は，それぞれつぎのようになる。

頂点 1：$d_1^{\text{in}} = 1$, $d_1^{\text{out}} = 2$, 　頂点 2：$d_2^{\text{in}} = 1$, $d_2^{\text{out}} = 1$

頂点 3：$d_3^{\text{in}} = 1$, $d_3^{\text{out}} = 1$, 　頂点 4：$d_4^{\text{in}} = 3$, $d_4^{\text{out}} = 2$

頂点 5：$d_5^{\text{in}} = 1$, $d_5^{\text{out}} = 1$, 　頂点 6：$d_6^{\text{in}} = 1$, $d_6^{\text{out}} = 0$

頂点 7：$d_7^{\text{in}} = 1$, $d_7^{\text{out}} = 3$, 　頂点 8：$d_8^{\text{in}} = 2$, $d_8^{\text{out}} = 1$

また，このグラフの最大次数は $\Delta = 3$ である。

グラフ G に入次数も出次数も 0 となる頂点が存在するとき，そのような頂点を**孤立点**（isolated node）という。また，**図 2.7** のように，グラフ $G = (\mathcal{V}, \mathcal{E})$ のすべての頂点で入次数と出次数が等しくなるとき，すなわち，任意の頂点 $i \in \mathcal{V}$ に対して $d_i^{\text{in}} = d_i^{\text{out}}$ が成り立つとき，G は**平衡**（balanced）であるという。

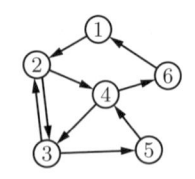

図 2.7 平衡グラフ

　G が無向グラフの場合は，その定義から，すべての頂点で入次数と出次数が等しくなるので，入次数や出次数を単に**次数**（degree）という。例えば，**図 2.6** (a) の道グラフでは，両端の二つの頂点だけ次数が 1 で，他の頂点の次数はすべて 2 となる。また，**図 2.6** (b) の閉路グラフでは，すべての頂点の次数が 2 となり，**図 2.6** (c) の完全グラフでは，すべての頂点の次数が $n-1$ となる。

〔2〕　部分グラフ

　二つのグラフ $G_1 = (\mathcal{V}_1, \mathcal{E}_1)$ と $G_2 = (\mathcal{V}_2, \mathcal{E}_2)$ に対し，$\mathcal{V}_2 \subseteq \mathcal{V}_1$ かつ $\mathcal{E}_2 \subseteq \mathcal{E}_1$ が成り立つとき，G_2 を G_1 の**部分グラフ**（subgraph）という。すなわち，グラフ G_1 の部分グラフ G_2 は，G_1 からいくつかの頂点や辺を取り除いて得られるグラフとなる。特に，$\mathcal{V}_1 = \mathcal{V}_2$ となるとき，G_2 は G_1 の**全域部分グラフ**（spanning subgraph）であるという。

例 2.7　**図 2.3** のグラフを $G = (\mathcal{V}, \mathcal{E})$，**図 2.8** (a), (b) のグラフをそれぞれ $G_1 = (\mathcal{V}_1, \mathcal{E}_1)$，$G_2 = (\mathcal{V}_2, \mathcal{E}_2)$ とする。ここで，G の頂点集合 $\mathcal{V}$ と辺集合 $\mathcal{E}$ はそれぞれ式 (2.67) と式 (2.68) で与えられる。また，G_1 および G_2 の頂点集合と辺集合はそれぞれ

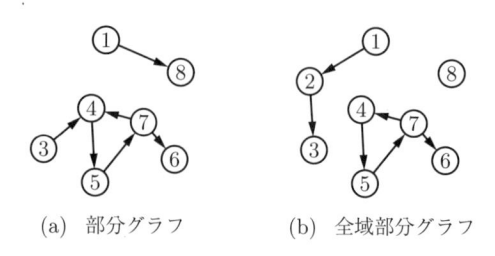

(a) 部分グラフ　　(b) 全域部分グラフ

図 2.8　**図 2.3** のグラフの部分グラフと全域部分グラフ

$$\mathcal{V}_1 = \{1,3,4,5,6,7,8\} \subset \mathcal{V} \tag{2.72}$$

$$\mathcal{E}_1 = \{(1,8),(3,4),(4,5),(5,7),(7,4),(7,6)\} \subset \mathcal{E} \tag{2.73}$$

$$\mathcal{V}_2 = \mathcal{V} \tag{2.74}$$

$$\mathcal{E}_2 = \{(1,2),(2,3),(4,5),(5,7),(7,4),(7,6)\} \subset \mathcal{E} \tag{2.75}$$

となるので，G_1 は G の部分グラフ，G_2 は G の全域部分グラフである．

なお，G_1 が G_2 の部分グラフ，かつ，G_2 が G_1 の部分グラフのとき，すなわち $\mathcal{V}_1 = \mathcal{V}_2$ かつ $\mathcal{E}_1 = \mathcal{E}_2$ ならば，**G_1 と G_2 は等しい**といい，$G_1 = G_2$ と表す．

〔3〕 道と連結性

グラフ $G = (\mathcal{V}, \mathcal{E})$ の頂点の列 $(i_0, i_1, \cdots, i_\ell)$ のうち，$\ell \geqq 1$ かつ $(i_k, i_{k+1}) \in \mathcal{E}$ $(k = 0, 1, \cdots, \ell - 1)$ となるものを**有向道**（directed path）という．また，頂点 i_0 を有向道の**始点**（start node），i_ℓ を有向道の**終点**（end node），ℓ を有向道の**長さ**（length）という．例えば，**図 2.3** のグラフにおいて，$(3,4,5,7,6)$ は頂点 3 を始点，頂点 6 を終点とする長さ 4 の有向道である．

図 **2.9** のように，グラフ $G = (\mathcal{V}, \mathcal{E})$ の相異なる任意の二つの頂点 $i \in \mathcal{V}$ と $j \in \mathcal{V}$ に対し，頂点 i から j への有向道が存在するとき，G は**強連結**（strongly connected）であるという．G が無向グラフの場合，強連結のことを単に**連結**（connected）という．例えば，**図 2.4** の無向グラフにはどの頂点間にも双方向の有向道が存在するので，連結である．

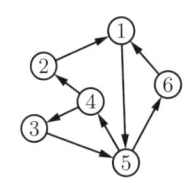

図 **2.9** 強連結なグラフ

無向グラフ $G_1 = (\mathcal{V}_1, \mathcal{E}_1)$ を考える．G_1 の部分グラフのうち，連結な無向グラフとなるものを一つ取り出し，それを $G_2 = (\mathcal{V}_2, \mathcal{E}_2)$ とする．任意の頂点

$i \in \mathcal{V}_1 \setminus \mathcal{V}_2$ に対し，頂点 i と G_2 の任意の頂点との間に辺が存在しないとき，G_2 を G_1 の**連結成分**（connected component）という。ただし，G_1 が連結グラフのときは，G_1 自身を G_1 の唯一の連結成分とする。

例 2.8 図 2.10 の無向グラフ $G_1 = (\mathcal{V}_1, \mathcal{E}_1)$ を考える。頂点集合と辺集合がそれぞれ以下で与えられる無向グラフ $G_2 = (\mathcal{V}_2, \mathcal{E}_2)$，$G_3 = (\mathcal{V}_3, \mathcal{E}_3)$ を考える。

$$\mathcal{V}_2 = \{1, 3, 4, 6\} \subset \mathcal{V}_1 \tag{2.76}$$

$$\mathcal{E}_2 = \{(1,4), (3,4), (4,1), (4,3), (4,6), (6,4)\} \subset \mathcal{E}_1 \tag{2.77}$$

$$\mathcal{V}_3 = \{2, 5, 7\} \subset \mathcal{V}_1 \tag{2.78}$$

$$\mathcal{E}_3 = \{(2,5), (2,7), (5,2), (5,7), (7,2), (7,5)\} \subset \mathcal{E}_1 \tag{2.79}$$

このとき，G_2 と G_3 は G_1 の連結成分となる。

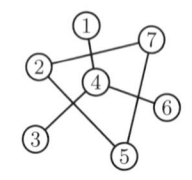

図 2.10 二つの連結成分からなる無向グラフ

〔4〕 有向木と全域木

つぎを満たすグラフを**有向木**（directed tree）という。

- 入次数が 0 の**根**（root）と呼ばれる頂点がただ一つ存在する
- 根ではない頂点が存在するのであれば，その頂点の入次数はすべて 1 である
- 根から根ではないすべての頂点に至る有向道が存在する

例えば，図 2.11 のグラフは有向木の一例である。有向木において，頂点 i から頂点 j への辺が存在するとき，頂点 i を頂点 j の**親**（parent），頂点 j を頂点 i の**子**（child）と呼ぶ。また，根からある頂点への有向道の長さをその頂点

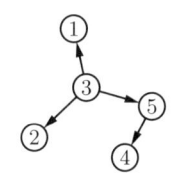

図 2.11 有向木の例

の深さ（depth）と呼ぶ．G の全域部分グラフのうち有向木となるものを，G の**全域木**（spanning tree）という．また，G の部分グラフとして全域木となるものが存在するとき，G は**全域木を持つ**という．

例 2.9 図 2.11 のグラフにおいて，入次数が 0 の頂点は頂点 3 のみである．また，頂点 3 以外の頂点の入次数はすべて 1 である．さらに，頂点 3 から他のすべての頂点への有向道が存在する．したがって，図 2.11 のグラフは頂点 3 を根とする有向木である．これに対し，図 2.3 や図 2.8 のグラフはいずれも有向木ではない．

図 2.11 の有向木では，例えば，頂点 3 は頂点 1, 2, 5 の親であり，逆に，頂点 1, 2, 5 は頂点 3 の子である．また，頂点 2 には根（頂点 3）からの辺が存在するので，頂点 2 の深さは 1 である．一方，頂点 4 には根から長さ 2 の有向道が存在するので，頂点 4 の深さは 2 である．

図 2.12 のグラフと図 2.13 のグラフをそれぞれ $G_1 = (\mathcal{V}_1, \mathcal{E}_1)$, $G_2 = (\mathcal{V}_2, \mathcal{E}_2)$ とする．このとき，$\mathcal{V}_1 = \mathcal{V}_2$, $\mathcal{E}_2 \subset \mathcal{E}_1$ が成り立つので，G_2 は G_1 の全域部分グラフである．さらに，G_2 は頂点 1 を根とする有向木である．したがって，G_2 は G_1 の全域木の一つであり，G_1 は全域木を持つ．

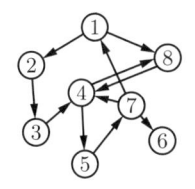

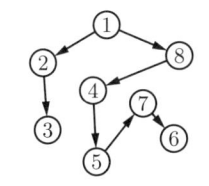

図 2.12 グラフ　　**図 2.13** 図 2.12 のグラフの全域木の例

2.2.2 グラフの演算

二つのグラフ $G_1 = (\mathcal{V}_1, \mathcal{E}_1)$ と $G_2 = (\mathcal{V}_2, \mathcal{E}_2)$ を考える。これらのグラフの和（union）は

$$G_1 \cup G_2 := (\mathcal{V}_1 \cup \mathcal{V}_2, \mathcal{E}_1 \cup \mathcal{E}_2) \tag{2.80}$$

で定義される。また，グラフ G_1 と G_2 の積（product）は

$$G_1 G_2 := (\mathcal{V}_1 \cup \mathcal{V}_2, \mathcal{E}_1 \mathcal{E}_2) \tag{2.81}$$

で定義される[†]。ただし，グラフ $G_1 G_2$ の辺集合 $\mathcal{E}_1 \mathcal{E}_2 \subseteq (\mathcal{V}_1 \cup \mathcal{V}_2) \times (\mathcal{V}_1 \cup \mathcal{V}_2)$ は，つぎのいずれかを満たす辺 (i,j) の集合として定義される。

(i) $(i,j) \in \mathcal{E}_1$ または $(i,j) \in \mathcal{E}_2$ が成り立つ

(ii) $(i,\ell) \in \mathcal{E}_1$ かつ $(\ell,j) \in \mathcal{E}_2$ なる $\ell \in \mathcal{V}_1 \cup \mathcal{V}_2 \setminus \{i,j\}$ が存在する

また，$k \in \mathbb{N}$ に対し，グラフ $G = (\mathcal{V}, \mathcal{E})$ のベキ（power）を

$$G^{k+1} := G^k G \tag{2.82}$$

と定義する。ただし，$G^0 := (\mathcal{V}, \emptyset)$ である。

例 2.10 図 2.14 (a), (b) のグラフ G_1 と G_2 を考える。G_1 と G_2 の和 $G_1 \cup G_2$ は二つのグラフの辺をすべて持つグラフである（図 2.14 (c)）。

(a) G_1 (b) G_2 (c) 和 $G_1 \cup G_2$

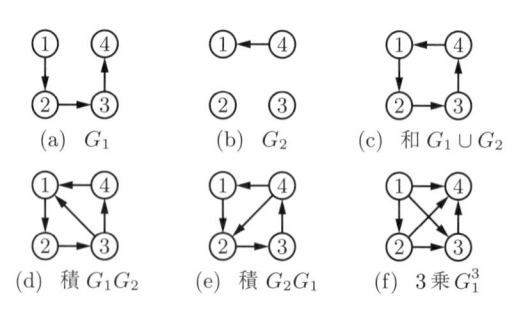

(d) 積 $G_1 G_2$ (e) 積 $G_2 G_1$ (f) 3乗 G_1^3

図 2.14 グラフの演算の例

[†] グラフ理論で一般的に用いられる**デカルト積**（Cartesian product）とは異なることに注意。

積 G_1G_2 は条件 (i) に対応する $G_1 \cup G_2$ の辺に加え，(ii) に対応する辺 $(3,1)$ が追加されている（図 **2.14** (d)）。これは，G_1 に辺 $(3,4)$ が存在し，G_2 に辺 $(4,1)$ が存在するためである。順番が逆の積 G_2G_1 には，G_2 の辺 $(4,1)$ と G_1 の辺 $(1,2)$ に対応する辺 $(4,2)$ が存在する（図 **2.14** (e)）。このように，G_1G_2 と G_2G_1 は異なるため，グラフの積は一般に可換ではないことに注意されたい。また，G_1 の 3 乗 G_1^3 は，G_1 の長さ 3 以下の有向道の端点を始点・終点とする辺からなるグラフである（図 **2.14** (f)）。

これらの演算の性質をいくつか示す。まず，**例 2.10** の最後のようなグラフのベキと有向道の対応関係を示す。

【補題 2.1】 グラフ $G = (\mathcal{V}, \mathcal{E})$ と正の整数 k に対して，つぎの (i)〜(iv) が成り立つ。

(i) グラフ G において始点を $i \in \mathcal{V}$，終点を $j \in \mathcal{V}$ とする長さ k 以下の有向道が存在するための必要十分条件は，(i,j) がグラフ G^k の辺であることである。

(ii) G^k は G^{k+1} の全域部分グラフである。

(iii) $k \geqq |\mathcal{V}| - 1$ であれば，$G^k = G^{|\mathcal{V}|-1}$ が成り立つ。

(iv) グラフ G において始点を $i \in \mathcal{V}$，終点を $j \in \mathcal{V}$ とする有向道が存在するための必要十分条件は，(i,j) がグラフ $G^{|\mathcal{V}|-1}$ の辺であることである。

証明　以降では，グラフ G^k の辺集合を $\mathcal{E}^k$ とおく。

(i) ここでは $k = 2$ の場合のみを考える。これより大きい k については，帰納的に示される。グラフの積の定義より，$(i,j) \in \mathcal{E}^2$ であることは，$(i,j) \in \mathcal{E}$ であること，または $(i,\ell) \in \mathcal{E}$ かつ $(\ell,j) \in \mathcal{E}$ となる $\ell \in \mathcal{V} \setminus \{i,j\}$ が存在することと等価である。これは，G に (i,j) または (i,ℓ,j) という長さ 2 以下の有向道が存在することと等価である。

(ii) グラフ G^k と G^{k+1} の頂点集合は両方 $\mathcal{V}$ である。グラフの積の定義と式

(2.82) より，$(i,j) \in \mathcal{E}^k$ ならば $(i,j) \in \mathcal{E}^{k+1}$ が成り立つ．したがって，$\mathcal{E}^k \subset \mathcal{E}^{k+1}$ である．

(iii) (ii) より $G^{|\mathcal{V}|-1}$ は G^k の全域部分グラフであるため，この逆を示せばよい．これらのグラフの頂点集合は両方 $\mathcal{V}$ である．あとは，$\mathcal{E}^k \subseteq \mathcal{E}^{|\mathcal{V}|-1}$ を示せばよい．辺 $(i,j) \in \mathcal{E}^k$ に対して，(i) より，G において i を始点，j を終点とする長さ k 以下の有向道が存在する．頂点に重複のない有向道の長さは，すべての頂点を通ってもたかだか $|\mathcal{V}|-1$ であるため，長さ $k > |\mathcal{V}|-1$ の有向道には頂点の重複が存在する．この有向道から重複する頂点の間の有向道を除くと，たかだか長さ $|\mathcal{V}|-1$ の有向道となり，始点と終点は i と j から変わらない．したがって，(i) と (ii) より $(i,j) \in \mathcal{E}^{|\mathcal{V}|-1}$ となる．これより，$\mathcal{E}^k \subseteq \mathcal{E}^{|\mathcal{V}|-1}$ が成り立つため，G^k は $G^{|\mathcal{V}|-1}$ の全域部分グラフである．

(iv) (i) より，G に始点 i，終点 j の有向道が存在するという命題は，ある $k \in \mathbb{N} \setminus \{0\}$ が存在し，$(i,j) \in \mathcal{E}^k$ であることと等価である．この命題は $(i,j) \in \bigcup_{k=1}^{\infty} \mathcal{E}^k$ と表される．さらに，(ii) と (iii) から $\bigcup_{k=1}^{\infty} \mathcal{E}^k = \mathcal{E}^{|\mathcal{V}|-1}$ であるため，これは $(i,j) \in \mathcal{E}^{|\mathcal{V}|-1}$ であることと等価である． △

補題 2.1 (iv) より，ただちにつぎを得る．

【定理 2.17】 頂点集合が共通の二つのグラフ $G_1 = (\mathcal{V}, \mathcal{E}_1)$ と $G_2 = (\mathcal{V}, \mathcal{E}_2)$ に対して，$G_1^{|\mathcal{V}|-1} = G_2^{|\mathcal{V}|-1}$ が成り立つことを仮定する．このとき，G_1 が全域木を持つことと G_2 が全域木を持つことは等価である．

グラフの積が持つ有向道に対して，始点と終点が等しい有向道がグラフの和にも含まれる．このような関係を，**補題 2.1** (iv) に従ってグラフのベキを用いて表すと，つぎの定理が得られる．

【定理 2.18】 頂点集合が共通の m 個のグラフ $G_k = (\mathcal{V}, \mathcal{E}_k)$ ($k = 1, 2, \cdots, m$) に対して，$\left(\bigcup_{k=1}^{m} G_k \right)^{|\mathcal{V}|-1} = (G_1 G_2 \cdots G_m)^{|\mathcal{V}|-1}$ が成り立つ．

証明 ここでは $m = 2$ の場合を示す．それ以上の場合は帰納的に示される．まず，$(G_1 \cup G_2)^{|\mathcal{V}|-1}$ と $(G_1 G_2)^{|\mathcal{V}|-1}$ の頂点集合は両方 $\mathcal{V}$ である．つぎに，これらのグラフの辺集合が等しいことを示すためには，**補題2.1** (iv) より，$G_1 \cup G_2$ に含まれる有向道と，それと始点および終点が等しい有向道が $G_1 G_2$ に存在すること，また，その逆が成り立つことを示せばよい．前半は，グラフの積の定義より $\mathcal{E}_1 \cup \mathcal{E}_2 \subseteq \mathcal{E}_1 \mathcal{E}_2$ が成り立つことから明らかである．後半を示すため，グラフ $G_1 G_2$ の二つの頂点 $i \in \mathcal{V}$ と $j \in \mathcal{V}$ を結ぶ長さ ν の有向道 $(i_0, i_1, \cdots, i_\nu)$ を考える．ただし，$i_0 = i$ と $i_\nu = j$ および $(i_h, i_{h+1}) \in \mathcal{E}_1 \mathcal{E}_2$ $(h = 0, 1, \cdots, \nu - 1)$ が成り立つ．このとき，グラフの積の定義より，つぎのいずれかが成り立つ．

(i) $(i_h, i_{h+1}) \in \mathcal{E}_1$ または $(i_h, i_{h+1}) \in \mathcal{E}_2$ が成り立つ

(ii) $(i_h, \ell_h) \in \mathcal{E}_1$ かつ $(\ell_h, i_{h+1}) \in \mathcal{E}_2$ なる $\ell_h \in \mathcal{V} \setminus \{i_h, i_{h+1}\}$ が存在する

ここで，(ii) が成り立つような h が $h_1, h_2, \cdots, h_p$ $(0 \leqq h_1 < h_2 < \cdots < h_p < \nu)$ ですべてであるとする．このとき，(i) と (ii) より，$(i_0, \cdots, i_{h_1}, \ell_{h_1}, i_{h_1+1}, \cdots, i_{h_2}, \ell_{h_2}, i_{h_2+1}, \cdots, i_{h_p}, \ell_{h_p}, i_{h_p+1}, \cdots, i_\nu)$ は $G_1 \cup G_2$ の有向道である．さらに，この有向道の始点と終点は i と j である．よって，$G_1 G_2$ に含まれる任意の有向道に対して，それと始点および終点が等しい有向道が $G_1 \cup G_2$ に含まれる．　△

2.2.3 グラフラプラシアン

グラフ $G = (\mathcal{V}, \mathcal{E})$ を考える．G において，頂点 $j \in \mathcal{V}$ から $i \in \mathcal{V}$ への辺が存在するとき，すなわち $(j, i) \in \mathcal{E}$ のとき，頂点 i は j に**隣接する** (adjacent) という．このような頂点間の隣接関係を表現するのが，**隣接行列** (adjacency matrix) である．隣接行列 $A = [a_{ij}] \in \mathbb{R}^{n \times n}$ の要素はつぎのように定義される[†]．

$$a_{ij} := \begin{cases} 1, & (j, i) \in \mathcal{E} \text{ かつ } i \neq j \text{ のとき} \\ 0, & \text{それ以外のとき} \end{cases} \tag{2.83}$$

[†] 本書における隣接行列の定義では，**自己ループ** (self-loop)，すなわち $(i, i) \in \mathcal{E}$ なる辺の存在を考慮していない．グラフ理論の標準的な書籍では，自己ループが考慮され

$$a_{ij} := \begin{cases} 1, & (j, i) \in \mathcal{E} \text{ のとき} \\ 0, & \text{それ以外のとき} \end{cases}$$

と定義されることが多い．隣接行列をこのように定義すると，$k \in \mathbb{N} \setminus \{0\}$ に対し，隣接行列の k 乗 A^k の第 (i, j) 要素は，頂点 i を始点，頂点 j を終点とする長さ k の相異なる有向道の数を表す[41]．

また,つぎのようなグラフ G の入次数 $d_1^{\mathrm{in}}, d_2^{\mathrm{in}}, \cdots, d_n^{\mathrm{in}}$ を対角要素に持つ行列を, G の**次数行列**(degree matrix)という.

$$D := \mathrm{diag}(d_1^{\mathrm{in}}, d_2^{\mathrm{in}}, \cdots, d_n^{\mathrm{in}}) = \begin{bmatrix} d_1^{\mathrm{in}} & 0 & \cdots & 0 \\ 0 & d_2^{\mathrm{in}} & \ddots & \vdots \\ \vdots & \ddots & \ddots & 0 \\ 0 & \cdots & 0 & d_n^{\mathrm{in}} \end{bmatrix} \tag{2.84}$$

例 2.11 図 2.15 (a) のグラフと図 2.15 (b) の無向グラフをそれぞれ G_1, G_2 とする.G_1, G_2 の隣接行列 A_1, A_2 と次数行列 D_1, D_2 は,それぞれつぎのようになる.

$$A_1 = \begin{bmatrix} 0 & 0 & 0 & 1 & 0 \\ 1 & 0 & 1 & 0 & 0 \\ 0 & 0 & 0 & 0 & 1 \\ 0 & 1 & 0 & 0 & 0 \\ 1 & 0 & 0 & 0 & 0 \end{bmatrix}, \quad A_2 = \begin{bmatrix} 0 & 1 & 0 & 1 & 1 \\ 1 & 0 & 1 & 1 & 0 \\ 0 & 1 & 0 & 0 & 1 \\ 1 & 1 & 0 & 0 & 0 \\ 1 & 0 & 1 & 0 & 0 \end{bmatrix} \tag{2.85}$$

$$D_1 = \begin{bmatrix} 1 & 0 & 0 & 0 & 0 \\ 0 & 2 & 0 & 0 & 0 \\ 0 & 0 & 1 & 0 & 0 \\ 0 & 0 & 0 & 1 & 0 \\ 0 & 0 & 0 & 0 & 1 \end{bmatrix}, \quad D_2 = \begin{bmatrix} 3 & 0 & 0 & 0 & 0 \\ 0 & 3 & 0 & 0 & 0 \\ 0 & 0 & 2 & 0 & 0 \\ 0 & 0 & 0 & 2 & 0 \\ 0 & 0 & 0 & 0 & 2 \end{bmatrix} \tag{2.86}$$

(a) グラフ　　(b) 無向グラフ

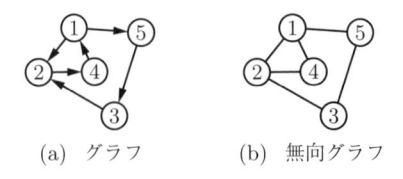

図 2.15 グラフと無向グラフ

上の例からもわかるように,無向グラフの隣接行列はつねに対称行列となる.

式 (2.83) で与えられる隣接行列 $A = [a_{ij}]$ の要素を用いると，グラフの入次数 d_i^{in} は

$$d_i^{\text{in}} = \sum_{j=1}^{n} a_{ij} \tag{2.87}$$

と表される．さらに，式 (2.71) より，グラフの最大次数 Δ に対してつぎが成り立つ．

$$\Delta = \max_{i \in \{1,2,\cdots,n\}} \sum_{j=1}^{n} a_{ij} \tag{2.88}$$

次数行列 D と隣接行列 A を用いて定義されるつぎの行列 $L \in \mathbb{R}^{n \times n}$ を，G の**グラフラプラシアン**（graph Laplacian）という．

$$L := D - A \tag{2.89}$$

式 (2.87) より，L はつぎのように表すこともできる．

$$L = \begin{bmatrix} \sum_{j=1}^{n} a_{1j} & -a_{12} & -a_{13} & \cdots & -a_{1n} \\ -a_{21} & \sum_{j=1}^{n} a_{2j} & -a_{23} & \cdots & -a_{2n} \\ -a_{31} & -a_{32} & \sum_{j=1}^{n} a_{3j} & \ddots & \vdots \\ \vdots & \vdots & \ddots & \ddots & -a_{(n-1)n} \\ -a_{n1} & -a_{n2} & \cdots & -a_{n(n-1)} & \sum_{j=1}^{n} a_{nj} \end{bmatrix} \tag{2.90}$$

隣接行列の場合と同様に，無向グラフのグラフラプラシアンはつねに対称行列となる．

例 2.12 図 2.15 (a) のグラフを G_1，図 2.15 (b) の無向グラフを G_2 とする。G_1, G_2 のグラフラプラシアン L_1, L_2 は，つぎのようになる。

$$L_1 = \begin{bmatrix} 1 & 0 & 0 & -1 & 0 \\ -1 & 2 & -1 & 0 & 0 \\ 0 & 0 & 1 & 0 & -1 \\ 0 & -1 & 0 & 1 & 0 \\ -1 & 0 & 0 & 0 & 1 \end{bmatrix} \quad (2.91)$$

$$L_2 = \begin{bmatrix} 3 & -1 & 0 & -1 & -1 \\ -1 & 3 & -1 & -1 & 0 \\ 0 & -1 & 2 & 0 & -1 \\ -1 & -1 & 0 & 2 & 0 \\ -1 & 0 & -1 & 0 & 2 \end{bmatrix} \quad (2.92)$$

本書では，グラフラプラシアン L を含む微分方程式が扱われるが，この方程式の解は L の固有値と固有ベクトルで特徴付けられる。そこで，まず，グラフラプラシアンの固有値の存在範囲について調べてみよう。

【補題 2.2】 グラフラプラシアン $L \in \mathbb{R}^{n \times n}$ を考える。L のすべての固有値は，式 (2.93) で定義される円板 $\mathcal{R}_L$ 上に存在する。

$$\mathcal{R}_L := \{ z \in \mathbb{C} : |z - \Delta| \leqq \Delta \} \quad (2.93)$$

ただし，Δ は式 (2.88) で表されるグラフの最大次数である。

証明 演習問題【2】を参照。 △

補題 2.2 を用いると，グラフラプラシアンの固有値を具体的に求めなくても，そのおおよその存在範囲がわかる。すなわち，グラフラプラシアンのすべての固有値は，円板 $\mathcal{R}_L$ 上（図 2.16 の網掛け部）に存在することがいえる。また，

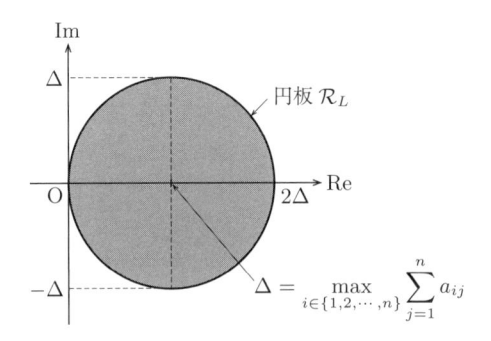

図 2.16 グラフラプラシアン L の固有値の存在範囲

図 2.16 からもわかるように，グラフラプラシアンの固有値の実部はつねに非負となる。

補題 2.2 から導き出せるもう一つの重要な性質として，円板 $\mathcal{R}_L$ の境界が複素平面上の原点を通るというものがある。このことはグラフラプラシアンの対角要素が非対角要素の絶対値の和となることから導かれ，グラフラプラシアンに固有値 0 が存在することを示唆する重要な性質である。そこで，つぎにグラフラプラシアン L の固有値 0 の存在性や単純性についてより詳しく見ていくことにしよう。

【定理 2.19】 グラフラプラシアン $L \in \mathbb{R}^{n \times n}$ に関し，つぎの (i)~(v) が成り立つ。

(i) L は固有値 0 を少なくとも一つ持ち，$\mathbf{1}_n = [1\ 1\ \cdots\ 1]^\top \in \mathbb{R}^n$ は固有値 0 に対応する固有ベクトルとなる。すなわち，$L\mathbf{1}_n = 0$ が成り立つ。

(ii) L の階数 $\mathrm{rank}(L)$ は，$\mathrm{rank}(L) \leqq n-1$ を満たす。

(iii) L の 0 以外の固有値は，すべて開右半平面に存在する。

(iv) L の固有値 0 は半単純である。

(v) L の固有値 0 が単純となるための必要十分条件は，$\mathrm{rank}(L) = n-1$ が成り立つことである。

証明 (i) グラフラプラシアン L に対し，式 (2.90) より，$L\mathbf{1}_n = 0 = 0 \cdot \mathbf{1}_n$ が成り立つ。よって，L は固有値 0 を少なくとも一つ持ち，$\mathbf{1}_n$ は固有値 0 に対応する固有ベクトルとなる。

(ii) **定理 2.1** より，つぎが成り立つ。

$$\dim(\ker(L)) + \mathrm{rank}(L) = n \tag{2.94}$$

また，(i) より $\mathbf{1}_n \in \ker(L)$ となる。よって，$\mathrm{rank}(L) \leqq n-1$ がいえる。

(iii) **補題 2.2** より明らかである（**図 2.16** 参照）。

(iv) 文献 42) 参照。

(v) グラフラプラシアン L の固有値 0 の代数的重複度を 1 とすると，その幾何学的重複度も 1 であり，$\ker(0 \cdot I - L) = \ker(L)$ の次元は 1 となる。したがって，式 (2.94) より，$\mathrm{rank}(L) = n-1$ となる。逆に，$\mathrm{rank}(L) = n-1$ とすると，式 (2.94) より $\dim(\ker(L)) = 1$ となり，これより L の固有値 0 の幾何学的重複度は 1 であることがわかる。(iv) より，L の固有値 0 は半単純であるので，代数的重複度も 1 であることがわかる。 △

定理 2.19 に関していくつか補足しておく。(i) は，**補題 2.2** で示唆されていた固有値 0 の存在性を示す結果となっている。すなわち，グラフラプラシアンは必ず固有値 0 を持つ。また，(i), (iii) より，無向グラフのグラフラプラシアンは半正定値となり，その固有値はすべて非負の実数となる。この事実は，$x^\top L x$ を計算することによっても証明できる（**演習問題【3】**）。

例 2.13 図 **2.15** (a) のグラフを G_1，図 **2.15** (b) の無向グラフを G_2 とする。グラフ G_1 のグラフラプラシアン L_1 は式 (2.91) のようになり，その固有値は $0, 0.93 \pm 0.76\mathrm{j}, 2.07 \pm 0.76\mathrm{j}$ である。図 **2.17** (a) に L_1 の固有値を示す。図 **2.17** (a) の円板は，**補題 2.2** から求められる L_1 の固有値の存在範囲 $\mathcal{R}_{L_1}$ である。

$$\mathcal{R}_{L_1} = \{z \in \mathbb{C} : |z - 2| \leqq 2\} \tag{2.95}$$

この図から，L_1 は固有値 0 を持ち，0 以外の固有値はすべて原点を除いた円板 $\mathcal{R}_{L_1}$ 上に存在することが確認できる。

グラフ G_2 のグラフラプラシアン L_2 は式 (2.92) のようになり，その固

(a) L_1 の固有値 (b) L_2 の固有値

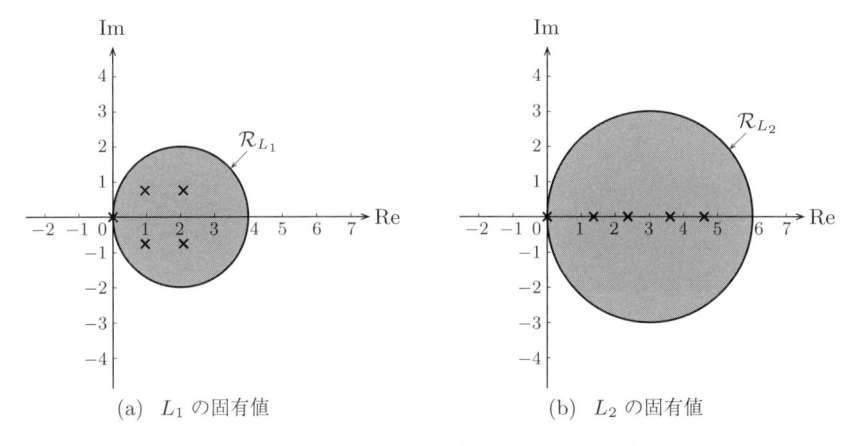

図 **2.17** L_1, L_2 の固有値（図中の × 印）

有値は $0, 1.38, 2.38, 3.62, 4.62$ である。図 **2.17** (b) に L_2 の固有値を示す。図 **2.17** (b) の円板は，L_2 の固有値の存在範囲 $\mathcal{R}_{L_2}$ である。

$$\mathcal{R}_{L_2} = \{z \in \mathbb{C} : |z - 3| \leqq 3\} \tag{2.96}$$

この図から，L_2 は固有値 0 を持ち，0 以外の固有値はすべて非負の実数で，原点を除いた円板 $\mathcal{R}_{L_2}$ における実軸上に存在することが確認できる。

つぎの定理は，グラフが全域木を持たない場合，そのグラフラプラシアンはある特徴的な構造を持ち，その逆も成り立つことを示す。

【定理 **2.20**】 グラフ G のグラフラプラシアン $L \in \mathbb{R}^{n \times n}$ を考える。ただし，$n \geqq 2$ とする。G が全域木を持たないことの必要十分条件は，置換行列 $\Pi \in \mathbb{R}^{n \times n}$ と，G の部分グラフのグラフラプラシアン $Z_{11} \in \mathbb{R}^{n_1 \times n_1}$, $Z_{22} \in \mathbb{R}^{n_2 \times n_2}$ および行列 $Z_{31} \in \mathbb{R}^{n_3 \times n_1}$, $Z_{32} \in \mathbb{R}^{n_3 \times n_2}$, $Z_{33} \in \mathbb{R}^{n_3 \times n_3}$ が存在し，つぎが成り立つことである。

$$\Pi^\top L \Pi = \begin{bmatrix} Z_{11} & 0 & 0 \\ 0 & Z_{22} & 0 \\ Z_{31} & Z_{32} & Z_{33} \end{bmatrix} \tag{2.97}$$

ただし，$n_1 \in \mathbb{N} \setminus \{0\}$ と $n_2 \in \mathbb{N} \setminus \{0\}$ は $n_1 + n_2 \leqq n$ を満たし，$n_3 = n - n_1 - n_2$ である。

|証明| 演習問題【5】参照。 △

つぎの定理は，グラフの接続構造をグラフラプラシアンの固有値 0 の単純性によって特徴付けるものであり，マルチエージェントシステムの解析や制御系設計を考える上で重要な役割を演じる。

【定理 2.21】
(i) 有向木 G のグラフラプラシアン L の固有値 0 は単純である。

(ii) グラフ G が全域木を持つための必要十分条件は，G のグラフラプラシアン L の固有値 0 が単純であることである。

|証明| ここでは (ii) の十分性についてのみ示す。(i) の証明と (ii) の必要性の証明は付録 A.2.1 を参照されたい。

(ii) 十分性を示すため，その対偶，すなわち，グラフ G が全域木を持たないとき，G のグラフラプラシアン L の固有値 0 は単純ではないことを示す。定理 2.20 より，G が全域木を持たないとき，$n_1 + n_2 \leqq n$ を満たす $n_1 \in \mathbb{N} \setminus \{0\}$ と $n_2 \in \mathbb{N} \setminus \{0\}$ が存在し，$L \in \mathbb{R}^{n \times n}$ は適当な置換行列 Π を用いて式 (2.97) のように変形できる。ただし，$Z_{11} \in \mathbb{R}^{n_1 \times n_1}$ と $Z_{22} \in \mathbb{R}^{n_2 \times n_2}$ は G の部分グラフのグラフラプラシアンであり，$n_3 = n - n_1 - n_2$ に対して，$Z_{31} \in \mathbb{R}^{n_3 \times n_1}$，$Z_{32} \in \mathbb{R}^{n_3 \times n_2}$，$Z_{33} \in \mathbb{R}^{n_3 \times n_3}$ である。

ここで，$\Pi^\top L \Pi$ をつぎのように分解する。

$$\Pi^\top L \Pi = L_1' + L_2' + L_3' \tag{2.98}$$

ただし

$$L_1' = \begin{bmatrix} Z_{11} & 0 & 0 \\ 0 & 0 & 0 \\ 0 & 0 & 0 \end{bmatrix}, L_2' = \begin{bmatrix} 0 & 0 & 0 \\ 0 & Z_{22} & 0 \\ 0 & 0 & 0 \end{bmatrix},$$

$$L_3' = \begin{bmatrix} 0 & 0 & 0 \\ 0 & 0 & 0 \\ Z_{31} & Z_{32} & Z_{33} \end{bmatrix} \tag{2.99}$$

である。このとき，**定理 2.19** (ii) より，$\mathrm{rank}(L_1') \leqq n_1 - 1$，$\mathrm{rank}(L_2') \leqq n_2 - 1$ が成り立つ。また，$\mathrm{rank}(L_3') \leqq n_3$ である。一方，置換行列 Π が正則であることと**定理 2.2** (iii) が成り立つことに注意すると

$$\mathrm{rank}(L) = \mathrm{rank}(\Pi^\top L \Pi) = \mathrm{rank}(L_1' + L_2' + L_3') \tag{2.100}$$

を得る。また，**定理 2.2** (ii) より

$$\begin{aligned} \mathrm{rank}(L_1' + L_2' + L_3') &\leqq \mathrm{rank}(L_1') + \mathrm{rank}(L_2') + \mathrm{rank}(L_3') \\ &\leqq (n_1 - 1) + (n_2 - 1) + n_3 = n - 2 \end{aligned} \tag{2.101}$$

が成り立つ。以上より，**定理 2.19** (v) から，L の固有値 0 は単純ではない。　△

例 2.14　図 2.15 (a) に示したグラフ G とそのグラフラプラシアン L を考える。G は全域木を持つグラフなので，**定理 2.21** より，G のグラフラプラシアン L の固有値 0 は単純である。実際，**例 2.13** より，L の固有値は $0, 0.93 \pm 0.76\mathrm{j}, 2.07 \pm 0.76\mathrm{j}$ である。

無向グラフは任意の $(i,j) \in \mathcal{E}$ に対して $(j,i) \in \mathcal{E}$ が成り立つ特別なグラフであることに注意すると，**定理 2.21** からただちにつぎの定理が導ける。

【定理 2.22】　無向グラフ G を考える。G が連結であるための必要十分条件は，G のグラフラプラシアンの固有値 0 が単純となることである。

この定理が成り立つことをつぎの例で確かめてみる。

例 2.15 図 2.15 (b) に示される無向グラフ G とそのグラフラプラシアンを考える。G は連結グラフなので，定理 2.22 より，G のグラフラプラシアン L の固有値 0 は単純である。実際，例 2.13 より，L の固有値は 0, 1.38, 2.38, 3.62, 4.62 である。

つぎの定理は，無向グラフの連結性とグラフラプラシアンの階数との関係について述べたものである。

【定理 2.23】 頂点数が n の無向グラフ G とそのグラフラプラシアン L を考える。このとき，G が k 個の連結成分を持つならば，つぎが成り立つ $(1 \leqq k \leqq n)$。

$$\mathrm{rank}(L) = n - k \tag{2.102}$$

証明 演習問題【6】(1) を参照。 △

つぎに，代表的な無向グラフの固有値に関する定理を紹介する。

【定理 2.24】 頂点数が $n\ (\geqq 2)$ の道グラフ G_{path}，閉路グラフ G_{cycle}，完全グラフ G_{comp} を考える。このとき，それぞれのグラフに対応するグラフラプラシアン $L_{\mathrm{path}}, L_{\mathrm{cycle}}, L_{\mathrm{comp}}$ の固有値 $\lambda_i(L_{\mathrm{path}}), \lambda_i(L_{\mathrm{cycle}}), \lambda_i(L_{\mathrm{comp}})$ は，つぎのようになる。

$$\lambda_i(L_{\mathrm{path}}) = 2\left(1 - \cos\frac{(i-1)\pi}{n}\right) \quad (i = 1, 2, \cdots, n) \tag{2.103}$$

$$\lambda_i(L_{\mathrm{cycle}}) = 2\left(1 - \cos\frac{2(i-1)\pi}{n}\right) \quad (i = 1, 2, \cdots, n) \tag{2.104}$$

$$\lambda_1(L_{\mathrm{comp}}) = 0, \quad \lambda_i(L_{\mathrm{comp}}) = n \quad (i = 2, 3, \cdots, n) \tag{2.105}$$

証明 道グラフの固有値に関しては，文献43) を参照。閉路グラフと完全グラフの固有値に関しては，**演習問題【7】**を参照。 △

例 2.16 図 **2.6** のような道グラフ G_1, 閉路グラフ G_2, 完全グラフ G_3 を考える。このとき，それぞれのグラフに対応するグラフラプラシアン L_1, L_2, L_3 は，つぎのようになる。

$$L_1 = \begin{bmatrix} 1 & -1 & 0 & 0 & 0 & 0 \\ -1 & 2 & -1 & 0 & 0 & 0 \\ 0 & -1 & 2 & -1 & 0 & 0 \\ 0 & 0 & -1 & 2 & -1 & 0 \\ 0 & 0 & 0 & -1 & 2 & -1 \\ 0 & 0 & 0 & 0 & -1 & 1 \end{bmatrix} \tag{2.106}$$

$$L_2 = \begin{bmatrix} 2 & -1 & 0 & 0 & 0 & -1 \\ -1 & 2 & -1 & 0 & 0 & 0 \\ 0 & -1 & 2 & -1 & 0 & 0 \\ 0 & 0 & -1 & 2 & -1 & 0 \\ 0 & 0 & 0 & -1 & 2 & -1 \\ -1 & 0 & 0 & 0 & -1 & 2 \end{bmatrix} \tag{2.107}$$

$$L_3 = \begin{bmatrix} 5 & -1 & -1 & -1 & -1 & -1 \\ -1 & 5 & -1 & -1 & -1 & -1 \\ -1 & -1 & 5 & -1 & -1 & -1 \\ -1 & -1 & -1 & 5 & -1 & -1 \\ -1 & -1 & -1 & -1 & 5 & -1 \\ -1 & -1 & -1 & -1 & -1 & 5 \end{bmatrix} \tag{2.108}$$

また，L_1 の固有値は 0, 0.27, 1, 2, 3, 3.73, L_2 の固有値は 0, 1, 1, 3, 3, 4, L_3 の固有値は 0, 6, 6, 6, 6, 6 となり，**定理 2.24** が成り立つことが確認できる。

定理 2.21 や定理 2.22 は，グラフラプラシアンの固有値 0 とグラフの接続構造との関係について述べたものであった．つぎの定理 2.25 と定理 2.26 は，グラフラプラシアンの固有値 0 に対応する左固有ベクトルとグラフの接続構造との間にも密接な関係があることを示す（演習問題【1】）．

【定理 2.25】 グラフ G が平衡であるための必要十分条件は，$1_n^\top$ が G のグラフラプラシアン L の固有値 0 に対応する左固有ベクトルであることである．

証明 式 (2.87) の入次数と同様にして，グラフの出次数は

$$d_i^{\text{out}} = \sum_{j=1}^n a_{ji} \tag{2.109}$$

を満たす．これより，G が平衡グラフである，つまり，任意の $i \in \mathcal{V}$ に対して $d_i^{\text{in}} = d_i^{\text{out}}$ が成立するための条件は

$$\sum_{j=1}^n a_{ij} = \sum_{j=1}^n a_{ji} \tag{2.110}$$

と等価である．これが，$1_n^\top L = 0$ と等価であることを示せばよい．行ベクトル $1_n^\top L$ の第 i 要素 $(1_n^\top L)_i$ は，式 (2.90) より

$$\begin{aligned}(1_n^\top L)_i &= -a_{1i} - a_{2i} - \cdots - a_{(i-1)i} + \sum_{j=1}^n a_{ij} - a_{(i+1)i} - \cdots - a_{ni} \\ &= \sum_{j=1}^n a_{ij} - \sum_{j=1}^n a_{ji} \end{aligned} \tag{2.111}$$

に帰着する．ここで，式 (2.83) より $a_{ii} = 0$ であることを用いた．式 (2.111) が 0 であることは，式 (2.110) が成立することと等価である． △

【定理 2.26】 グラフ G が全域木を持つと仮定する．このとき，G の任意の全域木の根が同じ頂点となるための必要十分条件は，非零要素をただ一つ持つ行ベクトルがグラフラプラシアン L の固有値 0 に対する左固有ベクトルであることである．

証明 G のある全域木の根を $\ell \in \mathcal{V}$ とおく。このとき、G のそれ以外の全域木の根すべてが頂点 ℓ となるための必要十分条件は、ℓ を終点とする辺が存在しないことである。なぜなら、もしこのような辺が存在すれば、その辺の始点を根とした全域木が存在するためである。式 (2.83) より、この条件は、任意の $j \in \mathcal{V}$ に対して $a_{\ell j} = 0$ が成り立つことと等価である。これが、$ce_\ell^\top L = 0$ であることと等価であることを示せばよい。ただし、$e_\ell \in \mathbb{R}^n$ は第 ℓ 要素が 1、それ以外が 0 のベクトル、c は非零の実数である。式 (2.90) より、この条件は次式のように表される。

$$ce_\ell^\top L = c \begin{bmatrix} -a_{\ell 1} & -a_{\ell 2} & \cdots & -a_{\ell(\ell-1)} & \sum_{j=1}^n a_{\ell j} & -a_{\ell(\ell+1)} & \cdots & -a_{\ell n} \end{bmatrix}$$
$$= 0 \tag{2.112}$$

これは任意の $j \in \mathcal{V}$ に対して $a_{\ell j} = 0$ が成り立つことと等価である。 △

2.2.4 ペロン行列

グラフ $G = (\mathcal{V}, \mathcal{E})$ のグラフラプラシアン $L \in \mathbb{R}^{n \times n}$ およびある正数 ε に対して、つぎの行列 $P \in \mathbb{R}^{n \times n}$ をグラフ G の正数 ε に対する**ペロン行列** (Perron matrix) と呼ぶ。

$$P := I - \varepsilon L \tag{2.113}$$

なお、以降では、正数 ε がつぎを満たすように仮定することがある。

$$\varepsilon < \frac{1}{\Delta} \tag{2.114}$$

ただし、Δ は G の最大次数を表す。式 (2.88) と式 (2.90) より、式 (2.114) は P の対角要素がすべて正となるための必要十分条件である。

以降では、ペロン行列の固有値と固有ベクトルの性質について考察する。まず、ペロン行列とグラフラプラシアンの関係が、つぎのように得られる (**演習問題【4】**)。

【補題 2.3】 グラフ G のグラフラプラシアン $L \in \mathbb{R}^{n \times n}$ とその正数 ε に対するペロン行列 $P \in \mathbb{R}^{n \times n}$ について考える。L の固有値を重複も含め

$\lambda_1, \lambda_2, \cdots, \lambda_n$ とおき，P の固有値を重複も含め $\mu_1, \mu_2, \cdots, \mu_n$ とおく．このとき，適当に固有値の順番を変えることで，任意の $i = 1, 2, \cdots, n$ に対して

$$\mu_i = 1 - \varepsilon \lambda_i \tag{2.115}$$

が成り立つ．さらに，L の固有値 λ_i に対する固有ベクトル（または左固有ベクトル）は，P の固有値 μ_i に対する固有ベクトル（または左固有ベクトル）であり，その逆も成り立つ．

証明 まず，写像 $\psi : \mathbb{C} \to \mathbb{C}$ を

$$\psi(s) := 1 - \varepsilon s \tag{2.116}$$

と定義する．これは s の多項式である．このとき，式 (2.113) は行列多項式として $P = \psi(L)$ と表される．これより，**定理 2.8** から，グラフラプラシアン L の固有値 λ_i $(i = 1, 2, \cdots, n)$ に対して，P の固有値は $\mu_i = \psi(\lambda_i)$ で与えられる．これは，式 (2.115) にほかならない．

つぎに，L の固有値 λ_i に対する固有ベクトルを $v_i \in \mathbb{R}^n$ とおく．このとき，$Lv_i = \lambda_i v_i$ であることから，式 (2.113) より，$Pv_i = (I - \varepsilon L)v_i = (1 - \varepsilon \lambda_i)v_i$ が成り立つ．よって，v_i は P の固有値 $\mu_i = 1 - \varepsilon \lambda_i$ に対する固有ベクトルである．左固有ベクトルも同様である．逆の関係も同様に示される． △

以上をもとに，ペロン行列 P の固有値の存在範囲について考える．**補題 2.2**

(a) $\mathcal{R}_L$

(b) $\mathcal{R}_P$

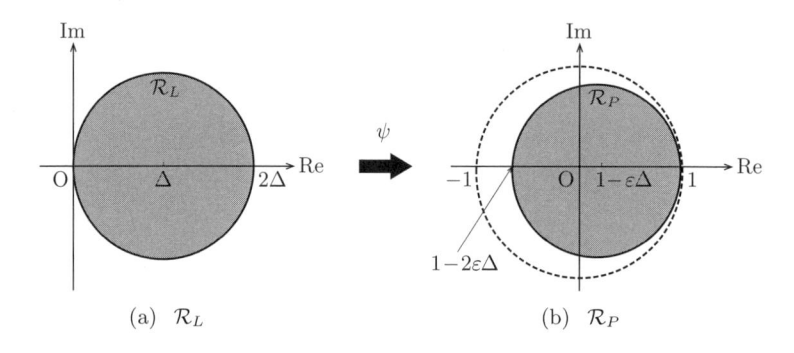

図 2.18 グラフラプラシアンの固有値の存在範囲 $\mathcal{R}_L$ とペロン行列の固有値の存在範囲 $\mathcal{R}_P$

にあるように，グラフラプラシアン L の固有値は円板 $\mathcal{R}_L$ 上に存在する。式 (2.116) の写像 ψ による $\mathcal{R}_L$ の像が，P の固有値の存在範囲 $\mathcal{R}_P$ になる。この様子を図 **2.18** に示す。このような関係を用いることで，つぎの補題を得る。

【補題 2.4】 グラフ G の正数 ε に対するペロン行列を P とする。このとき，P のすべての固有値は，中心 $1 - \varepsilon\Delta$，半径 $\varepsilon\Delta$ の円

$$\mathcal{R}_P := \{z \in \mathbb{C} : |z - (1 - \varepsilon\Delta)| \leqq \varepsilon\Delta\} \tag{2.117}$$

に存在する。ただし，Δ は G の最大次数を表す。

証明 $P \in \mathbb{R}^{n \times n}$ の固有値 μ_i $(i = 1, 2, \cdots, n)$ について考える。このとき，**補題 2.3** より，式 (2.115) の λ_i はグラフラプラシアン L の固有値である。したがって，**補題 2.2** より，式 (2.93) の円板 $\mathcal{R}_L$ に対して $\lambda_i \in \mathcal{R}_L$ が成り立つ。以上の事実より，つぎが成り立つ。

$$|\lambda_i - \Delta| = \left|\frac{1 - \mu_i}{\varepsilon} - \Delta\right| \leqq \Delta \tag{2.118}$$

式 (2.118) を ε 倍することで，$\mu_i \in \mathcal{R}_P$ であることが示される。 △

以上より，グラフラプラシアンに対する**定理 2.19** と**定理 2.21** に対応したペロン行列の固有値の性質が導かれる。

【定理 2.27】 グラフ G の正数 ε に対するペロン行列を $P \in \mathbb{R}^{n \times n}$ とする。このとき，つぎの (i) 〜 (iv) が成り立つ。

(i) P は固有値 1 を少なくとも一つ持ち，$\mathbf{1}_n$ は固有値 1 に対応する P の固有ベクトルとなる。すなわち，$P\mathbf{1}_n = \mathbf{1}_n$ が成り立つ。

(ii) P の固有値 1 は半単純である。

(iii) グラフ G が全域木を持つための必要十分条件は，P の固有値 1 が単純であることである。

(iv) グラフ G の最大次数を Δ とし，$\varepsilon < 1/\Delta$ が成り立つとする。こ

のとき，P の 1 以外の固有値は，すべて単位開円板内に存在する。

証明 (i) **定理 2.19** (i) よりグラフラプラシアン L は固有値 0 を持ち，対応する固有ベクトルは 1_n である。あとは**補題 2.3** を用いればよい。

(ii) **補題 2.3** より，L の固有値 0 と P の固有値 1 の代数的重複度は等しい。さらに，それらの対応する固有ベクトルの数も等しい。**定理 2.19** (iv) より，L の固有値 0 は半単純である，つまり，代数的重複度は対応する固有ベクトルの数に等しい。したがって，P の固有値 1 もそうである。

(iii) (ii) の議論より，L の固有値 0 が単純（代数的重複度が 1）であることと P の固有値 1 が単純であることは等価である。このことと**定理 2.21** (ii) より，明らかである。

(iv) **補題 2.4** より，P の固有値 μ に対して，$\mu \in \mathcal{R}_P$ が成り立つ。仮定より $\varepsilon\Delta < 1$ が成り立つことに注意すると，式 (2.117) より $\mathcal{R}_P$ は単位閉円板内にあり，かつ単位円と接するのは $z = 1$ のみである。したがって，固有値 μ は 1 であるか，もしくは単位開円板内に存在する。 △

例 2.17 図 2.15 (a) のグラフを G_1，図 2.15 (b) の無向グラフを G_2 とする。G_1, G_2 の $\varepsilon = 1/4$ に対するペロン行列 P_1, P_2 は，式 (2.91) と式 (2.92) より，それぞれつぎのようになる。

$$P_1 = \frac{1}{4}\begin{bmatrix} 3 & 0 & 0 & 1 & 0 \\ 1 & 2 & 1 & 0 & 0 \\ 0 & 0 & 3 & 0 & 1 \\ 0 & 1 & 0 & 3 & 0 \\ 1 & 0 & 0 & 0 & 3 \end{bmatrix} \tag{2.119}$$

$$P_2 = \frac{1}{4}\begin{bmatrix} 1 & 1 & 0 & 1 & 1 \\ 1 & 1 & 1 & 1 & 0 \\ 0 & 1 & 2 & 0 & 1 \\ 1 & 1 & 0 & 2 & 0 \\ 1 & 0 & 1 & 0 & 2 \end{bmatrix} \tag{2.120}$$

正数 $\varepsilon = 1/4$ が式 (2.114) を満たすため，P_1, P_2 の対角要素はすべて正で

あることに注意されたい。

ペロン行列 P_1 の固有値は 1, $0.77 \pm 0.19\mathrm{j}$, $0.48 \pm 0.19\mathrm{j}$ と求められ，P_2 の固有値は 1, 0.65, 0.40, 0.10, -0.15 と求められる。これより，**定理 2.27** (iv) にあるように，P_1, P_2 のすべての固有値は単位閉円板内にあり，単位円に接するのは固有値 1 のみであることがわかる。

つぎに，ペロン行列 $P \in \mathbb{R}^{n \times n}$ によってグラフの構造解析を行う。具体的には，P^{n-1} によって，ある頂点間の有向道が存在するかどうか，また，グラフが強連結かあるいは全域木を持つかどうかを判定することができる。

【**定理 2.28**】 グラフ $G = (\mathcal{V}, \mathcal{E})$ の正数 $\varepsilon < 1/\Delta$ に対するペロン行列 $P \in \mathbb{R}^{n \times n}$ を考える。ただし，Δ は G の最大次数を表す。このとき，つぎの (i)〜(iii) が成り立つ。

(i) G において，頂点 $i \in \mathcal{V}$ を始点，頂点 $j \in \mathcal{V}$ を終点とする有向道が存在するための必要十分条件は，$\hat{P} = [\hat{p}_{ij}] = P^{n-1}$ に対して $\hat{p}_{ji} > 0$ が成り立つことである。

(ii) G が強連結であるための必要十分条件は，P^{n-1} の要素がすべて正であることである。

(iii) G が全域木を持つための必要十分条件は，要素がすべて正の列が P^{n-1} に存在することである。この列の番号に対応する頂点は，全域木の根である。

証明 (i) 2.2.5 項で示すように，P^{n-1} はグラフ G^{n-1} のペロン行列に対応する。このことと**補題 2.1** (iv) におけるグラフ G^{n-1} と有向道の関係性から証明される。詳細は**演習問題【8】**を参照されたい。

(ii) グラフが強連結であることの必要十分条件は，どの頂点も全域木の根となることである。したがって，(iii) を示せばよい。

(iii) (i) より，$\hat{P}$ の第 i 列の要素がすべて正である，つまり，任意の j に対して $\hat{p}_{ji} > 0$ であることは，ある頂点 $i \in \mathcal{V}$ から任意の頂点 $j \in \mathcal{V} \setminus \{i\}$ に至る有

向道が存在することと等価である．もし，このような頂点 $i \in \mathcal{V}$ が存在すれば，それは G の持つ全域木の根である．このような頂点が存在しなければ，すべての頂点に至ることのできる頂点が存在しないため，全域木は存在しない．　△

例 2.18　図 2.15 (a) のグラフ G_1 について考える．このグラフの $\varepsilon = 1/4$ に対するペロン行列 P_1 は，式 (2.119) で与えられる．このとき

$$P_1^4 = \frac{1}{256} \begin{bmatrix} 92 & 43 & 11 & 109 & 1 \\ 77 & 26 & 66 & 44 & 43 \\ 54 & 1 & 81 & 12 & 108 \\ 44 & 66 & 43 & 92 & 11 \\ 109 & 11 & 1 & 54 & 81 \end{bmatrix} \quad (2.121)$$

が成り立つ．行列のすべての要素は正であるため，**定理 2.28** (ii) より，このグラフは強連結である．

図 2.14 (a) のグラフ G_1 を考える．このグラフの $\varepsilon = 1/2$ に対するペロン行列 P とその 3 乗は，つぎのように得られる．

$$P = \frac{1}{2} \begin{bmatrix} 2 & 0 & 0 & 0 \\ 1 & 1 & 0 & 0 \\ 0 & 1 & 1 & 0 \\ 0 & 0 & 1 & 1 \end{bmatrix}, \quad P^3 = \frac{1}{8} \begin{bmatrix} 8 & 0 & 0 & 0 \\ 7 & 1 & 0 & 0 \\ 4 & 3 & 1 & 0 \\ 1 & 3 & 3 & 1 \end{bmatrix} \quad (2.122)$$

行列 P^3 の第 1 列の要素はすべて正である．したがって，**定理 2.28** (iii) より，このグラフは全域木を持ち，頂点 1 はその根である．

グラフラプラシアンに対する**定理 2.20** に対応して，全域木を持たないグラフのペロン行列はつぎのような構造を持つ（**演習問題 【9】**）．

【定理 2.29】　グラフ G の正数 $\varepsilon < 1/\Delta$ に対するペロン行列 $P \in \mathbb{R}^{n \times n}$ を考える．ただし，Δ は G の最大次数を表し，$n \geq 2$ とする．このとき，

グラフ G が全域木を持たないことの必要十分条件は，置換行列 $\Pi \in \mathbb{R}^{n \times n}$ と対角要素がすべて正の確率行列 $X_{11} \in \mathbb{R}^{n_1 \times n_1}$, $X_{22} \in \mathbb{R}^{n_2 \times n_2}$ および非負行列 $X_{31} \in \mathbb{R}^{n_3 \times n_1}$, $X_{32} \in \mathbb{R}^{n_3 \times n_2}$, $X_{33} \in \mathbb{R}^{n_3 \times n_3}$ が存在し，つぎが成り立つことである．

$$\Pi^\top P \Pi = \begin{bmatrix} X_{11} & 0 & 0 \\ 0 & X_{22} & 0 \\ X_{31} & X_{32} & X_{33} \end{bmatrix} \quad (2.123)$$

ただし，$n_1, n_2 \in \mathbb{N} \setminus \{0\}$ は $n_1 + n_2 \leqq n$ を満たし，$n_3 = n - n_1 - n_2$ である．

証明 十分性を証明するために，P が式 (2.123) の形をしていることを仮定する．式 (2.123) の両辺を $n-1$ 乗することで，適当な非負行列 $Y_{31} \in \mathbb{R}^{n_3 \times n_1}$, $Y_{32} \in \mathbb{R}^{n_3 \times n_2}$, $Y_{33} \in \mathbb{R}^{n_3 \times n_3}$ に対して

$$\Pi^\top P^{n-1} \Pi = \begin{bmatrix} X_{11}^{n-1} & 0 & 0 \\ 0 & X_{22}^{n-1} & 0 \\ Y_{31} & Y_{32} & Y_{33} \end{bmatrix} \quad (2.124)$$

を得る．ここで，$\Pi^\top \Pi = I$ であることを用いた．n_1 と n_2 が正の自然数であることと，Π が行や列を入れ替える操作に対応することより，P^{n-1} には要素がすべて正の列は存在しない．したがって，**定理 2.28** (iii) より，G は全域木を持たない．

必要性については，付録 A.2.2 を参照されたい．　　　　　　　　　　△

さらに，全域木を持たない $n-1$ 乗が等しいグラフ同士は，**定理 2.29** の意味で等しい構造のペロン行列を持つ．

【定理 2.30】 頂点集合が共通で全域木を持たない二つのグラフ G_1, G_2，および二つの正数 $\varepsilon_1, \varepsilon_2$ について考える．$k = 1, 2$ に対して，$\varepsilon_k < 1/\Delta_k$ であるとする．ただし，Δ_k は G_k の最大次数を表す．グラフ G_k の正数 ε_k に対するペロン行列を $P_k \in \mathbb{R}^{n \times n}$ とおく．ここで，$n \geqq 2$ とする．これら

のグラフが $G_1^{n-1} = G_2^{n-1}$ を満たすとき,置換行列 $\Pi \in \mathbb{R}^{n \times n}$ と $k = 1, 2$ に対して対角要素がすべて正の確率行列 $X_{k11} \in \mathbb{R}^{n_1 \times n_1}$, $X_{k22} \in \mathbb{R}^{n_2 \times n_2}$ および非負行列 $X_{k31} \in \mathbb{R}^{n_3 \times n_1}$, $X_{k32} \in \mathbb{R}^{n_3 \times n_2}$, $X_{k33} \in \mathbb{R}^{n_3 \times n_3}$ が存在し,つぎが成り立つ.

$$\Pi^\top P_k \Pi = \begin{bmatrix} X_{k11} & 0 & 0 \\ 0 & X_{k22} & 0 \\ X_{k31} & X_{k32} & X_{k33} \end{bmatrix}, \ k = 1, 2 \qquad (2.125)$$

ただし,$n_1, n_2 \in \mathbb{N} \setminus \{0\}$ は $n_1 + n_2 \leqq n$ を満たし,$n_3 = n - n_1 - n_2$ である.

証明 付録 A.2.3 を参照。 △

2.2.5 重み付きグラフの場合

グラフのおのおのの辺に正の実数で与えられる重みが付加されたグラフを**重み付きグラフ** (weighted graph) という.グラフ $G = (\mathcal{V}, \mathcal{E})$ の辺と重みとの対応関係を表す関数 $\omega : \mathcal{E} \to \mathbb{R}_+ \setminus \{0\}$ を,グラフ G 上の**重み関数** (weight function) と呼ぶ.このとき,重み付きグラフを (G, ω) と表す.重み付きグラフ (G, ω) の隣接行列 $A = [a_{ij}] \in \mathbb{R}^{n \times n}$ を,つぎのように重み関数を用いて定義する.

$$a_{ij} := \begin{cases} \omega((j,i)), & (j,i) \in \mathcal{E} \text{ かつ } i \neq j \text{ のとき} \\ 0, & \text{それ以外のとき} \end{cases} \qquad (2.126)$$

また,重み付きグラフ (G, ω) の最大次数 Δ を式 (2.88) によって定義する.

例 2.19 図 2.19 の重み付きグラフ (G, ω) を考える.ただし,重み関数 ω はつぎのように与えられる.

$$\omega((1,4)) = 0.40, \ \omega((2,3)) = 0.50, \ \omega((3,2)) - 0.25,$$
$$\omega((3,4)) = 0.60, \ \omega((4,6)) = 1.25, \ \omega((6,1)) = 0.30,$$

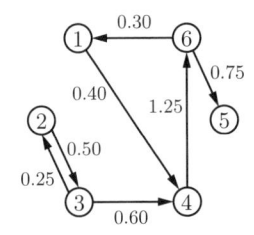

図 2.19 重み付きグラフ

$$\omega((6,5)) = 0.75 \tag{2.127}$$

このとき，隣接行列 A はつぎのようになる．

$$A = \begin{bmatrix} 0 & 0 & 0 & 0 & 0 & 0.30 \\ 0 & 0 & 0.25 & 0 & 0 & 0 \\ 0 & 0.50 & 0 & 0 & 0 & 0 \\ 0.40 & 0 & 0.60 & 0 & 0 & 0 \\ 0 & 0 & 0 & 0 & 0 & 0.75 \\ 0 & 0 & 0 & 1.25 & 0 & 0 \end{bmatrix} \tag{2.128}$$

また，最大次数はつぎで与えられる．

$$\Delta = \max_{i \in \{1,2,\cdots,6\}} \sum_{j=1}^{6} a_{ij} = 1.25 \tag{2.129}$$

重み付きグラフ (G,ω) のグラフラプラシアン L を式 (2.90) によって定義し，正数 ε に対するペロン行列 P を式 (2.113) によって定義する．このとき，これまで議論したこれらの行列の多くの性質は，重み関数 ω には依存せずにそのまま成り立つことに注意されたい．実際，グラフラプラシアンに対する**補題 2.2**，**定理 2.19〜定理 2.21**，およびペロン行列に対する**補題 2.3**，**補題 2.4**，**定理 2.27〜定理 2.30** は，重み付きグラフ (G,ω) の行列の性質として，そのまま成り立つ．

以降では，特に，考えるグラフの範囲を重み付きグラフに広げることで初めて得られるペロン行列の重要な性質について議論する．まず，準備のため，ある

性質を満たす行列と重み付きグラフのグラフラプラシアンの対応関係を与える。

【補題 2.5】 行列 $\bar{L} = [\bar{\ell}_{ij}] \in \mathbb{R}^{n \times n}$ に対して，その対角要素が非負かつ非対角要素が非正であり，かつ $\bar{L}\mathbf{1}_n = 0$ が成り立つための必要十分条件は，行列 $\bar{L}$ がある重み付きグラフ (G, ω) に対するグラフラプラシアンであることである。ただし，G は頂点集合 $\mathcal{V} = \{1, 2, \cdots, n\}$ およびつぎの辺集合で与えられるグラフである。

$$\mathcal{E} = \{(i, j) \in \mathcal{V} \times \mathcal{V} : \bar{\ell}_{ji} < 0, \ i \neq j\} \tag{2.130}$$

証明 十分性は式 (2.90) および**定理 2.19** (i) より得られるため，必要性のみ示す。対角要素が非負で非対角要素が非正となり，かつ $\bar{L}\mathbf{1}_n = 0$ が成り立つ行列 $\bar{L}$ に対して，重み付きグラフ (G, ω) のうち，隣接行列 $A = [a_{ij}]$ の要素が $a_{ii} = 0$ および $a_{ij} = -\bar{\ell}_{ij}$ ($i \neq j$) であるものを考える。このとき，G の辺集合は式 (2.130) で与えられる。一方，式 (2.90) より，重み付きグラフ (G, ω) のグラフラプラシアン $L = [\ell_{ij}]$ の非対角要素は $\ell_{ij} = -a_{ij} = \bar{\ell}_{ij}$，対角要素は

$$\ell_{ii} = \sum_{j=1}^{n} a_{ij} = -\sum_{j \in \mathcal{V} \setminus \{i\}} \bar{\ell}_{ij} = \bar{\ell}_{ii} \tag{2.131}$$

で与えられる。ただし，最後の等式は，$\bar{L}$ の行の和が 0 であることを利用した。以上より，$\bar{L} = L$ となり，$\bar{L}$ は (G, ω) のグラフラプラシアンとなる。 △

つぎに，ある種の確率行列が，ある重み付きグラフのペロン行列に対応することを示す。

【補題 2.6】 行列 $\bar{P} = [\bar{p}_{ij}] \in \mathbb{R}^{n \times n}$ が確率行列であり，かつその対角要素がすべて正であるための必要十分条件は，行列 $\bar{P}$ がある重み付きグラフ (G, ω) の適当な正数 $\varepsilon < 1/\Delta$ に対するペロン行列であることである。ただし，G は頂点集合 $\mathcal{V} = \{1, 2, \cdots, n\}$ および辺集合

$$\mathcal{E} = \{(i, j) \in \mathcal{V} \times \mathcal{V} : \bar{p}_{ji} > 0, \ i \neq j\} \tag{2.132}$$

によって与えられるグラフであり，Δ は重み付きグラフ (G,ω) の最大次数を表す．

証明 十分性は，**定理 2.27** (i) と式 (2.88) における最大次数 Δ の定義より明らかである．

必要性を示す．行列 $\bar{P} = [\bar{p}_{ij}] \in \mathbb{R}^{n \times n}$ が確率行列であり，かつ対角要素がすべて正であることを仮定する．ここで，適当な正数 ε に対して

$$\bar{L} := \frac{1}{\varepsilon}(I - \bar{P}) \tag{2.133}$$

と定義する．このとき，$\bar{L}$ の対角要素は非負であり，非対角要素は非正である．しかも，確率行列 $\bar{P}$ が $\bar{P}\mathbf{1}_n = \mathbf{1}_n$ を満たすことから，$\bar{L}\mathbf{1}_n = 0$ を得る．したがって，**補題 2.5** より，$\bar{L}$ はある重み付きグラフ (G,ω) のグラフラプラシアンであり，その辺集合は式 (2.130) で与えられる．ここで，式 (2.133) を $\bar{P}$ について解くと式 (2.113) の形になるため，$\bar{P}$ は重み付きグラフ (G,ω) の ε に対するペロン行列である．この重み付きグラフの最大次数 Δ に対して，式 (2.88), (2.90), (2.133) より

$$\Delta = \max_{i \in \{1,2,\ldots,n\}} \bar{l}_{ii} = \frac{\max_{i \in \{1,2,\ldots,n\}}(1 - \bar{p}_{ii})}{\varepsilon} < \frac{1}{\varepsilon} \tag{2.134}$$

が成り立つ．ただし，不等式には $\bar{P}$ の対角要素が正であるという仮定を用いた．したがって，$\varepsilon < 1/\Delta$ が成り立つ．また，式 (2.130) と式 (2.132) は等価である． $\triangle$

以上の結果を用いると，ペロン行列の演算（行列の意味での通常の和と積）をグラフの演算（2.2.2 項で導入した和と積）に対応付けることができる．

【定理 2.31】 頂点集合が共通の m 個の重み付きグラフ (G_k, ω_k) および正数 $\varepsilon_k < 1/\Delta_k$ $(k = 1, 2, \cdots, m)$ を考える．ただし，Δ_k は重み付きグラフ (G_k, ω_k) の最大次数を表す．行列 P_k を (G_k, ω_k) の ε_k に対するペロン行列とする．このとき，つぎの (i), (ii) が成り立つ．

(i) 正数 β_k $(k = 1, 2, \cdots, m)$ および $\beta = \sum_{k=1}^{m} \beta_k$ に対して，ペロン行

列の線形結合 $\left(\sum_{k=1}^{m} \beta_k P_k\right)/\beta$ は，重み付きグラフ $\left(\bigcup_{k=1}^{m} G_k, \bar{\omega}\right)$ の適当な正数 $\bar{\varepsilon} < 1/\bar{\Delta}$ に対するペロン行列である．ただし，$\bar{\omega}$ はグラフ $\bigcup_{k=1}^{m} G_k$ 上の適当な重み関数であり，$\bar{\Delta}$ は重み付きグラフ $\left(\bigcup_{k=1}^{m} G_k, \bar{\omega}\right)$ の最大次数を表す．

(ii) ペロン行列の積 $P_1 P_2 \cdots P_m$ は重み付きグラフ $(G_m G_{m-1} \cdots G_1, \tilde{\omega})$ の適当な正数 $\tilde{\varepsilon} < 1/\tilde{\Delta}$ に対するペロン行列である．ただし，$\tilde{\omega}$ はグラフ $G_m G_{m-1} \cdots G_1$ 上の適当な重み関数であり，$\tilde{\Delta}$ は重み付きグラフ $(G_m G_{m-1} \cdots G_1, \tilde{\omega})$ の最大次数を表す．

証明 補題 **2.6** より，P_k は確率行列であり，対角要素はすべて正である．また，$G_k = (\mathcal{V}, \mathcal{E}_k)$ とおく．ただし，$\mathcal{V} = \{1, 2, \cdots, n\}$ であるとする．

(i) $\bar{P} = [\bar{p}_{ij}] = \left(\sum_{k=1}^{m} \beta_k P_k\right)/\beta$ とおく．β_k が正数であることから，$\bar{P}$ の非対角要素は非負，対角要素は正である．さらに，P_k が確率行列であることから

$$\bar{P} \mathbf{1}_n = \frac{1}{\beta} \sum_{k=1}^{m} \beta_k P_k \mathbf{1}_n = \frac{1}{\beta} \sum_{k=1}^{m} \beta_k \mathbf{1}_n = \mathbf{1}_n \tag{2.135}$$

が成り立つため，$\bar{P}$ は確率行列である．したがって，補題 **2.6** から，$\bar{P}$ はある重み付きグラフ $(\bar{G}, \bar{\omega})$ の適当な正数 $\bar{\varepsilon} < 1/\bar{\Delta}$ に対するペロン行列である．ただし，グラフ $\bar{G}$ の頂点集合は $\mathcal{V}$ で，辺集合はつぎで与えられる．

$$\bar{\mathcal{E}} = \{(i,j) \in \mathcal{V} \times \mathcal{V} : \bar{p}_{ji} > 0, \ i \neq j\} \tag{2.136}$$

つぎに，$\bar{G} = \bigcup_{k=1}^{m} G_k$ であることを示す．これらのグラフの頂点集合は両方 $\mathcal{V}$ であるため，あとは，$\bar{\mathcal{E}} = \bigcup_{k=1}^{m} \mathcal{E}_k$ であることを示せばよい．まず，式 (2.136) より，$(j,i) \in \bar{\mathcal{E}}$ であることは $\bar{p}_{ij} > 0$ と等価である．ここで，$\bar{P}$ の各要素を計算すると

$$\bar{p}_{ij} = \frac{1}{\beta} \sum_{k=1}^{m} \beta_k p_{kij} \tag{2.137}$$

を得る。ただし，$P_k = [p_{kij}]$ である。式 (2.137) および $\beta_k > 0$ より，$\bar{p}_{ij} > 0$ であることと，$p_{kij} > 0$ なる k が存在することは等価である。これは，**補題 2.6** より，$(j,i) \in \mathcal{E}_k$ なる k が存在する，すなわち $(j,i) \in \bigcup_{k=1}^{m} \mathcal{E}_k$ となることと等価である。よって，$\bar{\mathcal{E}} = \bigcup_{k=1}^{m} \mathcal{E}_k$ が成り立つ。

(ii) ここでは $m = 2$ の場合を考える。それ以上の m については，帰納的に示される。$\tilde{P} = [\tilde{p}_{ij}] = P_1 P_2$ とおく。P_1 と P_2 は非負要素を持つため，$\tilde{P}$ は非負行列である。さらに，P_1 と P_2 は確率行列であるため

$$\tilde{P} \mathbf{1}_n = P_1 P_2 \mathbf{1}_n = P_1 \mathbf{1}_n = \mathbf{1}_n \tag{2.138}$$

が成り立つ。以上より，$\tilde{P}$ は確率行列である。つぎに，$\tilde{P} = P_1 P_2$ の両辺から対角要素を取り出すと

$$\tilde{p}_{ii} = p_{1ii} p_{2ii} + \sum_{\ell \in \mathcal{V} \setminus \{i\}} p_{1i\ell} p_{2\ell i} \tag{2.139}$$

を得る。式 (2.139) の右辺第 1 項は P_1 と P_2 の対角要素が正であることから正，第 2 項は非負であるから，対角要素 $\tilde{p}_{ii}$ は正である。したがって，**補題 2.6** から，$\tilde{P}$ はある重み付きグラフ $(\tilde{G}, \tilde{\omega})$ の適当な正数 $\tilde{\varepsilon} < 1/\tilde{\Delta}$ に対するペロン行列である。ただし，グラフ $\tilde{G}$ の頂点集合は $\mathcal{V}$ で，辺集合はつぎで与えられる。

$$\tilde{\mathcal{E}} = \{(i,j) \in \mathcal{V} \times \mathcal{V} : \tilde{p}_{ji} > 0,\ i \neq j\} \tag{2.140}$$

つぎに，$\tilde{G} = G_2 G_1$ であることを示す。これらのグラフの頂点集合は両方 $\mathcal{V}$ であるため，あとは，$\tilde{\mathcal{E}} = \mathcal{E}_2 \mathcal{E}_1$ であることを示せばよい。式 (2.140) より，$(j,i) \in \tilde{\mathcal{E}}$ であることは，$\tilde{p}_{ij} > 0$ であることと等価である。$\tilde{P} = P_1 P_2$ を計算すると

$$\tilde{p}_{ij} = p_{1ii} p_{2ij} + p_{1ij} p_{2jj} + \sum_{\ell \in \mathcal{V} \setminus \{i,j\}} p_{1i\ell} p_{2\ell j} \tag{2.141}$$

を得る。P_1 と P_2 の対角要素 p_{1ii} と p_{2jj} は正であることから，$\tilde{p}_{ij} > 0$ であることは，つぎのいずれかが成り立つことと等価である。

(a) $p_{2ij} > 0$ または $p_{1ij} > 0$ が成り立つ
(b) $p_{1i\ell} > 0$ かつ $p_{2\ell j} > 0$ なる $\ell \in \mathcal{V} \setminus \{i,j\}$ が存在する

この条件は，グラフの積の定義と**補題 2.6** から，$(j,i) \in \mathcal{E}_2 \mathcal{E}_1$ と表される。よって，$\tilde{\mathcal{E}} = \mathcal{E}_2 \mathcal{E}_1$ が成り立つ。 △

例 2.20 図 2.14 (a), (b) のグラフ G_1 と G_2 を考える。これらのグラフラプラシアンは，それぞれ

$$L_1 = \begin{bmatrix} 0 & 0 & 0 & 0 \\ -1 & 1 & 0 & 0 \\ 0 & -1 & 1 & 0 \\ 0 & 0 & -1 & 1 \end{bmatrix}, \quad L_2 = \begin{bmatrix} 1 & 0 & 0 & -1 \\ 0 & 0 & 0 & 0 \\ 0 & 0 & 0 & 0 \\ 0 & 0 & 0 & 0 \end{bmatrix} \quad (2.142)$$

である。また，$\varepsilon = 1/2$ に対するペロン行列は，それぞれ

$$P_1 = \frac{1}{2}\begin{bmatrix} 2 & 0 & 0 & 0 \\ 1 & 1 & 0 & 0 \\ 0 & 1 & 1 & 0 \\ 0 & 0 & 1 & 1 \end{bmatrix}, \quad P_2 = \frac{1}{2}\begin{bmatrix} 1 & 0 & 0 & 1 \\ 0 & 2 & 0 & 0 \\ 0 & 0 & 2 & 0 \\ 0 & 0 & 0 & 2 \end{bmatrix} \quad (2.143)$$

である。これらの線形結合と積として，つぎを考える。

$$\frac{1}{2}P_1 + \frac{1}{2}P_2 = \frac{1}{4}\begin{bmatrix} 3 & 0 & 0 & 1 \\ 1 & 3 & 0 & 0 \\ 0 & 1 & 3 & 0 \\ 0 & 0 & 1 & 3 \end{bmatrix}, \quad P_2 P_1 = \frac{1}{4}\begin{bmatrix} 2 & 0 & 1 & 1 \\ 2 & 2 & 0 & 0 \\ 0 & 2 & 2 & 0 \\ 0 & 0 & 2 & 2 \end{bmatrix}$$
$$(2.144)$$

図 2.14 (c) におけるグラフの和 $G_1 \cup G_2$ を考える。このとき，グラフ $G_1 \cup G_2$ のグラフラプラシアン $\bar{L}$，およびその $\varepsilon = 1/4$ に対するペロン行列 $\bar{P}$ は

$$\bar{L} = \begin{bmatrix} 1 & 0 & 0 & -1 \\ -1 & 1 & 0 & 0 \\ 0 & -1 & 1 & 0 \\ 0 & 0 & -1 & 1 \end{bmatrix}, \quad \bar{P} = \frac{1}{4}\begin{bmatrix} 3 & 0 & 0 & 1 \\ 1 & 3 & 0 & 0 \\ 0 & 1 & 3 & 0 \\ 0 & 0 & 1 & 3 \end{bmatrix} \quad (2.145)$$

で与えられる。式 (2.144) と式 (2.145) より，$P_1/2 + P_2/2 = \bar{P}$ である。したがって，**定理 2.31** (i) にあるように，行列 $P_1/2 + P_2/2$ はグラフ $G_1 \cup G_2$ のペロン行列であることがわかる。

図 **2.14** (d) におけるグラフの積 $G_1 G_2$，およびつぎの重み関数 $\tilde{\omega}$ を考える。

$$\tilde{\omega}((3,1)) = \tilde{\omega}((4,1)) = 1,$$
$$\tilde{\omega}((1,2)) = \tilde{\omega}((2,3)) = \tilde{\omega}((3,4)) = 2 \tag{2.146}$$

このとき，重み付きグラフ $(G_1 G_2, \tilde{\omega})$ のグラフラプラシアン $\tilde{L}$，およびその $\varepsilon = 1/4$ に対するペロン行列は

$$\tilde{L} = \begin{bmatrix} 2 & 0 & -1 & -1 \\ -2 & 2 & 0 & 0 \\ 0 & -2 & 2 & 0 \\ 0 & 0 & -2 & 2 \end{bmatrix}, \quad \tilde{P} = \frac{1}{4} \begin{bmatrix} 2 & 0 & 1 & 1 \\ 2 & 2 & 0 & 0 \\ 0 & 2 & 2 & 0 \\ 0 & 0 & 2 & 2 \end{bmatrix} \tag{2.147}$$

である。式 (2.144) と式 (2.147) より，$P_2 P_1 = \tilde{P}$ である。したがって，**定理 2.31** (ii) にあるように，行列 $P_2 P_1$ は重み付きグラフ $(G_1 G_2, \tilde{\omega})$ のペロン行列であることがわかる。

定理 2.31 (ii) より，ペロン行列のベキとグラフのベキの関係について，つぎを得る。

【定理 2.32】 グラフ G の正数 $\varepsilon < 1/\Delta$ に対するペロン行列 P および自然数 $k \in \mathbb{N}$ について考える。ただし，Δ は G の最大次数を表す。このとき，P^k は重み付きグラフ $(G^k, \hat{\omega})$ の適当な正数 $\hat{\varepsilon} < 1/\hat{\Delta}$ に対するペロン行列である。ただし，$\hat{\omega}$ は G^k 上の適当な重み関数であり，$\hat{\Delta}$ は重み付きグラフ $(G^k, \hat{\omega})$ の最大次数を表す。

定理 2.31 (i) と定理 2.32 を組み合わせることで，つぎの結果を得る。

【定理 2.33】 グラフ G のグラフラプラシアン $L \in \mathbb{R}^{n \times n}$ およびある正数 τ について考える。このとき，行列指数関数 $e^{-\tau L}$ は重み付きグラフ $(G^{n-1}, \breve{\omega})$ の適当な正数 $\breve{\varepsilon} < 1/\breve{\Delta}$ に対するペロン行列である。ただし，$\breve{\omega}$ は G^{n-1} 上の適当な重み関数であり，$\breve{\Delta}$ は重み付きグラフ $(G^{n-1}, \breve{\omega})$ の最大次数を表す。

証明 演習問題【10】を参照。 △

例 2.21 図 2.14 (a) のグラフ G_1 を考える。式 (2.142) のグラフラプラシアン L_1 に対する行列指数関数は

$$e^{-2L_1} \simeq \begin{bmatrix} 1 & 0 & 0 & 0 \\ 0.86 & 0.14 & 0 & 0 \\ 0.59 & 0.27 & 0.14 & 0 \\ 0.32 & 0.27 & 0.27 & 0.14 \end{bmatrix} \quad (2.148)$$

である。これは，図 2.14 (f) におけるグラフ G_1 の 3 乗 G_1^3 に対する重み付き行列 $(G_1^3, \breve{\omega})$ の $\varepsilon = 1$ に対するペロン行列である。ただし，重み関数 $\breve{\omega}$ は以下で与えられる。

$$\breve{\omega}((1,2)) \simeq 0.86, \quad \breve{\omega}((1,3)) \simeq 0.59, \quad \breve{\omega}((1,4)) \simeq 0.32,$$
$$\breve{\omega}((2,3)) = \breve{\omega}((2,4)) = \breve{\omega}((3,4)) \simeq 0.27 \quad (2.149)$$

********** 演 習 問 題 **********

【1】 グラフラプラシアンとして，つぎの行列を考える。

(a) $\begin{bmatrix} 1 & -1 & 0 & 0 \\ -1 & 3 & -1 & -1 \\ 0 & -1 & 1 & 0 \\ 0 & -1 & 0 & 1 \end{bmatrix}$ (b) $\begin{bmatrix} 1 & -1 & 0 & 0 \\ -1 & 1 & 0 & 0 \\ 0 & 0 & 1 & -1 \\ 0 & 0 & -1 & 1 \end{bmatrix}$

(c) $\begin{bmatrix} 0 & 0 & 0 & 0 \\ 0 & 1 & 0 & -1 \\ 0 & 0 & 0 & 0 \\ 0 & -1 & 0 & 1 \end{bmatrix}$ (d) $\begin{bmatrix} 1 & -1 & 0 & 0 \\ 0 & 0 & 0 & 0 \\ 0 & -1 & 1 & 0 \\ 0 & -1 & 0 & 1 \end{bmatrix}$

(e) $\begin{bmatrix} 1 & 0 & -1 & 0 \\ -1 & 1 & 0 & 0 \\ 0 & -1 & 2 & -1 \\ 0 & 0 & -1 & 1 \end{bmatrix}$ (f) $\begin{bmatrix} 1 & -1 & 0 & 0 \\ 0 & 1 & 0 & -1 \\ 0 & 0 & 0 & 0 \\ 0 & 0 & 0 & 0 \end{bmatrix}$

(1) グラフラプラシアン (a)〜(f) に対応するグラフを描け。

(2) 固有値 0 に対応する固有ベクトルおよび左固有ベクトルを，それぞれ一つ求めよ。

(3) (a)〜(f) に対応するグラフの中で，平衡グラフを見つけよ。また，全域木を含み，かつ任意の全域木の根が同じ頂点となるグラフを見つけよ。

【2】 補題 2.2 を証明せよ。

【3】 無向グラフ $G = (\mathcal{V}, \mathcal{E})$ のグラフラプラシアン $L \in \mathbb{R}^{n \times n}$ は半正定値であることを，つぎの二つの手順に従って証明せよ。

(1) 定理 2.11，定理 2.12，定理 2.19 を用いて証明せよ。

(2) 任意の $x = [x_1 \ x_2 \ \cdots \ x_n]^\top \in \mathbb{R}^n$ に対し

$$x^\top L x = \frac{1}{2} \sum_{i=1}^{n} \sum_{j=1}^{n} a_{ij}(x_i - x_j)^2 \tag{2.150}$$

が成り立つことを証明せよ。また，これより，任意の無向グラフのグラフラプラシアンは半正定値であることを証明せよ。

【4】 図 2.20 のグラフ G_1, G_2, G_3, G_4 に関し，つぎの問に答えよ．

(1) G_1, G_2, G_3, G_4 に対応するグラフラプラシアン L_1, L_2, L_3, L_4 を求めよ．

(2) 行列の基本変形を行い，L_1, L_2, L_3, L_4 の階数を求めよ．また，求めた階数からグラフラプラシアンの固有値 0 が単純かどうかを判定せよ．

(3) **補題 2.2** を用いて L_1, L_2, L_3, L_4 の固有値の存在範囲を求めよ．

(4) L_1, L_2, L_3, L_4 の固有値を求めよ．

(5) G_1, G_2, G_3, G_4 の $\varepsilon = 1/4$ に対するペロン行列 P_1, P_2, P_3, P_4 を求めよ．

(6) P_1, P_2, P_3, P_4 の固有値を求めよ．

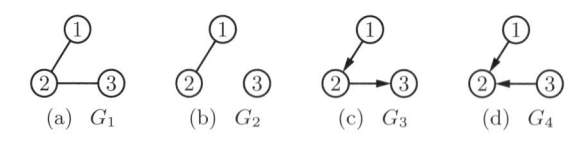

図 2.20 演習問題【4】のグラフ

【5】 **定理 2.29** を用いて**定理 2.20** を証明せよ．

【6】 (1) **定理 2.23** を証明せよ．

(2) 図 2.21 のような無向グラフ G を考える．行列の基本変形を行い，G のグラフラプラシアンの階数を求めよ．また，G に対して**定理 2.23** が成り立つことを確認せよ．

図 2.21 演習問題【6】の無向グラフ G

【7】 頂点数が $n\ (\geqq 2)$ の閉路グラフと完全グラフに対応するグラフラプラシアンの固有値が，それぞれ式 (2.104)，(2.105) となることを証明せよ．

【8】 **定理 2.28** (i) を証明せよ．

【9】 図 2.22 のグラフ G_1, G_2 に関し，つぎの問に答えよ．

(1) G_1, G_2 の $\varepsilon - 1/4$ に対するペロン行列 P_1, P_2 を求めよ．

(2) G_1, G_2 が全域木を持つかどうかを，**定理 2.28** によって判定せよ．

(a) G_1 (b) G_2

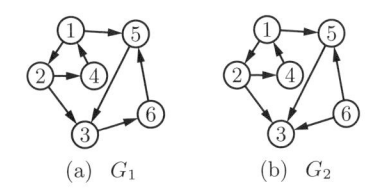

図 2.22 演習問題【9】のグラフ

(3) G_1, G_2 のうち全域木を持つものについて,その根となりうる頂点を答えよ。

(4) G_1, G_2 のうち全域木を持たないものについては,**定理 2.29** に従って,そのペロン行列を分解せよ。

【10】 **定理 2.33** を証明せよ。

3

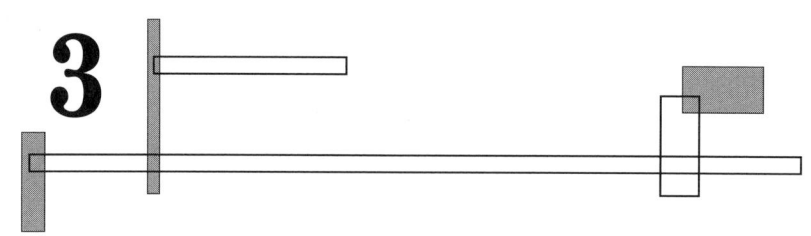

合 意 制 御

本章では，マルチエージェントシステムの合意制御について論じる．合意とは，すべてのエージェントがネットワークにおける情報交換を通じて，状態変数を一致させることである．ここでは，ネットワークにおいて直接得られる情報のみを用いた分散制御器によって合意が達成されるための条件を，ネットワークのグラフ構造によって特徴付ける．初めに連続時間システムについての基礎的な結果を与え，つぎに離散時間システムおよびスイッチングネットワークに対する応用的な結果を与える．

3.1 合 意 問 題

3.1.1 ネットワークと分散制御器

本書で考えるマルチエージェントシステムは，各エージェントのダイナミクスとエージェント間の情報伝達に用いるネットワークから構成される．システムに存在するエージェントの数を n とする．各エージェントに $1 \sim n$ のインデックスを割り当て，その集合を $\mathcal{V} = \{1, 2, \cdots, n\}$ と表記する．まず，エージェント $i \in \mathcal{V}$ のダイナミクスが，関数 $f_i : \mathbb{R} \times \mathbb{R} \to \mathbb{R}$ に対して微分方程式

$$\dot{x}_i(t) = f_i(x_i(t), u_i(t)), \quad x_i(0) = x_{0i} \tag{3.1}$$

によって表されるものとする．ただし，時刻 $t \in \mathbb{R}_+$ に対して変数 $x_i(t) \in \mathbb{R}$ と $u_i(t) \in \mathbb{R}$ はエージェント i の状態と入力を表し，定数 $x_{0i} \in \mathbb{R}$ は初期状態

を表す†.つぎに,情報伝達のためのネットワーク構造が,グラフ $G = (\mathcal{V}, \mathcal{E})$ によって表されるものとする.ただし,辺集合 $\mathcal{E} \subseteq \mathcal{V} \times \mathcal{V}$ は,つぎのように情報伝達の経路が存在するエージェントの組の集合を表している.

$$\mathcal{E} = \{(i,j) \in \mathcal{V} \times \mathcal{V} : i \text{ から } j \text{ に情報伝達の経路がある}\} \tag{3.2}$$

特に情報伝達の経路がすべて双方向である場合,G は無向グラフとなる.このようなネットワークにおいて,エージェントは状態 $x_i(t)$ の値の情報を伝達するものとする.

ここで,2.2.3 項と同様に,$(j,i) \in \mathcal{E}$ であるとき,エージェント $i \in \mathcal{V}$ はエージェント $j \in \mathcal{V}$ に**隣接する**(adjacent)という.さらに,エージェント i が隣接する他エージェントの集合を,エージェント i の**隣接集合**(adjacent set)または**近傍**(neighborhood)と呼び,つぎのように定義する.

$$\mathcal{N}_i := \{j \in \mathcal{V} : (j,i) \in \mathcal{E} \text{ かつ } i \neq j\} \tag{3.3}$$

このとき,エージェント $i \in \mathcal{V}$ は,自分自身の状態 $x_i(t)$ と隣接するエージェント $j \in \mathcal{N}_i$ の状態 $x_j(t)$ に関する情報のみ取得できる.これより,エージェント i の制御入力は,ある関数 $c_i : \mathbb{R}^{n_i+1} \to \mathbb{R}$ に対して

$$u_i(t) = c_i(x_i(t), x_{j_1}(t), x_{j_2}(t), \cdots, x_{j_{n_i}}(t)) \tag{3.4}$$

の形をしている必要がある.ただし,$j_1, j_2, \cdots, j_{n_i} \in \mathcal{V}$ はエージェント i が隣接しているすべてのエージェントを表し,$\{j_1, j_2, \cdots, j_{n_i}\} = \mathcal{N}_i$ および $n_i = |\mathcal{N}_i|$ であるとする.式 (3.4) の形をした制御器を**分散制御器**(distributed controller)と呼ぶ††.

---

† 簡単のため各変数の次元を 1 としているが,一般的な次元に拡張することは可能である.例えば,**演習問題【1】**を参照されたい.
†† エージェント間の情報交換における取り決めという意味で,**プロトコル**(protocol)と呼ぶことがある.

例 3.1 図 2.15 (a) のグラフ $G = (\mathcal{V}, \mathcal{E})$ について考える。G の頂点集合は $\mathcal{V} = \{1, 2, 3, 4, 5\}$, 辺集合は $\mathcal{E} = \{(1,2), (1,5), (2,4), (3,2), (4,1), (5,3)\}$ で与えられる。また, 各エージェントの隣接集合は

$$\mathcal{N}_1 = \{4\}, \quad \mathcal{N}_2 = \{1, 3\}, \quad \mathcal{N}_3 = \{5\}, \quad \mathcal{N}_4 = \{2\}, \quad \mathcal{N}_5 = \{1\} \tag{3.5}$$

で与えられる。グラフ G の構造を持つネットワークにおける情報伝達の様子を図 3.1 に示す。辺上に伝達される状態が示されている。例えば, エージェント 1 はエージェント 2 と 5 に状態 $x_1(t)$ の値を送信し, エージェント 4 から状態 $x_4(t)$ の値を受信する。このようなネットワークにおける分散制御器は, 式 (3.4) よりつぎの形をしている。

$$u_1(t) = c_1(x_1(t), x_4(t)) \tag{3.6}$$

$$u_2(t) = c_2(x_2(t), x_1(t), x_3(t)) \tag{3.7}$$

$$u_3(t) = c_3(x_3(t), x_5(t)) \tag{3.8}$$

$$u_4(t) = c_4(x_4(t), x_2(t)) \tag{3.9}$$

$$u_5(t) = c_5(x_5(t), x_1(t)) \tag{3.10}$$

図 3.1 ネットワークにおける情報伝達の様子

3.1.2 合意の定義と種類

マルチエージェントシステムが**合意** (consensus) を達成するとは, 任意の初期状態 $x_{01}, x_{02}, \cdots, x_{0n}$ に対して, エージェントに適当な制御入力 $u_i(t)$ を加

えたとき，すべてのエージェントの状態 $x_1(t), x_2(t), \cdots, x_n(t)$ が漸近的に一致する．すなわち，任意の $i \in \mathcal{V}$ と $j \in \mathcal{V}$ について

$$\lim_{t \to \infty}(x_i(t) - x_j(t)) = 0 \tag{3.11}$$

が成り立つことである．さらに，ある定数 $\alpha \in \mathbb{R}$ が存在し，任意の $i \in \mathcal{V}$ について

$$\lim_{t \to \infty} x_i(t) = \alpha \tag{3.12}$$

が成り立つとき，α を**合意値**（consensus value）と呼ぶ．

合意とは，各エージェントが最初に持っている情報（初期状態 x_{0i}）から有益な情報（合意値 α）を抽出することと捉えることができる．どのような情報を抽出するか，すなわち，どのような合意値を得るかによって，合意の種類をいくつか定義する．

(i) **平均合意**（average consensus）：エージェント $i = 1, 2, \cdots, n$ の持つ初期状態 x_{0i} の平均値を求める最も標準的な合意．合意値はつぎで得られる．

$$\alpha = \frac{1}{n}\sum_{i=1}^{n} x_{0i} \tag{3.13}$$

(ii) **幾何平均合意**（geometric-mean consensus）：エージェント $i = 1, 2, \cdots, n$ の持つ正の初期状態 x_{0i} の幾何平均を求める合意．合意値はつぎで得られる．

$$\alpha = \sqrt[n]{\prod_{i=1}^{n} x_{0i}} \tag{3.14}$$

(iii) **最大（最小）値合意**（maximum (minimum) consensus）：エージェント $i = 1, 2, \cdots, n$ の持つ初期状態 x_{0i} の最大（最小）値を求める合意．合意値はつぎで得られる．

$$\alpha = \max_{i \in \{1,2,\cdots,n\}} x_{0i} \left(= \min_{i \in \{1,2,\cdots,n\}} x_{0i} \right) \tag{3.15}$$

(iv) **リーダー・フォロワー合意**（leader-follower consensus）：あるエージェ

ント $\ell \in \mathcal{V}$ の初期状態にすべてのエージェントの状態 $x_i(t)$ $(i = 1, 2, \cdots, n)$ を漸近的に一致させる合意。エージェント ℓ はリーダー，それ以外はフォロワーと呼ばれる。合意値はつぎで得られる。

$$\alpha = x_{0\ell} \tag{3.16}$$

つぎに，状態の収束の仕方によって合意の種類を定義する。ここで，すべてのエージェントの状態と初期状態をまとめたものを

$$x(t) := \begin{bmatrix} x_1(t) \\ x_2(t) \\ \vdots \\ x_n(t) \end{bmatrix}, \quad x_0 := \begin{bmatrix} x_{01} \\ x_{02} \\ \vdots \\ x_{0n} \end{bmatrix} \tag{3.17}$$

と定義する。このとき，すべてのエージェントの状態 $x_1(t), x_2(t), \cdots, x_n(t)$ が等しいことは，$x(t) \in \mathcal{A}$ と表すことができる。ただし，$\mathcal{A} \subseteq \mathbb{R}^n$ はつぎで定義される線形部分空間であり，**合意集合**（agreement set）と呼ばれている。

$$\mathcal{A} := \{x \in \mathbb{R}^n : x_1 = x_2 = \cdots = x_n\} = \mathrm{span}(\mathbf{1}_n) \tag{3.18}$$

これより，式 (3.11) のように合意を達成することは，次式と等価となる。

$$x(t) \to \mathcal{A} \tag{3.19}$$

ここで，合意集合 $\mathcal{A}$ を用いて，状態 $x(t)$ をつぎのように分解する。

$$x(t) = x_{\mathcal{A}}(t) + x_{\mathcal{A}^\perp}(t) \tag{3.20}$$

ただし，$\mathcal{A}$ の直交補空間 $\mathcal{A}^\perp$ に対して，$x_{\mathcal{A}}(t) \in \mathcal{A}$，$x_{\mathcal{A}^\perp}(t) \in \mathcal{A}^\perp$ であるとする。エージェント数 $n = 3$ の場合，式 (3.20) の分解は**図 3.2** のように表される[†]。このとき，$x_{\mathcal{A}^\perp}(t)$ はエージェントの状態 $x_1(t), x_2(t), \cdots, x_n(t)$ の

[†] 空間上の各軸はエージェントの状態 $x_1(t)$, $x_2(t)$, $x_3(t)$ に相当する。つまり，空間上の 1 点がエージェント全体の状態 $x(t) = [x_1(t)\ x_2(t)\ x_3(t)]^\top$ の一つを表す。合意集合 $\mathcal{A}$ は，原点を通る $\mathbf{1}_3$ 方向の直線を表す。状態 $x(t)$ の直線 $\mathbf{1}_3$ 方向の成分が $x_{\mathcal{A}}(t)$ で表され，直線との直交成分は $x_{\mathcal{A}^\perp}(t)$ で表される。

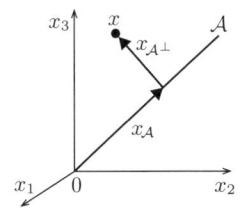

図 3.2 状態の直交成分への分解（$n=3$ の場合）

間の不一致を表す成分であり，**相違ベクトル**（disagreement vector）と呼ばれる。実際，式 (3.19) は $\lim_{t \to \infty} x_{\mathcal{A}^\perp}(t) = 0$ と等価である。さらに，相違ベクトル $x_{\mathcal{A}^\perp}(t)$ が従うシステムが指数的に 0 に収束する，すなわち，ある正数 β と λ が存在し，どのような初期状態 $x_0 \in \mathbb{R}^n$ に対しても，任意の時刻 $t \in \mathbb{R}_+$ において

$$\|x_{\mathcal{A}^\perp}(t)\| \leqq \beta \|x_0\| e^{-\lambda t} \tag{3.21}$$

が成り立つとき，マルチエージェントシステムは**指数合意**（exponential consensus）を達成するという。また，このような λ の最大値（または上限）を**合意速度**（consensus speed）と呼ぶ。

以上のような合意のほかにも，さまざまな合意が定義されている[44),45)]。このような合意のうち，どのような合意が達成されるかは，ネットワークの構造や分散制御器の形によって決まる。

合意制御の応用例を二つ紹介する。

例 3.2 1.4 節で示したセンサネットワークの時刻同期を考える。ノード群を $\mathcal{V} = \{1, 2, \cdots, n\}$ で表し，通信可能なノードの組の集合を $\mathcal{E} \subseteq \mathcal{V} \times \mathcal{V}$ で表す。基準時刻 $t \in \mathbb{R}_+$ においてノード $i \in \mathcal{V}$ が持つローカル時刻を $\tau_i(t) \in \mathbb{R}$ とおく。タイムスタンプの整合性を保つためには，時刻を徐々に変化させる必要がある。そのため，ローカル時刻 $\tau_i(t)$ を時間当りの調整量 $\nu_i(t) \in \mathbb{R}$ によって

$$\dot{\tau}_i(t) = \nu_i(t) \tag{3.22}$$

のように変更することにする．時刻同期とは，このシステムが合意を達成する，すなわち，任意のノード $i \in \mathcal{V}$ と $j \in \mathcal{V}$ に対して

$$\lim_{t \to \infty}(\tau_i(t) - \tau_j(t)) = 0 \tag{3.23}$$

が成り立つことを表す[†]。

例 3.3 1.3 節で示したビークル群のランデブーを考える．ビークル群を $\mathcal{V} = \{1, 2, \cdots, n\}$ で表し，ネットワークにおいて通信可能なビークルの組の集合を $\mathcal{E} \subseteq \mathcal{V} \times \mathcal{V}$ で表す．時刻 $t \in \mathbb{R}_+$ におけるビークル $i \in \mathcal{V}$ の 2 次元空間上の位置座標を $(p_{xi}(t), p_{yi}(t))$ とおく．各ビークルは座標軸方向に独立に速度制御できるようになっており，速度指令を $(v_{xi}(t), v_{yi}(t))$ によって与えるものとする．このとき，ビークル $i \in \mathcal{V}$ のダイナミクスは

$$\begin{cases} \dot{p}_{xi}(t) = v_{xi}(t) \\ \dot{p}_{yi}(t) = v_{yi}(t) \end{cases} \tag{3.24}$$

と記述される．このシステムが合意を達成すれば，すなわち，任意のビークル $i \in \mathcal{V}$ と $j \in \mathcal{V}$ に対して

$$\begin{cases} \lim_{t \to \infty}(p_{xi}(t) - p_{xj}(t)) = 0 \\ \lim_{t \to \infty}(p_{yi}(t) - p_{yj}(t)) = 0 \end{cases} \tag{3.25}$$

が成り立てば，ビークル群はある地点に集合する[††]。

その他の例については，文献 12), 46)~48) を参照されたい．

[†] 実際の時刻同期では，ローカル時刻 $\tau_i(t)$ を適切な速度で進めるための条件が必要になる．この場合も合意制御の問題に帰着することができる（**演習問題【2】**）。
[††] この応用として，ビークル群を所望の形状に収束させるフォーメーション制御を実現することができる（**演習問題【3】**）。

3.2　連続時間システムの合意制御

3.2.1　合意を達成するための分散制御器

合意制御についての基礎的な結果を与えるため，すべてのエージェントのダイナミクスが**積分系**（integral system）である場合，つまり，任意の $i \in \mathcal{V}$ に対して

$$\dot{x}_i(t) = u_i(t), \quad x_i(0) = x_{0i} \tag{3.26}$$

である場合を考える[†]。エージェント $i \in \mathcal{V}$ の入力 $u_i(t)$ を，線形分散制御器

$$u_i(t) = -\sum_{j \in \mathcal{N}_i} (x_i(t) - x_j(t)) \tag{3.27}$$

によって与えることにする[††]。ただし，$\mathcal{N}_i \subseteq \mathcal{V}$ はグラフ G におけるエージェント i の隣接集合を表す。式 (3.27) は式 (3.4) の形をしており，実際に，分散制御器であることが確認できる。この制御器は，エージェント i とそれに隣接するエージェント $j \in \mathcal{N}_i$ の状態の偏差 $(x_i(t) - x_j(t))$ をすべてフィードバックする。これによって，任意のエージェント間の状態の偏差が 0 に収束し，式 (3.11) の合意が達成されることが期待される。

式 (3.26) と式 (3.27) をすべてのエージェントに対してまとめて表記することで，システム全体を表す微分方程式を求める。グラフ G の隣接行列 $A = [a_{ij}] \in \mathbb{R}^{n \times n}$ に対して，式 (3.27) は次式と等価である。

$$u_i(t) = -\sum_{j=1}^{n} a_{ij}(x_i(t) - x_j(t)) \tag{3.28}$$

なぜなら，式 (2.83) と式 (3.3) より，エージェント i が隣接するエージェント $j \in \mathcal{N}_i$ に対してのみ隣接行列の要素は $a_{ij} = 1$ をとり，それ以外の要素は $a_{ij} = 0$

[†]　より一般的な線形時不変システムに対する議論については，**演習問題【1】**を参照されたい。

[††]　より一般的な非線形分散制御器に対する議論については，**演習問題【4】**を参照されたい。

をとるためである。式 (3.28) を式 (3.26) の第1式に代入し，$i=1,2,\cdots,n$ について縦に並べると

$$\begin{bmatrix} \dot{x}_1(t) \\ \dot{x}_2(t) \\ \vdots \\ \dot{x}_n(t) \end{bmatrix} = \begin{bmatrix} -\sum_{j=1}^{n} a_{1j}(x_1(t)-x_j(t)) \\ -\sum_{j=1}^{n} a_{2j}(x_2(t)-x_j(t)) \\ \vdots \\ -\sum_{j=1}^{n} a_{nj}(x_n(t)-x_j(t)) \end{bmatrix}$$

$$= -\begin{bmatrix} \sum_{j=1}^{n} a_{1j} & -a_{12} & \cdots & -a_{1n} \\ -a_{21} & \sum_{j=1}^{n} a_{2j} & \ddots & \vdots \\ \vdots & \ddots & \ddots & -a_{(n-1)n} \\ -a_{n1} & \cdots & -a_{n(n-1)} & \sum_{j=1}^{n} a_{nj} \end{bmatrix} \begin{bmatrix} x_1(t) \\ x_2(t) \\ \vdots \\ x_n(t) \end{bmatrix}$$

(3.29)

を得る。式 (2.90)，式 (3.17) および式 (3.29) から，システム全体を表す微分方程式は

$$\dot{x}(t) = -Lx(t),\ x(0) = x_0 \tag{3.30}$$

で得られる。ただし，$L \in \mathbb{R}^{n \times n}$ はグラフ G のグラフラプラシアンを表す。したがって，このマルチエージェントシステムの特性は，グラフラプラシアン L によって特徴付けられることがわかる。

例 3.4 図 2.15 (a)（または図 3.1）のグラフについて考える。各エージェントの隣接集合は式 (3.5) で与えられる。これより，式 (3.27) の線形分散制御器を式 (3.26) のダイナミクスに代入し，これらを縦に並べると，つぎ

を得る.

$$\begin{bmatrix} \dot{x}_1(t) \\ \dot{x}_2(t) \\ \dot{x}_3(t) \\ \dot{x}_4(t) \\ \dot{x}_5(t) \end{bmatrix} = \begin{bmatrix} -(x_1(t)-x_4(t)) \\ -(x_2(t)-x_1(t))-(x_2(t)-x_3(t)) \\ -(x_3(t)-x_5(t)) \\ -(x_4(t)-x_2(t)) \\ -(x_5(t)-x_1(t)) \end{bmatrix}$$

$$= -\begin{bmatrix} 1 & 0 & 0 & -1 & 0 \\ -1 & 2 & -1 & 0 & 0 \\ 0 & 0 & 1 & 0 & -1 \\ 0 & -1 & 0 & 1 & 0 \\ -1 & 0 & 0 & 0 & 1 \end{bmatrix} \begin{bmatrix} x_1(t) \\ x_2(t) \\ x_3(t) \\ x_4(t) \\ x_5(t) \end{bmatrix} \quad (3.31)$$

ここで,このグラフのグラフラプラシアンが式 (2.91) で与えられていることに注意すると,式 (3.31) が式 (3.30) の第 1 式のように表されていることがわかる.

式 (3.27) の各項にゲイン $k_{ij}>0$ $(j\in\mathcal{N}_i)$ を乗じた線形分散制御器

$$u_i(t) = -\sum_{j\in\mathcal{N}_i} k_{ij}(x_i(t)-x_j(t)) \quad (3.32)$$

を用いる場合,システム全体を表す微分方程式は,重み付きグラフ (G,ω) のグラフラプラシアン L に対して,式 (3.30) によって表される.ただし,重み関数は $\omega((j,i))=k_{ij}$ $(j\in\mathcal{N}_i)$ を満たすものとする.2.2.5 項にあるように,グラフラプラシアンの主要な性質は重み付きのグラフの場合でも成り立つため,以降の議論はゲインを乗じた線形分散制御器でも成り立つ.

3.2.2 無向グラフの場合

まず,ネットワークの構造を表すグラフが無向である場合に,マルチエージェントシステムが合意を達成するための条件を考える.式 (3.12) より,合意とは

合意値 α についての情報をすべてのエージェントが共有することと捉えることができる。そのためには，グラフが連結であることが重要となる。例えば，図 3.3 の無向グラフ G_1 と G_2 は連結である。このようなネットワークでは，エージェント全体で情報を共有できるため，マルチエージェントシステムが合意を達成することが期待される。一方，図 3.4 の無向グラフは連結ではなく，エージェント 1, 2, 3, 4, 5 のグループとエージェント 6, 7, 8, 9 のグループの間で情報を共有できないため，合意を達成することは明らかにできない。実際に，つぎの定理を得る。

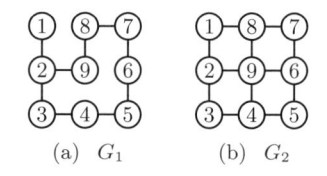

(a) G_1 (b) G_2

図 **3.3** 合意が達成される無向グラフ

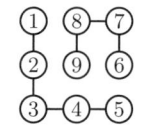

図 **3.4** 合意が達成されない無向グラフ

【**定理 3.1**】 無向グラフ G で表されるネットワークを持つ式 (3.26) のマルチエージェントシステムを考える。これに対して式 (3.27) の線形分散制御器を用いると，つぎの (i)〜(iii) が成り立つ。

(i) マルチエージェントシステムが合意を達成するための必要十分条件は，無向グラフ G が連結であることである。

(ii) 合意が達成されるとき，それは平均合意である。

(iii) 合意が達成されるとき，それは指数合意である。その合意速度は G のグラフラプラシアン L の 2 番目に小さい固有値で与えられる。

証明 (i) システム全体を表す微分方程式は式 (3.30) で与えられる。**定理 2.16** より，式 (3.30) の解 $x(t) \in \mathbb{R}^n$ がつぎのように得られる。

$$x(t) = e^{-Lt}x_0 \tag{3.33}$$

ただし，$L \in \mathbb{R}^{n \times n}$ は無向グラフ G のグラフラプラシアンであり，実対称行列である。したがって，**定理 2.11** より，L は重複も含め n 個の実数の固有値 $\lambda_1, \lambda_2, \cdots, \lambda_n \in \mathbb{R}$ を持つ。さらに，各固有値に対応する固有ベクトル $p_1, p_2, \cdots, p_n \in \mathbb{R}^n$ を，各ベクトルの大きさが 1 で，かつたがいに直交するように選ぶことができる。ここで，**定理 2.19** (i) より，一般性を失うことなく

$$\lambda_1 = 0, \quad p_1 = \frac{\mathbf{1}_n}{\sqrt{n}} \tag{3.34}$$

が成り立つとする。以上より，L の固有ベクトルについて，つぎの関係を得る。

$$p_i^\top p_j = \delta_{ij} \tag{3.35}$$
$$p_1 \in \mathcal{A}, \quad p_2, p_3, \cdots, p_n \in \mathcal{A}^\perp \tag{3.36}$$

ただし，δ_{ij} はクロネッカーのデルタを表す（巻頭の「本書で用いる記法」を参照）。ここで，$U := [p_1 \ p_2 \ \cdots \ p_n] \in \mathbb{R}^{n \times n}$ とおくと，式 (3.35) よりこの行列は直交行列になるため，$U^{-1} = U^\top$ が成り立つ。このことに注意して，式 (2.36) のように L を対角化すると，つぎを得る。

$$L = U \mathrm{diag}(\lambda_1, \lambda_2, \cdots, \lambda_n) U^\top \tag{3.37}$$

これと**定理 2.15** (iii) および式 (2.56) の行列指数関数の定義から，つぎを得る。

$$\begin{aligned}
e^{-Lt} &= e^{-U\mathrm{diag}(\lambda_1, \lambda_2, \cdots, \lambda_n)U^\top t} \\
&= U e^{\mathrm{diag}(-\lambda_1 t, -\lambda_2 t, \cdots, -\lambda_n t)} U^\top \\
&= \begin{bmatrix} p_1 & p_2 & \cdots & p_n \end{bmatrix} \begin{bmatrix} e^{-\lambda_1 t} & 0 & \cdots & 0 \\ 0 & e^{-\lambda_2 t} & \ddots & \vdots \\ \vdots & \ddots & \ddots & 0 \\ 0 & \cdots & 0 & e^{-\lambda_n t} \end{bmatrix} \begin{bmatrix} p_1^\top \\ p_2^\top \\ \vdots \\ p_n^\top \end{bmatrix} \\
&= \sum_{i=1}^n e^{-\lambda_i t} p_i p_i^\top
\end{aligned} \tag{3.38}$$

式 (3.33) に式 (3.34) と式 (3.38) を代入すると，式 (3.30) の解 $x(t)$ がつぎのよ

うに得られる。

$$x(t) = \frac{1}{n}\mathbf{1}_n\mathbf{1}_n^\top x_0 + \sum_{i=2}^{n} e^{-\lambda_i t} p_i p_i^\top x_0 \tag{3.39}$$

十分性を証明するため，無向グラフ G が連結であることを仮定する。このとき，**定理 2.22** から L の固有値のうち，0 になるのは λ_1 のみである。このことと**定理 2.19** (iii) より，$\lambda_2, \lambda_3, \cdots, \lambda_n > 0$ が成り立つ。これより，式 (3.39) から，解 $x(t)$ の収束先がつぎのように求められる。

$$\lim_{t\to\infty} x(t) = \frac{1}{n}\mathbf{1}_n\mathbf{1}_n^\top x_0 = \frac{1}{n}(\mathbf{1}_n^\top x_0)\mathbf{1}_n \in \mathcal{A} \tag{3.40}$$

以上より式 (3.19) が成り立つため，合意が達成される。

必要性を証明するため，無向グラフ G が連結でないことを仮定する。このとき，**定理 2.22** より，L の固有値 0 の代数的重複度 m は 2 以上である。したがって，一般性を失うことなく，$\lambda_1, \lambda_2, \cdots, \lambda_m = 0$ となる。ここで，初期状態 x_0 を固有ベクトル $p_2, p_3, \cdots, p_m$ の線形結合 $x_0 = \sum_{j=2}^{m} \zeta_j p_j$ で与える。ただし，実数 $\zeta_2, \zeta_3, \cdots, \zeta_m$ のいずれかは 0 ではないものとする。このとき，式 (3.36) より $x_0 \notin \mathcal{A}$ である。式 (3.35) と式 (3.39) から解 $x(t)$ を求めると

$$\begin{aligned}x(t) &= \frac{1}{n}\mathbf{1}_n\mathbf{1}_n^\top \sum_{j=2}^{m}\zeta_j p_j + \sum_{i=2}^{m} p_i p_i^\top \sum_{j=2}^{m}\zeta_j p_j + \sum_{i=m+1}^{n} e^{-\lambda_i t} p_i p_i^\top \sum_{j=2}^{m}\zeta_j p_j \\ &= \sum_{i=2}^{m}\zeta_i p_i = x_0 \end{aligned} \tag{3.41}$$

を得る。以上より，$x(t)$ は初期状態 $x_0 \notin \mathcal{A}$ から移動しないため，式 (3.19) は成立しない。したがって，システムは合意を達成しない。

(ii) システムが合意を達成するという仮定から，(i) より，状態 $x(t)$ は式 (3.40) のように収束する。この式のベクトルから第 i 要素を取り出すと

$$\lim_{t\to\infty} x_i(t) = \frac{1}{n}(\mathbf{1}_n^\top x_0) = \frac{1}{n}\sum_{i=1}^{n} x_{0i} \tag{3.42}$$

を得る。これは式 (3.13) を満たすため，平均合意が達成される。

(iii) 付録 A.2.4 を参照。 △

例 3.5 図 3.3 (a) の連結な無向グラフ G_1 を考える。このような構造のネットワークを持つ式 (3.26) のマルチエージェントシステムに対して，式

(3.27) の線形分散制御器を与える。このときの初期状態

$$x_{01} = 0, \quad x_{02} = 3, \quad x_{03} = 5, \quad x_{04} = 8, \quad x_{05} = 9,$$
$$x_{06} = 11, \quad x_{07} = 16, \quad x_{08} = 18, \quad x_{09} = 20 \tag{3.43}$$

に対するシミュレーション結果を図 **3.5** に示す。各曲線はエージェントの状態 $x_i(t)$ ($i \in \mathcal{V}$) の時間応答を示す。これより,すべての状態は合意値 10,すなわち式 (3.43) の初期状態の平均値に指数的に収束していることがわかる。したがって,このシステムは平均合意かつ指数合意を達成している。なお,グラフ G_1 のグラフラプラシアンは,対称行列

$$L_1 = \begin{bmatrix} 1 & -1 & 0 & 0 & 0 & 0 & 0 & 0 & 0 \\ -1 & 3 & -1 & 0 & 0 & 0 & 0 & 0 & -1 \\ 0 & -1 & 2 & -1 & 0 & 0 & 0 & 0 & 0 \\ 0 & 0 & -1 & 2 & -1 & 0 & 0 & 0 & 0 \\ 0 & 0 & 0 & -1 & 2 & -1 & 0 & 0 & 0 \\ 0 & 0 & 0 & 0 & -1 & 2 & -1 & 0 & 0 \\ 0 & 0 & 0 & 0 & 0 & -1 & 2 & -1 & 0 \\ 0 & 0 & 0 & 0 & 0 & 0 & -1 & 2 & -1 \\ 0 & -1 & 0 & 0 & 0 & 0 & 0 & -1 & 2 \end{bmatrix} \tag{3.44}$$

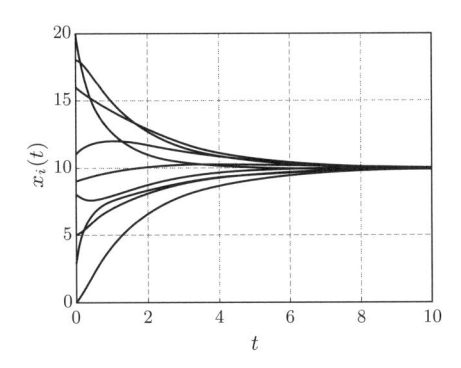

図 **3.5** 例 3.5 のシミュレーション結果
(無向グラフに対する平均合意)

で与えられる。L_1 の固有値が 0, 0.41, 0.59, 1.14, 2, 2.36, 3.41, 3.70, 4.39 であるため，このシステムの合意速度は，L_1 の2番目に小さい固有値 0.41 で得られる。

一般的に，マルチエージェントシステムの合意速度はネットワークの構造に依存する。これを例で確認する。

例 3.6 図 3.3 (b) の連結な無向グラフ G_2 を考える。ネットワーク以外は例 3.5 と同じ条件でシミュレーションを行う。その結果を図 3.6 に示す。これより，すべてのエージェントの状態 $x_i(t)$ $(i \in \mathcal{V})$ は，G_1 の図 3.5 よりも速く合意値 10 に収束していることがわかる。このような収束の差は，合意速度の差によるものである。実際，G_2 のグラフラプラシアンの 2 番目に小さい固有値は 1 である。したがって，このシステムの合意速度は 1 であり，G_1 の場合の 0.41 よりも大きい。

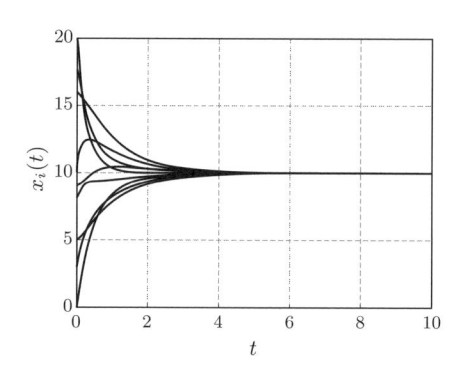

図 **3.6** 例 3.6 のシミュレーション結果
(無向グラフに対するより速い平均合意)

グラフ $G = (\mathcal{V}, \mathcal{E})$ の規模が大きくなる，つまり，頂点集合 $\mathcal{V}$ の要素数 n が大きくなるにつれて，グラフラプラシアンの 2 番目に小さい固有値は小さくな

る傾向がある[†]。例えば，閉路グラフ G_{cycle} の場合は，式 (2.104) よりこの値は $2(1 - \cos(2\pi/n))$ であるため，n が大きくなるほど 0 に近づく。これは，ネットワークが大規模化するほど情報伝達が遅くなり，合意に時間がかかることを表している。

無向グラフが連結でない場合，状態 $x_i(t)$ は連結成分ごとに異なった値に収束する。これを例で確認する。

例 3.7 図 3.4 の連結でない無向グラフについて考える。ネットワーク以外は**例 3.5** と同じ条件でシミュレーションを行う。その結果を図 **3.7** に示す。これより，状態 $x_i(t)$ ($i \in \{1,2,3,4,5\}$) は初期状態 $x_{01}, x_{02}, x_{03}, x_{04}, x_{05}$ の平均値 5 に，状態 $x_i(t)$ ($i \in \{6,7,8,9\}$) は初期状態 $x_{06}, x_{07}, x_{08}, x_{09}$ の平均値 16.25 に収束しているものの，システム全体では合意は達成されていないことがわかる。なお，このグラフのグラフラプラシアンは

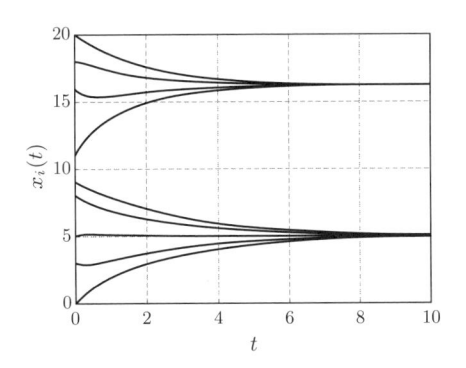

図 **3.7** 例 **3.7** のシミュレーション結果
(連結でない無向グラフの場合)

[†] 厳密には，n の増加に比べて，各頂点における次数があまり増加しない場合に成り立つ。このような現象はさまざまなネットワークに見られる。例えば，人間社会の知人関係のネットワークを考えたとき，社会の規模が大きくなったとしても，知人の数には限界があると考えられる。

$$L = \begin{bmatrix} 1 & -1 & 0 & 0 & 0 & 0 & 0 & 0 & 0 \\ -1 & 2 & -1 & 0 & 0 & 0 & 0 & 0 & 0 \\ 0 & -1 & 2 & -1 & 0 & 0 & 0 & 0 & 0 \\ 0 & 0 & -1 & 2 & -1 & 0 & 0 & 0 & 0 \\ 0 & 0 & 0 & -1 & 1 & 0 & 0 & 0 & 0 \\ \hdashline 0 & 0 & 0 & 0 & 0 & 1 & -1 & 0 & 0 \\ 0 & 0 & 0 & 0 & 0 & -1 & 2 & -1 & 0 \\ 0 & 0 & 0 & 0 & 0 & 0 & -1 & 2 & -1 \\ 0 & 0 & 0 & 0 & 0 & 0 & 0 & -1 & 1 \end{bmatrix} \quad (3.45)$$

で与えられる．破線はこのグラフの二つの連結成分による分割を表している．L の右上および左下ブロックの要素がすべて 0 であることは，この間に情報交換がないことを表している．L の固有値は 0, 0, 0.38, 0.59, 1.38, 2, 2.62, 3.41, 3.62 であり，0 が重複していることがわかる．

3.2.3 一般のグラフの場合

つぎに，ネットワークの構造が無向グラフとは限らない一般のグラフで表れる場合を考える．グラフの例として，図 **3.8** を取り上げる．グラフ G_1 とグラフ G_2 では頂点 1 を，グラフ G_3 では頂点 7 を始点にとると，他のどの頂点を終点にしても有向道が存在する．このような有向道を構成する辺は，図 **3.8** において太線の矢印で表されている．この始点に当たるエージェントから情報

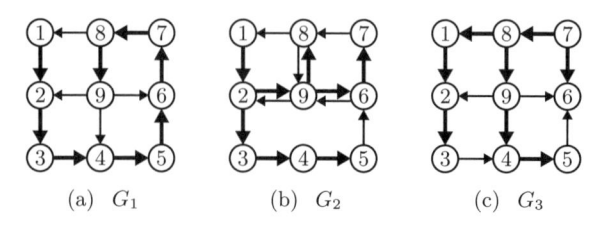

図 **3.8** 合意が達成されるグラフ

を発信すれば,すべてのエージェントが情報を共有することが期待される。一方,図 3.9 のグラフでは,頂点 7 と四つの頂点 2, 3, 4, 9 からなるグループには,外向きの矢印しか存在しない。したがって,どの頂点を始点にとっても,頂点 7 あるいは頂点 2(または 3, 4, 9)のいずれかを終点にする有向道は存在しない。このような構造のネットワークでは,どのエージェントから情報を発信させても,情報を共有することはできない。ここで,グラフ G_1, G_2, G_3 の太線の矢印はグラフの全域木に相当する。したがって,グラフが全域木を持っていると,マルチエージェントシステムが合意を達成することが期待される。実際につぎの定理を得る。

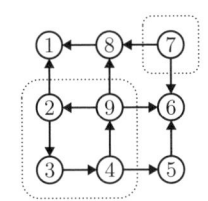

図 3.9 合意が達成されないグラフ

【**定理 3.2**】 グラフ G で表されるネットワークを持つ式 (3.26) のマルチエージェントシステムを考える。これに対して式 (3.27) の線形分散制御器を用いると,つぎの (i)〜(iii) が成り立つ。

(i) マルチエージェントシステムが合意を達成するための必要十分条件は,グラフ G が全域木を持つことである。

(ii) 合意が達成されるとき,合意値はつぎで得られる。

$$\alpha = \frac{\sum_{i=1}^{n} v_i x_{0i}}{\sum_{i=1}^{n} v_i} \tag{3.46}$$

ただし,n はエージェント数を表し,$v_i \in \mathbb{R}$ は G のグラフラプラシアン $L \in \mathbb{R}^{n \times n}$ の固有値 0 に対応する左固有ベクトル $v \in \mathbb{R}^{1 \times n}$ の第 i 要素を表す。

(iii) 合意が達成されるとき，それは指数合意である。合意速度はグラフラプラシアンの固有値の実部のうち 2 番目に小さいもので与えられる。

証明 (i) システム全体を表す微分方程式は式 (3.30) で与えられる。グラフラプラシアン L の固有値を，重複なく $\lambda_1, \lambda_2, \cdots, \lambda_r \in \mathbb{C}$ とおく。

十分性を証明するため，グラフ G が全域木を持つことを仮定する。このとき，**定理 2.19** (i) および**定理 2.21** (ii) より，一般性を失うことなく $\lambda_1 = 0$ であり，これは単純である。また，対応する固有ベクトルは $p_1 = \mathbf{1}_n$ となる。式 (2.65) に従って行列指数関数 e^{-Lt} をスペクトル分解することで，式 (3.30) の解 $x(t)$ は

$$x(t) = e^{-Lt} x_0 = \mathbf{1}_n \bar{p}_1 x_0 + \sum_{i=2}^{r} e^{-\lambda_i t} M_i(t) x_0 \tag{3.47}$$

に帰着する。このとき，L のジョルダン標準形への変換から，$\bar{p}_1 \in \mathbb{R}^{1 \times n}$ は L の固有値 0 に対応する左固有ベクトルであり，$\bar{p}_1 p_1 = 1$ を満たすことがわかる。また，$M_i(t) \in \mathbb{R}^{n \times n}$ は式 (2.66) にあるような t の多項式行列である。**定理 2.19** (iii) より，0 以外の固有値 $\lambda_2, \lambda_3, \cdots, \lambda_r$ の実部は正である。以上より，式 (3.47) から

$$\lim_{t \to \infty} x(t) = \mathbf{1}_n \bar{p}_1 x_0 = (\bar{p}_1 x_0) \mathbf{1}_n \in \mathcal{A} \tag{3.48}$$

を得る。これより式 (3.19) が成り立つため，システムは合意を達成する。

必要性を示すため，グラフ G が全域木を持たないことを仮定する。このとき，L の固有値 0 は**定理 2.19** (iv) より半単純であるものの，**定理 2.21** (ii) より単純ではない。したがって，固有値 0 に対応する $\mathbf{1}_n$ と線形独立な固有ベクトルが存在する。初期状態 x_0 をこのような固有ベクトルで与えると，**定理 3.1** (i) の証明と同様に，システムが合意を達成しないことが示される。

(ii) $p_1 = \mathbf{1}_n$ に対して $\bar{p}_1 = v/(v p_1)$ とおくと，これは L の左固有ベクトルであり，$\bar{p}_1 p_1 = 1$ を満たす。式 (3.48) から合意値は $\alpha = \bar{p}_1 x_0 = v x_0 / (v \mathbf{1}_n)$ となる。これは式 (3.46) を表す。

(iii) 付録 A.2.5 を参照。 △

定理 3.2 (ii) より，グラフラプラシアンの固有値 0 に対応する左固有ベクトル v に対して，合意値はその要素 v_i の絶対値が大きいエージェント i により強い影響を受ける。つまり，v_i の絶対値はネットワークにおけるエージェント i の影響力を表す。これを例で確認する。

例 3.8 図 3.8 (a) の全域木を持つグラフ G_1 を考える。ネットワーク以外は例 3.5 と同じ条件でシミュレーションを行う。その結果を図 3.10 に示す。これより，すべてのエージェントの状態 $x_i(t)$ $(i \in \mathcal{V})$ は合意値 14.08 に収束しており，合意が達成されていることがわかる。なお，G_1 のグラフラプラシアンは，非対称行列

$$L_1 = \begin{bmatrix} 1 & 0 & 0 & 0 & 0 & 0 & 0 & -1 & 0 \\ -1 & 2 & 0 & 0 & 0 & 0 & 0 & 0 & -1 \\ 0 & -1 & 1 & 0 & 0 & 0 & 0 & 0 & 0 \\ 0 & 0 & -1 & 2 & 0 & 0 & 0 & 0 & -1 \\ 0 & 0 & 0 & -1 & 1 & 0 & 0 & 0 & 0 \\ 0 & 0 & 0 & 0 & -1 & 2 & 0 & 0 & -1 \\ 0 & 0 & 0 & 0 & 0 & -1 & 1 & 0 & 0 \\ 0 & 0 & 0 & 0 & 0 & 0 & -1 & 1 & 0 \\ 0 & 0 & 0 & 0 & 0 & 0 & 0 & -1 & 1 \end{bmatrix} \quad (3.49)$$

で与えられる。L_1 の固有値は 0, 0.69±0.73j, 1, 1.32±1.00j, 2.15±0.65j, 2.69 であるため，このシステムの合意速度は 0.69 である。また，固有値

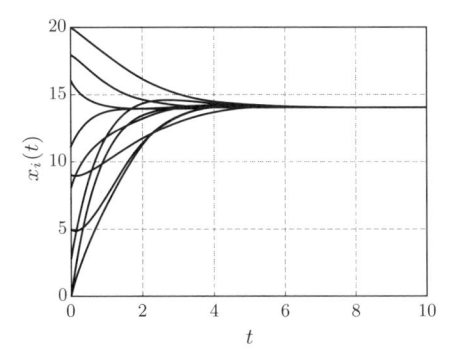

図 3.10 例 3.8 のシミュレーション結果
(一般のグラフに対する合意)

0 に対応する左固有ベクトルは $[1\,1\,2\,2\,4\,4\,8\,8\,7]$ である。このベクトルの第 7, 8, 9 要素は相対的に大きい。したがって、式 (3.43) における初期状態のうち、$x_{07}=16$, $x_{08}=18$, $x_{09}=20$ の影響をより強く受け、合意値 14.08 は初期状態の平均値 10 よりも大きい値になっている。

定理 3.2 の結果を用いると、特別な合意として、平均合意およびリーダー・フォロワー合意が達成されるようなグラフの条件を得ることができる。

【**定理 3.3**】 グラフ G で表されるネットワークを持つ式 (3.26) のマルチエージェントシステムを考える。これに対して式 (3.27) の線形分散制御器を用いたとき、つぎの (i), (ii) が成り立つ。

(i) システムが平均合意を達成するための必要十分条件は、G が全域木を持つ平衡グラフであることである。

(ii) システムがリーダー・フォロワー合意を達成するための必要十分条件は、G が全域木を持ち、すべての全域木の根となる頂点が唯一であることである。

証明 (i) 十分性を示すため、G が全域木を持つ平衡グラフであることを仮定する。このとき、**定理 3.2** (i) より合意が達成され、**定理 2.25** より $v = \mathbf{1}_n^\top$ は G のグラフラプラシアンの左固有ベクトルである。したがって、式 (3.46) より、合意値は

$$\alpha = \frac{\sum_{i=1}^{n} v_i x_{0i}}{\sum_{i=1}^{n} v_i} = \frac{\sum_{i=1}^{n} x_{0i}}{\sum_{i=1}^{n} 1} = \frac{\sum_{i=1}^{n} x_{0i}}{n} \tag{3.50}$$

と計算される。これは初期状態の平均値を表す式 (3.13) に一致するため、平均合意が達成される。

つぎに、必要性を示すため、あるグラフ G に対して平均合意が達成されることを仮定する。このとき、**定理 3.2** (i) より G は全域木を持つ。G のグラフラプラシアンの固有値 0 に対応する左固有ベクトルを $v \in \mathbb{R}^{1 \times n}$ とおくと、任意の初期状態 $x_{01}, x_{02}, \cdots, x_{0n}$ に対して、式 (3.46) の合意値 α が式 (3.13) に一致す

る，つまり，つぎが成り立つ．

$$\frac{\sum_{i=1}^{n} v_i x_{0i}}{\sum_{j=1}^{n} v_j} - \frac{1}{n}\sum_{i=1}^{n} x_{0i} = \sum_{i=1}^{n}\left(\frac{v_i}{\sum_{j=1}^{n} v_j} - \frac{1}{n}\right) x_{0i} = 0 \tag{3.51}$$

任意の $x_{01}, x_{02}, \cdots, x_{0n}$ に対して式 (3.51) が成り立つことは，任意の $i = 1, 2, \cdots, n$ に対して $v_i/\sum_{j=1}^{n} v_j - 1/n = 0$ が成り立つことと等価である．これより，$v_i = \sum_{j=1}^{n} v_j/n$ が成り立つ．これは，任意の $i = 1, 2, \cdots, n$ に対して，v_i の値が等しいことを意味する．一般性を失うことなく，その値を 1 とおけば，$v = \mathbf{1}_n^\top$ が成り立つ．このとき，**定理 2.25** より，グラフ G は平衡である．

(ii) (i) の証明において**定理 2.25** の代わりに**定理 2.26** を用いると，同様の手順で証明される． △

平均合意の例を示す．

例 3.9 図 3.8 (b) の全域木を持つグラフ G_2 について考える．G_2 は，すべての頂点において入次数と出次数が等しいため，平衡グラフである．ネットワーク以外は**例 3.5** と同じ条件でシミュレーションを行う．その結果を図 3.11 に示す．これより，すべてのエージェントの状態 $x_i(t)$ $(i \in \mathcal{V})$

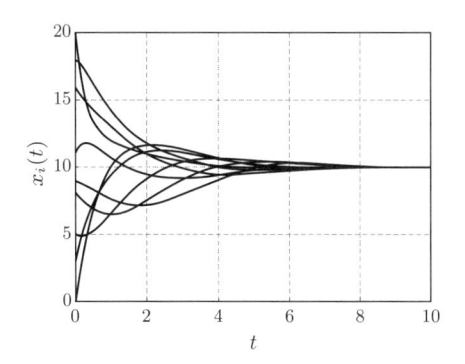

図 3.11 例 3.9 のシミュレーション結果
(平衡グラフに対する平均合意)

が初期状態の平均値 10 に収束しているため，平均合意が達成されていることがわかる。

リーダー・フォロワー合意の例を示す。

例 3.10 図 3.8 (c) の全域木を持つグラフ G_3 について考える。頂点 7 が終点となる辺がないため，これはすべての全域木の根となる唯一の頂点である。ネットワーク以外は**例 3.5** と同じ条件でシミュレーションを行う。その結果を**図 3.12** に示す。これより，すべてのエージェントの状態 $x_i(t)$ $(i \in \mathcal{V})$ は $x_{07} = 16$ に収束しているため，エージェント 7 をリーダーとしてリーダー・フォロワー合意が達成されていることがわかる。

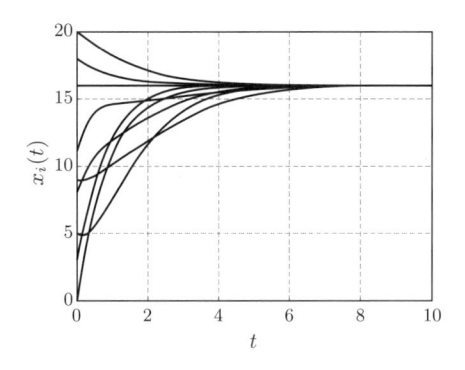

図 3.12 例 3.10 のシミュレーション結果（リーダー・フォロワー合意）

ネットワークを表すグラフが全域木を持たない場合，情報を共有できないエージェントの組が存在するため，合意は達成されない。これを例で確認する。

例 3.11 図 3.9 のグラフについて考える。このグラフは全域木を持たない。ネットワーク以外は**例 3.5** と同じ条件でシミュレーションを行う。その結果を**図 3.13** に示す。これより，状態 $x_i(t)$ $(i \in \mathcal{V})$ は一致せず，合意

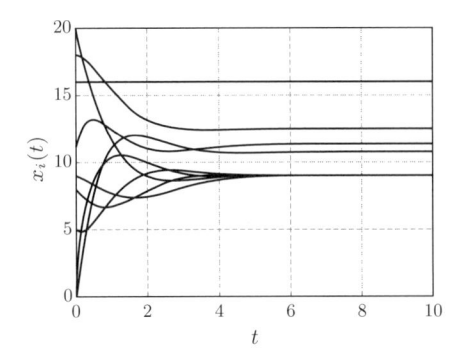

図 3.13 例 3.11 のシミュレーション結果
（グラフが全域木を持たない場合）

が達成されていないことがわかる．なお，状態 $x_7(t)$ は 16 から変化しておらず，状態 $x_i(t)$ ($i = 2, 3, 4, 9$) はこの中では平均合意が達成され，9 に収束している（**演習問題【5】**）．また，これ以外の状態 $x_i(t)$ ($i = 1, 5, 6, 8$) は，これらの収束値 9 と 16 の間の値，または 9 に収束していることがわかる．

合意制御の応用として，**例 3.3** のビークル群のランデブーを取り扱う．

例 3.12 式 (3.27) の線形分散制御器をもとに，式 (3.24) のダイナミクスに対する速度指令を以下のように定める．

$$\begin{cases} v_{xi}(t) = -\sum_{j \in \mathcal{N}_i}(p_{xi}(t) - p_{xj}(t)) \\ v_{yi}(t) = -\sum_{j \in \mathcal{N}_i}(p_{yi}(t) - p_{yj}(t)) \end{cases} \tag{3.52}$$

このとき，**定理 3.1** と **定理 3.2** より，ビークル間のネットワークを表すグラフが無向かつ連結であるとき，あるいは全域木を持つとき，システムは合意を達成する．このとき，式 (3.25) が成り立ち，ビークル群は 1 か所に集合する．ビークル数 $n = 50$ に対するシミュレーション結果を図 **3.14** に示す．(a)〜(h) の各図において，黒丸は各時刻におけるビークルの位置を，直線はビークル間のネットワークの経路を表す．これより，ビー

104   3. 合 意 制 御

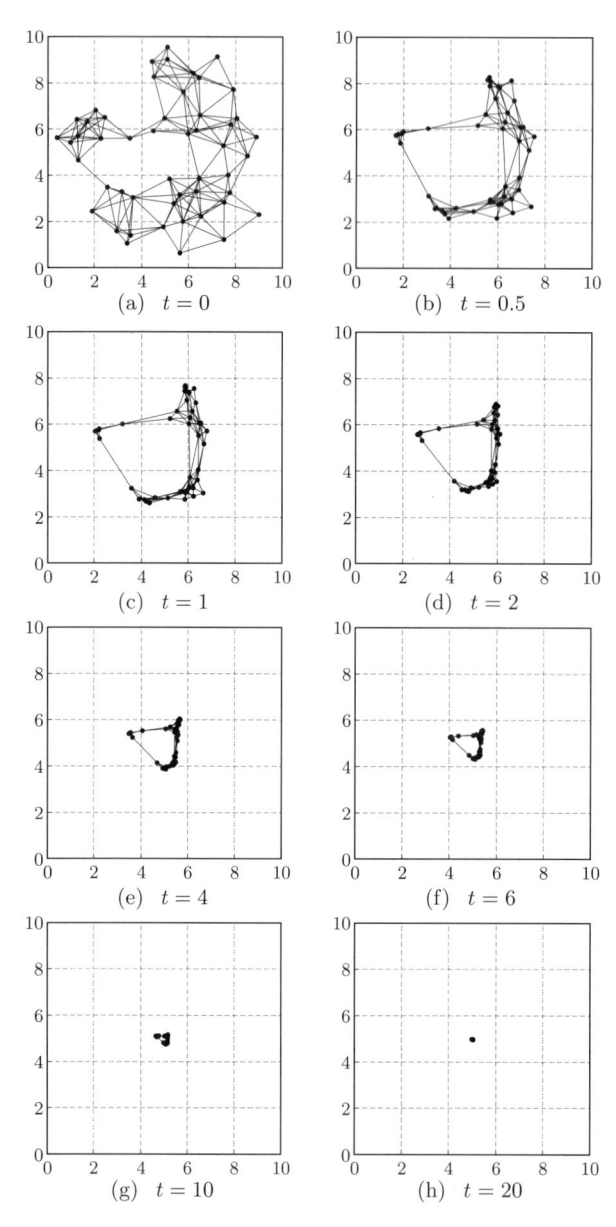

(a) $t=0$

(b) $t=0.5$

(c) $t=1$

(d) $t=2$

(e) $t=4$

(f) $t=6$

(g) $t=10$

(h) $t=20$

図 3.14 例 **3.12** のビークル群のランデブーの
シミュレーション結果

クルがたがいに近づきながら，最終的に 1 か所に集合していることがわかる．

3.3 離散時間システムの合意制御

本節では，エージェント $i \in \mathcal{V}$ のダイナミクスが差分方程式

$$x_i[k+1] = f_i(x_i[k], u_i[k]), \quad x_i[0] = x_{0i} \tag{3.53}$$

によって記述されている離散時間のマルチエージェントシステムを考える．ただし，時刻 $k \in \mathbb{N}$ に対して，変数 $x_i[k] \in \mathbb{R}$ と $u_i[k] \in \mathbb{R}$ はエージェントの状態と入力を表す．このとき，式 (3.4) と同様に，分散制御器はつぎで与えられる．

$$u_i[k] = c_i(x_i[k], x_{j_1}[k], x_{j_2}[k], \cdots, x_{j_{n_i}}[k]) \tag{3.54}$$

離散時間のマルチエージェントシステムが合意を達成するとは，エージェントに適当な制御入力 $u_i[k]$ を加えたとき，任意の初期状態 $x_{01}, x_{02}, \cdots, x_{0n}$ に対してすべてのエージェントの状態 $x_1[k], x_2[k], \cdots, x_n[k]$ が漸近的に一致すること，すなわち，任意の $i \in \mathcal{V}$ と $j \in \mathcal{V}$ について

$$\lim_{k \to \infty} (x_i[k] - x_j[k]) = 0 \tag{3.55}$$

が成り立つことである．ここで，すべてのエージェントの状態をまとめたものを

$$x[k] := \begin{bmatrix} x_1[k] \\ x_2[k] \\ \vdots \\ x_n[k] \end{bmatrix} \tag{3.56}$$

と定義すると，式 (3.55) はつぎのように表記される．

$$x[k] \to \mathcal{A} \tag{3.57}$$

ここでは，すべてのエージェントのダイナミクスが離散時間の積分系，つまり，任意の $i \in \mathcal{V}$ に対して

$$x_i[k+1] = x_i[k] + u_i[k], \quad x_i[0] = x_{0i} \tag{3.58}$$

である場合を考える．また，連続時間のマルチエージェントシステムに対する線形分散制御器である式 (3.27) をもとに，エージェント $i \in \mathcal{V}$ の入力 $u_i[k]$ を

$$u_i[k] = -\varepsilon \sum_{j \in \mathcal{N}_i} (x_i[k] - x_j[k]) \tag{3.59}$$

によって与えることにする．ただし，ε は適当な正数であり，$\mathcal{N}_i \subseteq \mathcal{V}$ はグラフ G におけるエージェント $i \in \mathcal{V}$ の隣接集合を表す．式 (3.59) は式 (3.54) の形をしており，実際に，分散制御器であることが確認できる．なお，あとで示すように，正数 ε はグラフ G の構造に応じて，適当に小さい値にする必要がある．

式 (3.59) を式 (3.58) に代入し，$i = 1, 2, \cdots, n$ について縦に並べると，式 (3.30) の導出と同様にして，システム全体を表す差分方程式として

$$x[k+1] = Px[k], \quad x[0] = x_0 \tag{3.60}$$

が得られる．ただし，$P \in \mathbb{R}^{n \times n}$ はグラフ G の正数 ε に対するペロン行列を表す．式 (2.113) より，式 (3.60) は式 (3.30) の微分方程式をオイラー法によって離散化したものであることがわかる．

例 3.13 図 2.15 (a)（または図 3.1）のグラフについて考える．各エージェントの隣接集合は式 (3.5) で与えられる．このとき，$\varepsilon = 1/4$ に対して式 (3.59) の線形分散制御器を式 (3.58) に代入し，これらの式を縦に並べると，つぎを得る．

$$\begin{bmatrix} x_1[k+1] \\ x_2[k+1] \\ x_3[k+1] \\ x_4[k+1] \\ x_5[k+1] \end{bmatrix} = \begin{bmatrix} x_1[k] - \frac{1}{4}(x_1[k] - x_4[k]) \\ x_2[k] - \frac{1}{4}(x_2[k] - x_1[k]) - \frac{1}{4}(x_2[k] - x_3[k]) \\ x_3[k] - \frac{1}{4}(x_3[k] - x_5[k]) \\ x_4[k] - \frac{1}{4}(x_4[k] - x_2[k]) \\ x_5[k] - \frac{1}{4}(x_5[k] - x_1[k]) \end{bmatrix}$$

$$= \frac{1}{4} \begin{bmatrix} 3 & 0 & 0 & 1 & 0 \\ 1 & 2 & 1 & 0 & 0 \\ 0 & 0 & 3 & 0 & 1 \\ 0 & 1 & 0 & 3 & 0 \\ 1 & 0 & 0 & 0 & 3 \end{bmatrix} \begin{bmatrix} x_1[k] \\ x_2[k] \\ x_3[k] \\ x_4[k] \\ x_5[k] \end{bmatrix} \qquad (3.61)$$

ここで,このグラフの $\varepsilon = 1/4$ に対するペロン行列が式 (2.119) で与えられることに注意すると,式 (3.61) が式 (3.60) の第 1 式のように表されていることがわかる.

離散時間のマルチエージェントシステムの合意制御に関する結果は,連続時間の場合と同様である.実際,**定理 3.2** に対応して,つぎの定理が得られる.

【定理 3.4】 グラフ G で表されるネットワークを持つ式 (3.58) のマルチエージェントシステムを考える.このとき,正数 $\varepsilon < 1/\Delta$ に対して式 (3.59) の線形分散制御器を用いると,つぎの (i), (ii) が成り立つ.ただし,Δ はグラフ G の最大次数を表す.

(i) マルチエージェントシステムが合意を達成するための必要十分条件は,グラフ G が全域木を持つことである.

(ii) 合意が達成されるとき,合意値は式 (3.46) で与えられる.

証明 (i) システム全体を表す差分方程式は式 (3.60) で与えられる.ただし,

$P \in \mathbb{R}^{n \times n}$ はグラフ G の正数 ε に対するペロン行列である.P の固有値を重複なく $\mu_1, \mu_2, \cdots, \mu_r \in \mathbb{C}$ とおき,固有値 μ_i ($i = 1, 2, \cdots, r$) の代数的重複度とジョルダン細胞を $m_i \in \mathbb{N} \backslash \{0\}$ および $J_i \in \mathbb{R}^{m_i \times m_i}$ とおく.P はジョルダン標準形と相似であるため,ある正則行列 $Q \in \mathbb{R}^{n \times n}$ を用いて,$P = Q\text{diag}(J_1, J_2, \cdots, J_r)Q^{-1}$ と表される.

十分性を証明するため,グラフ G が全域木を持つことを仮定する.このとき,**定理 2.27** (i), (iii) より,一般性を失うことなく,$\mu_1 = 1$, $m_1 = 1$, $J_1 = 1$ であり,この固有値 1 に対応する固有ベクトルは $q_1 = \mathbf{1}_n$ である.ここで,行列 $Q_2 \in \mathbb{R}^{n \times (n-1)}$ と $\bar{Q}_2 \in \mathbb{R}^{(n-1) \times n}$ および行ベクトル $\bar{q}_1 \in \mathbb{R}^{1 \times n}$ に対して,$Q = [q_1 \; Q_2]$ および $Q^{-1} = [\bar{q}_1^\top \; \bar{Q}_2^\top]^\top$ のように行列を分解する.このとき,P のジョルダン標準形への変換から,$\bar{q}_1$ は P の固有値 1 に対応する左固有ベクトルであり,$\bar{q}_1 q_1 = 1$ を満たすことがわかる.以上より式 (3.60) から

$$\begin{aligned} x[k] &= P^k x_0 = (Q\text{diag}(J_1, J_2, \cdots, J_r)Q^{-1})^k x_0 \\ &= Q\text{diag}(J_1^k, J_2^k, \cdots, J_r^k)Q^{-1} x_0 \\ &= \mathbf{1}_n \bar{q}_1 x_0 + Q_2 \text{diag}(J_2^k, J_3^k, \cdots, J_r^k) \bar{Q}_2 x_0 \end{aligned} \quad (3.62)$$

を得る.ここで,$0 < \varepsilon < 1/\Delta$ であることから,**定理 2.27** (iv) より固有値 $\mu_2, \mu_3, \cdots, \mu_r$ の絶対値は 1 未満である.したがって,対応するジョルダン細胞の k 乗 $J_2^k, J_3^k, \cdots, J_r^k$ は 0 に収束するため

$$\lim_{k \to \infty} x[k] = \mathbf{1}_n \bar{q}_1 x_0 = (\bar{q}_1 x_0) \mathbf{1}_n \in \mathcal{A} \quad (3.63)$$

が成り立つ.以上より,式 (3.57) が成り立つため,システムは合意を達成する.

必要性は**定理 3.2** (i) の証明と同様である.

(ii) 式 (3.63) より,離散時間のマルチエージェントシステムの合意値は $\alpha = \bar{q}_1 x_0$ である.**補題 2.3** より,$\bar{q}_1$ は L の固有値 0 に対応する左固有ベクトルでもある.あとは,**定理 3.2** (ii) の証明と同様である. △

定理 3.4 より,離散時間のマルチエージェントシステムに対する合意のためのグラフの条件および合意値は,連続時間の場合と同じである.これを例で確認する.

例 3.14 図 3.8 (a) のグラフ G_1 を考える.このグラフの最大次数は $\Delta = 2$ である.このような構造のネットワークを持つ式 (3.58) のマルチエー

ジェントシステムに対して，式 (3.59) の線形分散制御器を与える．ただし，$\varepsilon = 1/4 < 1/\Delta$ とする．このときの式 (3.43) の初期状態に対するシミュレーション結果を図 **3.15** に示す．なお，離散時間信号のプロットには 0 次ホールドを用いている．これより，状態 $x_i[k]$ の挙動は連続時間のマルチエージェントシステムの結果である図 **3.10** と同様であることがわかる．また，合意値は両方とも 14.08 である．

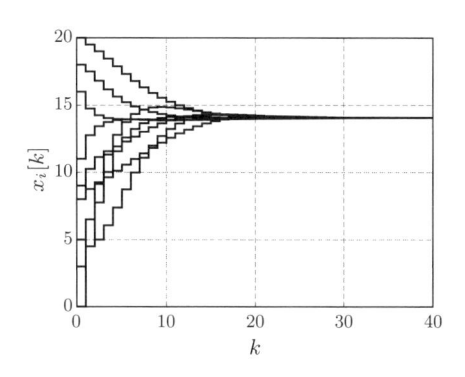

図 **3.15** 例 3.14 のシミュレーション結果
(離散時間システムの合意)

定理 3.4 (ii) より，連続時間のマルチエージェントシステムに対する平均合意とリーダー・フォロワー合意の結果である**定理 3.3** は，離散時間のマルチエージェントシステムでも成り立つ．特に，平均合意を達成する離散時間のマルチエージェントシステムのペロン行列は $\mathbf{1}_n^\top P = \mathbf{1}_n^\top$ を満たすため，二重確率行列である．

なお，**定理 3.4** の $\varepsilon < 1/\Delta$ という条件が満足されていなければ，システムの安定性は保証されない．これを例で示す．

例 3.15 例 3.14 と条件が $\varepsilon = 0.77$ であることのみ異なる場合を考える．この場合のシミュレーション結果を図 **3.16** に示す．これより，$\varepsilon < 1/\Delta$ でない場合は，システムが不安定になる可能性があることがわかる．

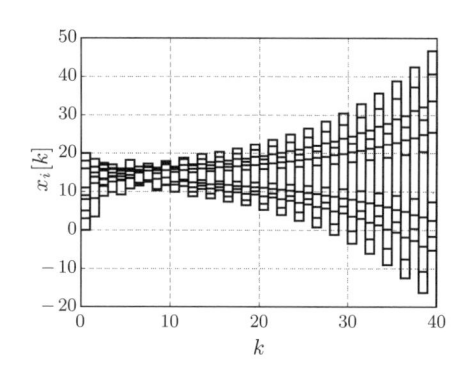

図 **3.16** 例 3.15 のシミュレーション
結果（不安定な場合）

3.4 スイッチングネットワークにおける合意制御

本節では，エージェント間の情報伝達経路が時刻ごとに切り替わるネットワークを考える．これを**スイッチングネットワーク**（switching network）と呼ぶ．スイッチングネットワークは，頂点集合が等しい m 個のグラフ $G_\sigma = (\mathcal{V}, \mathcal{E}_\sigma)$ $(\sigma = 1, 2, \cdots, m)$ によってモデル化することができる．各時刻におけるネットワークの構造がグラフ $G_1, G_2, \cdots, G_m$ のいずれかによって表されるものとする．以降，$\mathcal{N}_{\sigma i} \subseteq \mathcal{V}$ をグラフ G_σ におけるエージェント $i \in \mathcal{V}$ の隣接集合とする．

3.4.1 離散時間システムの場合

まず，式 (3.58) で与えられる離散時間のマルチエージェントシステムを考える．ここでは，時刻 $k \in \mathbb{N}$ におけるネットワークの構造が，関数 $\sigma_d : \mathbb{N} \to \{1, 2, \cdots, m\}$ によって，グラフ $G_{\sigma_d[k]}$ で表されるものとする．式 (3.59) と同様に，正数 ε_σ $(\sigma = 1, 2, \cdots, m)$ に対して，エージェント $i \in \mathcal{V}$ の入力を

3.4 スイッチングネットワークにおける合意制御

$$u_i[k] = -\varepsilon_{\sigma_d[k]} \sum_{j \in \mathcal{N}_{\sigma_d[k]i}} (x_i[k] - x_j[k]) \tag{3.64}$$

で与える.式 (3.59) との相違点は,正の係数と隣接集合が時刻ごとに変化することである.

式 (3.64) を式 (3.58) に代入し,$i = 1, 2, \cdots, n$ について縦に並べると,式 (3.60) と同様にして,システム全体を表す差分方程式が

$$x[k+1] = P_{\sigma_d[k]}x[k], \quad x[0] = x_0 \tag{3.65}$$

のように得られる.ただし,$P_\sigma \in \mathbb{R}^{n \times n}$ はグラフ G_σ の正数 ε_σ に対するペロン行列である.

任意のグラフ G_σ が全域木を持っている場合,つねにすべてのエージェントが情報を共有できるため,マルチエージェントシステムが合意を達成することが期待される.この証明の準備のために,まず補題を示す.

【補題 3.1】 無限個の行列 $P[0], P[1], \cdots \in \mathbb{R}^{n \times n}$ のうち,つぎの (i),(ii) が満たされるようなものを考える.

 (i) 任意の $k \in \mathbb{N}$ に対して $P[k]$ はある重み付きグラフ $(G[k], \omega[k])$ の適当な正数 $\varepsilon[k] < 1/\Delta[k]$ に対するペロン行列である.ただし,$G[k]$ は頂点集合が同一かつ全域木を持つグラフであるとし,$\Delta[k]$ は重み付きグラフ $(G[k], \omega[k])$ の最大次数を表す.

 (ii) 集合 $\{P[0], P[1], \cdots\}$ は有限集合である.すなわち,$P[k]$ がとりうる行列は有限通りである.

このとき,ある行ベクトル $v \in \mathbb{R}^{1 \times n}$ が存在し

$$\lim_{k \to \infty} P[k]P[k-1] \cdots P[0] = \mathbf{1}_n v \tag{3.66}$$

が成り立つ.

証明 $\mathcal{P} = \{P[0], P[1], \cdots\}$ とおく.このとき,任意の $\bar{P} \in \mathcal{P}$ は $P[k]$ ($k \in \mathbb{N}$)

のいずれかを表す．したがって，条件 (i) より，$\bar{P}$ はある重み付きグラフ $(\bar{G},\bar{\omega})$ の適当な正数 $\bar{\varepsilon}<1/\bar{\Delta}$ に対するペロン行列であり，$\bar{G}$ は全域木を持つ．ただし，$\bar{\Delta}$ は重み付きグラフ $(\bar{G},\bar{\omega})$ の最大次数を表す．ここで，**定理 3.4** の証明は重み付きグラフのペロン行列に対しても成り立つことに注意すると，式 (3.63) のようにして，ある行ベクトル $\bar{v}\in\mathbb{R}^{1\times n}$ に対して

$$\lim_{k\to\infty}\bar{P}^k = \mathbf{1}_n\bar{v} \tag{3.67}$$

が成り立つ．また，条件 (ii) より，$\mathcal{P}$ の要素数は有限である．このような集合 $\mathcal{P}$ の要素の左への無限積は，ある行ベクトル $v\in\mathbb{R}^{1\times n}$ に対して，$\mathbf{1}_n v$ に収束することが知られている[49]．$P[k]\in\mathcal{P}$ であることより，これは式 (3.66) を意味する． △

【定理 3.5】 頂点集合が共通の m 個のグラフ G_σ ($\sigma=1,2,\cdots,m$) と関数 $\sigma_d:\mathbb{N}\to\{1,2,\cdots,m\}$ で表されるスイッチングネットワークを持つ式 (3.58) のマルチエージェントシステムを考える．正数 $\varepsilon_\sigma<1/\Delta_\sigma$ に対して式 (3.64) の分散制御器を用いる．ただし，Δ_σ はグラフ G_σ の最大次数を表す．このとき，任意の $\sigma\in\{1,2,\cdots,m\}$ に対して G_σ が全域木を持つことを仮定すると，マルチエージェントシステムは合意を達成する．

証明 システム全体を表す差分方程式は式 (3.65) で得られる．ここで，仮定より，任意の $k\in\mathbb{N}$ に対して，$P_{\sigma_d[k]}\in\mathbb{R}^{n\times n}$ は全域木を持つグラフ $G_{\sigma_d[k]}$ の正数 $\varepsilon_{\sigma_d[k]}<1/\Delta_{\sigma_d[k]}$ に対するペロン行列である．しかも，$P_{\sigma_d[k]}$ がとりうる行列はたかだかグラフの数である m 通りである．したがって，$P_{\sigma_d[k]}$ は**補題 3.1** の条件 (i) と (ii) を満たす．これより，式 (3.66) において $P[k]=P_{\sigma_d[k]}$ を代入したものを用いると，ある行ベクトル $v\in\mathbb{R}^{1\times n}$ が存在し，式 (3.65) の解 $x[k]$ に対して

$$\begin{aligned}\lim_{k\to\infty}x[k+1] &= \lim_{k\to\infty}P_{\sigma_d[k]}P_{\sigma_d[k-1]}\cdots P_{\sigma_d[0]}x_0\\ &= \mathbf{1}_n vx_0 = (vx_0)\mathbf{1}_n\in\mathcal{A}\end{aligned} \tag{3.68}$$

が成り立つ．以上より式 (3.57) が成り立つため，システムは合意を達成する． △

つぎに，必ずしも各グラフ G_σ が全域木を持っていない場合を考える．こ

こでは，一般性を失うことなく，任意の時刻 $k \in \mathbb{N}$ よりもあとに，グラフ $G_1, G_2, \cdots, G_m$ がすべて出現することを仮定する†。このような場合，グラフの和 $\bigcup_{\sigma=1}^{m} G_\sigma$ が全域木を持っていれば，ネットワークの構造が切り替わるうちにすべてのエージェントが情報を共有できることが期待される。実際に，つぎの定理を得る。

【定理 3.6】 頂点集合が共通の m 個のグラフ G_σ ($\sigma = 1, 2, \cdots, m$) と関数 $\sigma_d : \mathbb{N} \to \{1, 2, \cdots, m\}$ で表されるスイッチングネットワークを持つ式 (3.58) のマルチエージェントシステムを考える。ただし，ある正の整数 $K \in \mathbb{N} \backslash \{0\}$ が存在し，任意の $k \in \mathbb{N}$ に対して

$$\{\sigma_d[k], \sigma_d[k+1], \cdots, \sigma_d[k+K-1]\} = \{1, 2, \cdots, m\} \quad (3.69)$$

が成り立つことを仮定する。これに対して，正数 $\varepsilon_\sigma < 1/\Delta_\sigma$ による式 (3.64) の分散制御器を用いる。ただし，Δ_σ はグラフ G_σ の最大次数を表す。このとき，マルチエージェントシステムが合意を達成するための必要十分条件は，グラフの和 $\bigcup_{\sigma=1}^{m} G_\sigma$ が全域木を持つことである。

証明 システム全体を表す差分方程式は，式 (3.65) で得られる。ただし，$P_{\sigma_d[k]} \in \mathbb{R}^{n \times n}$ はグラフ $G_{\sigma_d[k]}$ の正数 $\varepsilon_{\sigma_d[k]} < 1/\Delta_{\sigma_d[k]}$ に対するペロン行列である。ここで，自然数 $\kappa \in \mathbb{N}$ に対して，式 (3.65) において時間区間 $[\kappa K, (\kappa+1)K - 1]$ に出現するペロン行列の積を

$$P[\kappa] := P_{\sigma_d[(\kappa+1)K-1]} P_{\sigma_d[(\kappa+1)K-2]} \cdots P_{\sigma_d[\kappa K]} \quad (3.70)$$

と定義する。さらに，$y[\kappa] := x[\kappa K]$ と定義すると，式 (3.65) より $y[\kappa]$ に対する差分方程式

$$y[\kappa+1] = P[\kappa] y[\kappa], \quad y[0] = x_0 \quad (3.71)$$

を得る。ここで，**定理 2.31** (ii) より，ペロン行列の積 $P[\kappa]$ は，ある重み付きグ

---

† ある時刻以降出現しないグラフがある場合は，その時刻を初期時刻にとり，そのグラフを取り除いて考えればよい。

ラフ $(G[\kappa], \omega[\kappa])$ の適当な正数 $\varepsilon[\kappa] < 1/\Delta[\kappa]$ に対するペロン行列である。ただし，$\Delta[\kappa]$ は重み付きグラフ $(G[\kappa], \omega[\kappa])$ の最大次数を表し

$$G[\kappa] := G_{\sigma_d[\kappa K]} G_{\sigma_d[\kappa K+1]} \cdots G_{\sigma_d[(\kappa+1)K-1]} \tag{3.72}$$

である。また，**定理 2.18** および式 (3.69) よりつぎが成り立つ。

$$(G[\kappa])^{n-1} = \left(\bigcup_{\ell=0}^{K-1} G_{\sigma_d[\kappa K+\ell]} \right)^{n-1} = \left(\bigcup_{\sigma=1}^{m} G_\sigma \right)^{n-1} \tag{3.73}$$

十分性を証明するため，$\bigcup_{\sigma=1}^{m} G_\sigma$ が全域木を持つことを仮定する。このとき，**定理 2.17** と式 (3.73) から，グラフ $G[\kappa]$ は全域木を持つ。また，式 (3.70) より，$P[\kappa]$ は行列 $P_1, P_2, \cdots, P_m$ の中から重複を許して K 個を並べたものの積である。したがって，$P[\kappa]$ がとりうる行列はたかだか m^K 通りである。以上より，$P[\kappa]$ は**補題 3.1** の条件 (i) と (ii) を満たすため，式 (3.71) の差分方程式の解 $y[\kappa]$ に対して，ある行ベクトル $v \in \mathbb{R}^{1 \times n}$ が存在し

$$\lim_{\kappa \to \infty} y[\kappa+1] = \lim_{\kappa \to \infty} P[\kappa] P[\kappa-1] \cdots P[0] x_0 = (v x_0) \mathbf{1}_n \tag{3.74}$$

が成り立つ。一方，**定理 2.27** (i) から任意の $k \in \mathbb{N}$ に対して $P_{\sigma_d[k]} \mathbf{1}_n = \mathbf{1}_n$ が成り立つことと，式 (3.65) を用いることで

$$\begin{aligned}
\|x[k] - (v x_0) \mathbf{1}_n\| &= \|P_{\sigma_d[k-1]}(x[k-1] - (v x_0) \mathbf{1}_n)\| \\
&\leqq p_{\max} \|x[k-1] - (v x_0) \mathbf{1}_n\| \\
&\vdots \\
&\leqq p_{\max}^{k-\bar{\kappa} K} \|x[\bar{\kappa} K] - (v x_0) \mathbf{1}_n\| \\
&\leqq p_{\max}^{K} \|x[\bar{\kappa} K] - (v x_0) \mathbf{1}_n\| \\
&= p_{\max}^{K} \|y[\bar{\kappa}] - (v x_0) \mathbf{1}_n\|
\end{aligned} \tag{3.75}$$

を得る。ただし，$p_{\max} := \max_{\sigma \in \{1,2,\cdots,m\}} \|P_\sigma\|$ であり，$\bar{\kappa} \in \mathbb{N}$ は k/K の小数点以下を切り捨てた自然数である。式 (3.75) の最後の不等式には，二つの不等式 $k - \bar{\kappa} K < K$ および $p_{\max} \geqq 1$ を用いた。前者は，$\bar{\kappa}$ の定義より $k/K = \bar{\kappa} + \varphi$ $(0 \leqq \varphi < 1)$ であることによる。後者は，**定理 2.27** (iv) より P_σ の絶対値最大の固有値は 1 であるため，**定理 2.9** から $\|P_\sigma\| \geqq 1$ が成り立つことによる。k についての極限と $\bar{\kappa}$ についての極限は等価であるため，式 (3.74) と式 (3.75) より

$$\lim_{k\to\infty}\|x[k]-(vx_0)\mathbf{1}_n\| \leqq \lim_{\bar{\kappa}\to\infty}p_{\max}^K\|y[\bar{\kappa}]-(vx_0)\mathbf{1}_n\| = 0 \quad (3.76)$$

を得る．これより式 (3.57) が成り立つため，合意が達成されることが示された．

必要性を証明するためには，$\bigcup_{\sigma=1}^{m} G_\sigma$ が全域木を持たないことを仮定し，式 (3.71) の解 $y[\kappa]$ が $\mathbf{1}_n$ の定数倍に収束しないような初期状態 x_0 を与えればよい．この際，**定理 2.30** によるペロン行列の分解を行う（**演習問題【6】**）． △

3.4.2 連続時間システムの場合

つぎに，式 (3.26) で与えられる連続時間のマルチエージェントシステムを考える．ここでは，時刻 $t \in \mathbb{R}_+$ におけるネットワークの構造が，右連続な区分的定数 $\sigma_c : \mathbb{R}_+ \to \{1, 2, \cdots, m\}$ によって，グラフ $G_{\sigma_c(t)}$ で表されるものとする．ただし，関数 $\sigma_c(t)$ が**右連続な区分的定数**（right-hand continuously piecewise constant）であるとは，$t_0 = 0$ および $\sigma_c(t)$ の不連続点 $t_1, t_2, \cdots$ $(t_0 < t_1 < t_2 < \cdots)$ からなる数列 $(t_0, t_1, t_2, \cdots)$ が集積点を持たず，かつ，任意の $k \in \mathbb{N}$ に対して

$$\sigma_c(t) = \sigma_c(t_k), \quad t \in [t_k, t_{k+1}) \quad (3.77)$$

が成り立つことである．ここで，$t_1, t_2, \cdots$ はネットワークの構造が切り替わる時刻を表す．式 (3.27) と同様に，エージェント $i \in \mathcal{V}$ の分散制御器を

$$u_i(t) = -\sum_{j \in \mathcal{N}_{\sigma_c(t)i}}(x_i(t) - x_j(t)) \quad (3.78)$$

で与える．式 (3.27) との相違点は，隣接集合が時刻によって変化することである．

式 (3.26) に式 (3.78) を代入し，$i = 1, 2, \cdots, n$ について縦に並べると，式 (3.30) の導出と同様にして，システム全体を表す微分方程式が

$$\dot{x}(t) = -L_{\sigma_c(t)}x(t), \quad x(0) = x_0 \quad (3.79)$$

で得られる．ただし，$L_\sigma \in \mathbb{R}^{n \times n}$ は G_σ のグラフラプラシアンである．

このとき，離散時間のマルチエージェントシステムに対する結果である**定理 3.6** と同様の結果を得る。

【定理 3.7】 頂点集合が共通の m 個のグラフ G_σ ($\sigma = 1, 2, \cdots, m$) と右連続な区分的定数 $\sigma_c : \mathbb{R}_+ \to \{1, 2, \cdots, m\}$ で表されるスイッチングネットワークを持つ式 (3.26) のマルチエージェントシステムを考える。ただし，$t_0 = 0$ および関数 $\sigma_c(t)$ の不連続点 $t_1, t_2, \cdots$ ($t_0 < t_1 < t_2 < \cdots$) に対して，つぎの (i), (ii) が成り立つことを仮定する。

(i) ある正数 K が存在し，任意の $k \in \mathbb{N}$ に対して，つぎが成り立つ。

$$\{\sigma_c(t_k), \sigma_c(t_{k+1}), \cdots, \sigma_c(t_{k+K-1})\} = \{1, 2, \cdots, m\} \quad (3.80)$$

(ii) ある有限集合 $\mathcal{T} \subseteq \mathbb{R}_+ \backslash \{0\}$ が存在し，任意の $k \in \mathbb{N}$ に対して $(t_{k+1} - t_k) \in \mathcal{T}$ が成り立つ。

これに対して，式 (3.78) の分散制御器を用いる。このとき，マルチエージェントシステムが合意を達成するための必要十分条件は，グラフの和 $\bigcup_{\sigma=1}^{m} G_\sigma$ が全域木を持つことである。

証明 システム全体を表す微分方程式は，式 (3.79) で得られる。右連続な区分的定数関数 $\sigma_c(t)$ に対して，この微分方程式の解 $x(t)$ の存在と一意性は，任意の時刻において保証される[50]。関数 $\sigma_c(t)$ の不連続点 t_k と t_{k+1} に着目すると，式 (3.77) と式 (3.79) より

$$x(t_{k+1}) = e^{-L_{\sigma_c(t_k)}(t_{k+1}-t_k)} x(t_k) = \bar{P}[k] x(t_k) \quad (3.81)$$

を得る。ただし

$$\bar{P}[k] := e^{-L_{\sigma_c(t_k)}(t_{k+1}-t_k)} \quad (3.82)$$

と定義した。さらに，$\kappa \in \mathbb{N}$ に対して

$$P[\kappa] := \bar{P}[(\kappa+1)K - 1] \bar{P}[(\kappa+1)K - 2] \cdots \bar{P}[\kappa K] \quad (3.83)$$

および $y[\kappa] := x(t_{\kappa K})$ と定義すると，式 (3.81) より $y[\kappa]$ に対する差分方程式で

ある式 (3.71) を得る。ここで，**定理 2.33** より，ペロン行列の行列指数関数 $\bar{P}[k]$ はある重み付きグラフ $(\bar{G}[k], \bar{\omega}[k])$ の適当な正数 $\varepsilon[k] < 1/\bar{\Delta}[k]$ に対するペロン行列である。ただし，$\bar{\Delta}[k]$ は重み付きグラフ $(\bar{G}[k], \bar{\omega}[k])$ の最大次数を表し，$\bar{G}[k] := G_{\sigma_c(t_k)}^{n-1}$ である。さらに，**定理 2.31** (ii) より，ペロン行列の積 $P[\kappa]$ は，ある重み付きグラフ $(G[\kappa], \omega[\kappa])$ の適当な正数 $\varepsilon[\kappa] < 1/\Delta[\kappa]$ に対するペロン行列である。ただし，$\Delta[\kappa]$ は重み付きグラフ $(G[\kappa], \omega[\kappa])$ の最大次数を表し

$$\begin{aligned}G[\kappa] &:= \bar{G}[\kappa K]\bar{G}[\kappa K+1]\cdots\bar{G}[(\kappa+1)K-1]\\ &= G_{\sigma_c(t_{\kappa K})}^{n-1}G_{\sigma_c(t_{\kappa K+1})}^{n-1}\cdots G_{\sigma_c(t_{(\kappa+1)K-1})}^{n-1}\end{aligned} \quad (3.84)$$

である。ここで，**定理 2.18** より，つぎを得る。

$$\begin{aligned}(G[\kappa])^{n-1} &= \left(\bigcup_{k=\kappa K}^{(\kappa+1)K-1}\bigcup_{\ell=1}^{n-1}G_{\sigma_c(t_k)}\right)^{n-1}\\ &= \left(\bigcup_{k=\kappa K}^{(\kappa+1)K-1}G_{\sigma_c(t_k)}\right)^{n-1} = \left(\bigcup_{\sigma=1}^{m}G_\sigma\right)^{n-1}\end{aligned} \quad (3.85)$$

ただし，最後の等式には式 (3.80) を用いた。

十分性を示すため，$\bigcup_{\sigma=1}^{m} G_\sigma$ が全域木を持つことを仮定する。このとき，**定理 2.17** と式 (3.85) から，$G[\kappa]$ は全域木を持つ。また，条件 (ii) より，式 (3.82) の $\bar{P}[k]$ がとりうる行列はたかだか $m|\mathcal{T}|$ 通りである。これより，式 (3.83) の $P[\kappa]$ がとりうる行列はたかだか $(m|\mathcal{T}|)^K$ 通りである。したがって，$P[\kappa]$ は**補題 3.1** の条件 (i) と (ii) を満たす。このとき，ある行ベクトル $v \in \mathbb{R}^{1\times n}$ が存在し，式 (3.74) が成り立つ。あとは**定理 3.6** の証明と同様の議論により，システムが合意を達成することが示される。

必要性は**定理 3.6** の証明と同様であるため，省略する。 △

以上を応用して，センサネットワークの時刻同期を行う問題を考える。

例 3.16 例 3.2 のセンサネットワークを考える。ただし，ここでは，各ノードは一定時間ごとにアクティブになり，情報通信を行うものとする。このとき，通信経路はアクティブなノードに応じて変化するため，スイッチングネットワークとして取り扱う必要がある。このようなネットワークの構造を，**図 3.17** のグラフ G_1〜G_4 によって表す。図において，白い頂点

(a) G_1　　(b) G_2　　(c) G_3　　(d) G_4

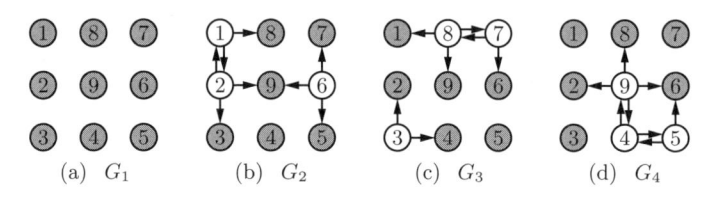

図 **3.17**　センサネットワークのグラフ

は信号を発信するアクティブなノードであり，灰色の頂点は待機中のノードである．待機中のノードは，自らは信号を発信しないものの，近隣のノードからの信号は受信する．ただし，ノード 3 はノード 2 からの信号のみを受信できるものとする．グラフ G_1 ではすべてのノードが待機中であり，G_2, G_3, G_4 では一部のノードがアクティブである．ここでは，2 単位時間ごとにネットワークの構造が G_1 を挟んで G_2, G_3, G_4 の順に変化するものとする．このとき，時刻 t におけるネットワークの構造は，関数

$$\sigma_c(t) = \begin{cases} 1, & t \in [0,2) \cup [4,6) \cup [8,10) \cup \cdots \text{のとき} \\ 2, & t \in [2,4) \cup [14,16) \cup [26,28) \cup \cdots \text{のとき} \\ 3, & t \in [6,8) \cup [18,20) \cup [30,32) \cup \cdots \text{のとき} \\ 4, & t \in [10,12) \cup [22,24) \cup [34,36) \cup \cdots \text{のとき} \end{cases} \quad (3.86)$$

によって，グラフ $G_{\sigma_c(t)}$ で表される．ここで，式 (3.78) の分散制御器をもとに，式 (3.22) のダイナミクスに対する時刻の調整量を

$$\nu_i(t) = -\sum_{j \in \mathcal{N}_{\sigma_c(t)i}} (\tau_i(t) - \tau_j(t)) \quad (3.87)$$

で与える．このとき，**定理 3.7** において，式 (3.86) の関数 $\sigma_c(t)$ は条件 (i) と (ii) を満たし，また，グラフの和 $\bigcup_{\sigma=1}^{4} G_\sigma$ は全域木を持つ．したがって，このシステムは合意を達成する，すなわち，式 (3.23) のように時刻同期が達成される．式 (3.43) を初期状態としたシミュレーション結果を図 **3.18** に示す．これより，センサネットワークの時刻同期が達成されていることがわかる．

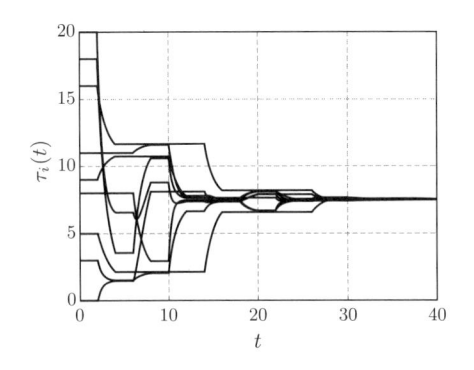

図 **3.18** 例 3.16 におけるセンサネットワークの時刻同期のシミュレーション結果

********** 演 習 問 題 **********

【1】 エージェント $i \in \mathcal{V}$ のダイナミクスが,線形システム

$$\dot{x}_i(t) = Ax_i(t) + Bu_i(t), \quad x_i(0) = x_{0i} \tag{3.88}$$

で与えられているとする。ただし,$x_i(t) \in \mathbb{R}^d$,$u_i(t) \in \mathbb{R}^m$,$x_{0i} \in \mathbb{R}^d$ は,エージェント i の状態,入力,初期状態を表す。また,$A \in \mathbb{R}^{d \times d}$,$B \in \mathbb{R}^{d \times m}$ は係数行列である。これらのエージェントが情報交換を行うネットワークの構造が,無向グラフ $G = (\mathcal{V}, \mathcal{E})$ によって表されているとする。このようなマルチエージェントシステムに対して,制御入力 $u_i(t)$ を以下で与える。

$$u_i(t) = -K \sum_{j \in \mathcal{N}_i} (x_i(t) - x_j(t)) \tag{3.89}$$

ただし,行列 $K \in \mathbb{R}^{m \times d}$ はエージェントに共通するゲインを表す。このとき,このマルチエージェントシステムが合意を得る,すなわち,任意の初期状態 $x_{01}, x_{02}, \cdots, x_{0n}$ に対して,式 (3.11) がどの $i \in \mathcal{V}$ と $j \in \mathcal{V}$ についても成り立つための必要十分条件は,つぎの (i)~(iii) が成り立つことである。
(i) A の固有値はすべて非正であり,そのうち 0 は半単純である。
(ii) 無向グラフ G は連結である。

(iii) 無向グラフ G のグラフラプラシアン L に対して，非零の固有値 λ を任意にとったとき，行列 $A - \lambda BK$ のすべての固有値の実部が負である。
このことを証明せよ。

【2】 例 3.2 のセンサネットワークを考える。ネットワークの構造は全域木を持つグラフ $G = (\mathcal{V}, \mathcal{E})$ によって表されているとする。時刻同期において時刻を正しく進めるためには，時刻を合わせるための条件である式 (3.23) のほかに

$$\lim_{t\to\infty} \dot{\tau}_i(t) = \dot{t} = 1 \tag{3.90}$$

を満足しなければならない。つぎの問に答えよ。

(1) 適当な状態変換によって，式 (3.23) と式 (3.90) の両方を満たすという時刻同期問題は，状態を一定値に収束させる合意，つまり式 (3.12) を達成すれば解決されることを示せ。ただし，バーバラの補題[50]より，関数 $f: \mathbb{R}_+ \to \mathbb{R}$ に対して，$\lim_{t\to\infty} f(t)$ が値を持つならば，$\lim_{t\to\infty} \dot{f}(t) = 0$ であることを用いよ。

(2) この時刻同期問題を解決する調整量 $\nu_i(t)$ を分散制御器として設計せよ。ただし，任意のノードは基準時刻 t を取得することができないため，その情報は利用できないことに注意せよ。

【3】 例 3.3 のビークル群に対して，図 3.19 のようにフォーメーションを形成させることを考える。フォーメーション形成時におけるビークル $i \in \mathcal{V}$ とビークル $j \in \mathcal{V}$ の所望の相対座標が (r_{xij}, r_{yij}) で与えられているとする。このとき，フォーメーションが形成されることは

$$\begin{cases} \lim_{t\to\infty}(p_{xi}(t) - p_{xj}(t)) = r_{xij} \\ \lim_{t\to\infty}(p_{yi}(t) - p_{yj}(t)) = r_{yij} \end{cases} \tag{3.91}$$

と表すことができる。ただし，所望の相対座標 (r_{xij}, r_{yij}) が実現可能であること，すなわち，ある座標 (p_{xi}^*, p_{yi}^*) $(i \in \mathcal{V})$ が存在し，任意の $i \in \mathcal{V}$ と $j \in \mathcal{V}$ に対してつぎが満たされることを仮定する。

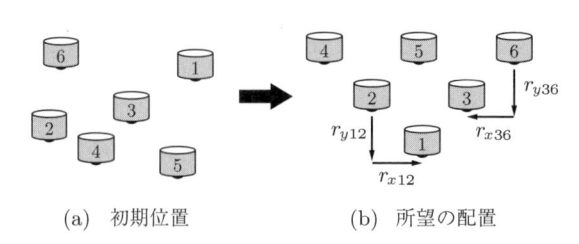

(a) 初期位置   (b) 所望の配置

図 **3.19** ビークル群のフォーメーション制御

$$\begin{cases} r_{xij} = p_{xi}^* - p_{xj}^* \\ r_{yij} = p_{yi}^* - p_{yj}^* \end{cases} \tag{3.92}$$

つぎの問に答えよ．

(1) 適当な座標変換によって，このフォーメーション制御の問題を，式 (3.25) のような相対位置を 0 に収束させる問題に帰着させよ．

(2) フォーメーションを形成するための速度指令 $(v_{xi}(t), v_{yi}(t))$ を分散制御器として設計せよ．なお，座標 (p_{xi}^*, p_{yi}^*) は事前に与えられるものではないため，その情報は利用できないことに注意せよ．

【4】 連続微分可能な関数 $c_i : \mathbb{R}^{n_i+1} \to \mathbb{R}$ $(i = 1, 2, \cdots, n)$ に対する式 (3.4) の分散制御器について考える．ここでは，合意集合 $\mathcal{A}$ 上の任意の点 $x = [x_1 \ x_2 \ \cdots \ x_n]^\top \in \mathbb{R}^n$ において

$$c_i(x_i, x_{j_1}, x_{j_2}, \cdots, x_{j_{n_i}}) = 0 \tag{3.93}$$

が成り立つことを仮定する．つぎの問に答えよ．

(1) 任意の $\alpha \in \mathbb{R}$ に対して，つぎの二つが成り立つことを証明せよ．

$$c_i(\alpha, \alpha, \cdots, \alpha) = 0 \tag{3.94}$$

$$\frac{\partial c_i}{\partial x_i}(\alpha, \alpha, \cdots, \alpha) = -\sum_{j \in \mathcal{N}_i} \frac{\partial c_i}{\partial x_j}(\alpha, \alpha, \cdots, \alpha) \tag{3.95}$$

(2) 点 $x \in \mathcal{A}$ 近傍において関数 $c_i(x_i, x_{j_1}, x_{j_2}, \cdots, x_{j_{n_i}})$ をテイラー展開することによって，式 (3.4) が式 (3.32) によって線形近似されることを証明せよ．さらに，このときの係数 k_{ij} の値を求めよ．

【5】 図 3.9 のグラフについて考える．つぎの問に答えよ．

(1) この図において点線で示されているようなグループ分けに注目し，このグラフのグラフラプラシアンを**定理 2.20** のように分解せよ．

(2) (1) の結果を用いて，**例 3.11** において，$x_7(t)$ は変化せず，$x_i(t)$ $(i = 2, 3, 4, 9)$ はこの中で平均合意を達成する理由を答えよ．

【6】 定理 3.6 の必要性を証明せよ．

4 被覆制御

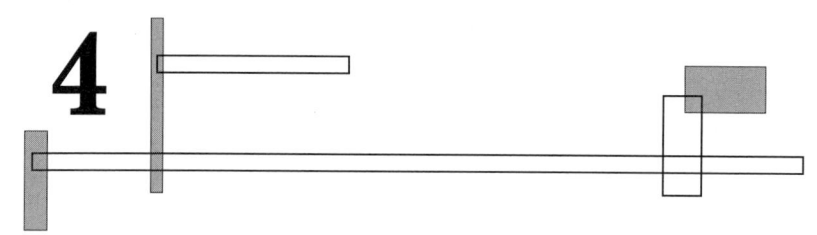

被覆制御とは，空間上にエージェントを指定された分布で配置する制御のことである．これは，3 章で扱った合意制御と並び，マルチエージェントシステムの制御において最も基本的なものといえる．本章では，まず，被覆問題について述べる．つぎに，この問題を解くにあたって重要な概念となるボロノイ図と勾配系を説明し，被覆制御を実現する方法を示す．

4.1 被覆問題

m 次元空間上において，n 個のエージェントで構成されるマルチエージェントシステムを考える．

エージェント i の位置 $x_i(t) \in \mathbb{R}^m$ は，微分方程式

$$\dot{x}_i(t) = f_i(x_i(t), u_i(t)), \quad x_i(0) = x_{0i} \tag{4.1}$$

によって記述される．ここで，$f_i : \mathbb{R}^m \times \mathbb{R}^l \to \mathbb{R}^m$ はダイナミクスを定める関数，$u_i(t) \in \mathbb{R}^l$ は制御入力，$x_{0i} \in \mathbb{R}^m$ は初期位置である．

3 章と同様に，エージェントのインデックス集合を $\mathcal{V}$ で表す（つまり，$\mathcal{V} = \{1, 2, \cdots, n\}$）．また，各エージェントに対して，時刻とともに変化する近傍を定義し，それを隣接集合 $\mathcal{N}_i(t) \subseteq \mathcal{V}$ $(i = 1, 2, \cdots, n)$ によって表現する．エージェント i は，各時刻における近傍のエージェントの情報（ここでは位置）を取得し，制御入力 $u_i(t)$ を，自身の位置情報 $x_i(t)$ と近傍のエージェントの位置情報 $x_j(t)$ $(j \in \mathcal{N}_i(t))$ を用いて構成するものとする．

4.1 被覆問題

以下,表記の簡単のために,これまでと同様,n 個のエージェントの位置をまとめて $x(t) := [x_1^\top(t) \ x_2^\top(t) \ \cdots \ x_n^\top(t)]^\top \in \mathbb{R}^{mn}$ で表すことにする。

このようなマルチエージェントシステムにおいて,空間上にエージェントを指定された分布で配置することを**被覆**(coverage)という。また,任意に与えられた初期配置から被覆を達成するような制御入力を求める問題を**被覆問題**(coverage problem),または,**展開問題**(deployment problem)という。例えば,空間上にエージェントを均一な分布で配置するような被覆は,図 **4.1** を想像すればよい。

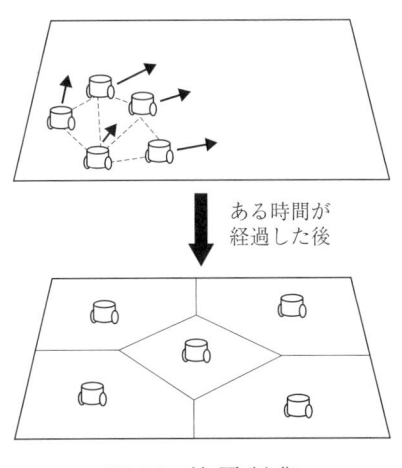

図 4.1 被覆制御

この被覆という目的は,各エージェントの位置 $x_1, x_2, \cdots, x_n$ のばらつきの度合いを表す評価関数 $J: \mathbb{R}^{mn} \to \mathbb{R}$(大きいばらつきに対して小さい値になる)を導入し,それを最小化することによって実現される。

例えば,任意に与えられた正数 r に対し

$$J(x) := \int_{\bigcup_{i \in \mathcal{V}} \{z \in \mathbb{R}^m : \|z - x_i\| \leq r\}} -1 \ dq \tag{4.2}$$

とし,これを最小化すれば,各エージェントがたがいに距離 $2r$ 以下に近づかない,という意味での被覆になる。実際,積分領域を構成する集合 $\{z \in \mathbb{R}^m :$

$\|z - x_i\| \leqq r\}$ は，中心 x_i，半径 r の球を表しているが，$J(x)$ が最小になるのは，この球の和集合の体積が最大になる場合，つまり，n 個の球が重なりを持たない場合である．したがって，$J(x)$ が最小になるときは，図 **4.2** のように，各エージェント同士は距離 $2r$ 以上離れていることになる．

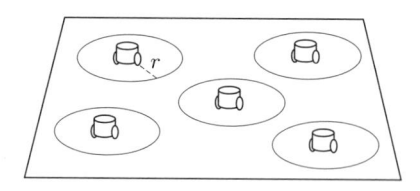

図 4.2 式 (4.2) の評価関数による被覆

また，評価関数として

$$J(x) := \int_{\mathcal{Q}} \min_{i \in \mathcal{V}} \|q - x_i\|^2 dq \tag{4.3}$$

を用い，これを最小化すれば，あらかじめ定められた有界領域 $\mathcal{Q} \subset \mathbb{R}^m$ 内でエージェントを均一な分布で配置するような被覆が実現される．この評価関数においては，被積分関数が，地点 q から最も近いエージェントまでの距離の 2 乗を表しており，その結果，$J(x)$ の値は，図 **4.1** の下側のように，$x_1, x_2, \cdots, x_n$ が $\mathcal{Q}$ 内で空間的に均一に配置されたときに最も小さくなる．

上の二つの例を含む一般的な評価関数は，つぎのように与えられる．

$$J(x) := \int_{\mathcal{Q}} \min_{i \in \mathcal{V}} h(\|q - x_i\|) \phi(q) dq \tag{4.4}$$

集合 $\mathcal{Q} \subseteq \mathbb{R}^m$ は被覆の対象となる領域である．$h: \mathbb{R}_+ \to \mathbb{R}$ は**性能関数** (performance function) と呼ばれる可積分な単調非減少関数であり[†]，例えば，エージェントが移動型センサの場合には，測定対象までの距離と測定能力の関係を表す．また，$\phi: \mathbb{R}^m \to \mathbb{R}_{0+}$ は，地点 q の重要度を表す $\mathcal{Q}$ 上で可積分な重

[†] 有界閉区間上の単調関数は可積分なので[51]，$\mathcal{Q}$ が有界集合のときは，$h: \mathbb{R}_+ \to \mathbb{R}$ は単調非減少でありさえすればよい．

み関数であり†，これを設定することによって，任意に定められた分布でエージェントを配置できる．

式 (4.4) の評価関数において，$\mathcal{Q} := \mathbb{R}^m$,

$$h(\|q - x_i\|) := \begin{cases} -1, & \|q - x_i\| \leqq r \text{ のとき} \\ 0, & \text{それ以外のとき} \end{cases} \quad (4.5)$$

かつ $\phi(q) := 1$ とすれば，式 (4.2) に一致する．また，$\mathcal{Q}$ をある有界集合に設定し，$h(\|q - x_i\|) := \|q - x_i\|^2$, $\phi(q) := 1$ とすれば，式 (4.3) に対応する．

被覆に対しては，式 (4.4) のほかにも，さまざまな評価関数が提案されており[52]（**演習問題【1】**），実際の問題に合わせて選択される．

4.2 ボロノイ図と勾配系

被覆制御を考えるにあたっては，ボロノイ図と勾配系の概念が重要である．本節ではこれらについて説明する．

4.2.1 ボロノイ図

ある空間上に複数の点が配置されているとする．この空間を，それぞれの点に最も近い点からなる領域に分割して得られる図をボロノイ図と呼ぶ．これは以下のように定義される．

【定義 4.1】（ボロノイ図） 集合 $\mathcal{Q} \subseteq \mathbb{R}^m$ と点 $x_1, x_2, \cdots, x_n \in \mathbb{R}^m$ が任意に与えられるものとする．このとき

$$\mathcal{C}_i(x) := \{q \in \mathcal{Q} : \|q - x_i\| \leqq \|q - x_j\| \quad \forall j \in \mathcal{V}\} \quad (4.6)$$

---

† ある二つの関数が $\mathcal{Q}$ 上で可積分ならば，その積も $\mathcal{Q}$ 上で可積分である[51]．したがって，$h(\|q - x_i\|)\phi(q)$ は $\mathcal{Q}$ 上で可積分であり，また，$\min_{i \in \mathcal{V}} h(\|q - x_i\|)\phi(q)$ も $\mathcal{Q}$ 上で可積分である．

を，点 x_i に対する**ボロノイ領域**（Voronoi cell; Voronoi region）という[†]。また，$\{\mathcal{C}_1(x), \mathcal{C}_2(x), \cdots, \mathcal{C}_n(x)\}$ を**ボロノイ図**（Voronoi diagram）といい，$\mathcal{C}(x)$ で表す。ただし，$x := [x_1^\top \ x_2^\top \ \cdots \ x_n^\top]^\top \in \mathbb{R}^{mn}$ である。

ボロノイ図の例を示そう。

例 4.1 図 4.3 (a) に示されるように，2次元空間上に集合 $\mathcal{Q} := [0,1] \times [0,1]$ と 10 個の点

$$x_1 := \begin{bmatrix} 0.2 \\ 0.7 \end{bmatrix}, \ x_2 := \begin{bmatrix} 0.6 \\ 0.9 \end{bmatrix}, \ x_3 := \begin{bmatrix} 0.9 \\ 0.8 \end{bmatrix}, \ x_4 := \begin{bmatrix} 0.7 \\ 0.6 \end{bmatrix},$$

$$x_5 := \begin{bmatrix} 0.8 \\ 0.3 \end{bmatrix}, \ x_6 := \begin{bmatrix} 0.5 \\ 0.4 \end{bmatrix}, \ x_7 := \begin{bmatrix} 0.4 \\ 0.2 \end{bmatrix}, \ x_8 := \begin{bmatrix} 0.1 \\ 0.1 \end{bmatrix},$$

$$x_9 := \begin{bmatrix} 0.3 \\ 0.3 \end{bmatrix}, \ x_{10} := \begin{bmatrix} 0.5 \\ 0.5 \end{bmatrix} \tag{4.7}$$

が与えられたとする。このとき，ボロノイ図 $\mathcal{C}(x) = \{\mathcal{C}_1(x), \mathcal{C}_2(x), \cdots,$

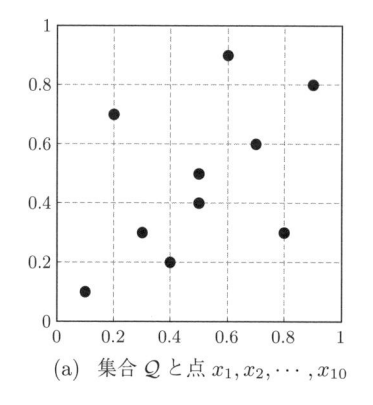

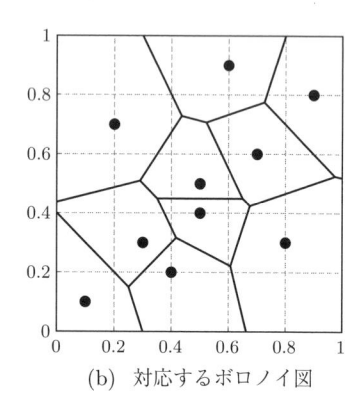

(a) 集合 $\mathcal{Q}$ と点 $x_1, x_2, \cdots, x_{10}$ (b) 対応するボロノイ図

図 **4.3** ボロノイ図の例

[†] 式 (4.6) ではユークリッドノルムを用いてボロノイ領域が定義されているが，その代わりに，より一般的な距離関数が用いられることもある。

$\mathcal{C}_{10}(x)\}$ は図 4.3 (b) のようになる．この図において，実線で区切られた領域が，ボロノイ領域 $\mathcal{C}_1(x), \mathcal{C}_2(x), \cdots, \mathcal{C}_{10}(x)$ である．

ボロノイ図の基本的な性質をまとめておこう．

【補題 4.1】 ボロノイ図 $\{\mathcal{C}_1(x), \mathcal{C}_2(x), \cdots, \mathcal{C}_n(x)\}$ に対して，つぎが成り立つ．

 (i) $\bigcup_{i=1}^{n} \mathcal{C}_i(x) = \mathcal{Q}$

 (ii) $x_i \neq x_j$ ならば，$\mathrm{int}(\mathcal{C}_i(x)) \cap \mathrm{int}(\mathcal{C}_j(x)) = \emptyset$ となる．

 (iii) $\mathcal{C}_i(x) \cap \mathcal{C}_j(x) \neq \emptyset$ かつ $x_i \neq x_j$ ならば，$\mathcal{C}_i(x) \cap \mathcal{C}_j(x) = \mathrm{bd}(\mathcal{C}_i(x)) \cap \mathrm{bd}(\mathcal{C}_j(x))$ となる．

 (iv) $\mathcal{Q}$ が凸集合ならば，$\mathcal{C}_i(x)$ は凸集合である．特に，$\mathcal{Q}$ が凸多面体ならば，$\mathcal{C}_i(x)$ も凸多面体である．

ただし，$\mathrm{int}(\mathcal{C}_i(x))$ と $\mathrm{bd}(\mathcal{C}_i(x))$ は，それぞれ，ボロノイ領域 $\mathcal{C}_i(x)$ の内部と境界を表す（巻頭の「本書で用いる記法」を参照）．また，(ii) と (iii) は任意の $(i,j) \in \mathcal{V} \times \mathcal{V}$ に対して成立し，(iv) は任意の $i \in \mathcal{V}$ に対して成り立つ．

これらの性質は定義から容易に得られる ((iv) の証明は**演習問題【2】**)．(i) は，集合 $\mathcal{Q}$ がもれなくボロノイ領域に分割されることを意味し，(ii) と (iii) は，任意の $i \neq j$ に対して $x_i \neq x_j$ のとき，ボロノイ領域は境界を除いてたがいに重ならないことを述べている．(iv) はボロノイ領域の形状に関する性質を示している．

ボロノイ図に対しては，各ボロノイ領域の隣接関係を表すグラフが重要な役割を演じる．

【定義 4.2】（ドロネーグラフ） ボロノイ図 $\{\mathcal{C}_1(x), \mathcal{C}_2(x), \cdots, \mathcal{C}_n(x)\}$ を考える．ただし，任意の $i \neq j$ に対して $x_i \neq x_j$ が成り立つと仮定する．こ

のとき，頂点集合を $\mathcal{V}$，辺集合を $\{(i,j) \in \mathcal{V} \times \mathcal{V} : i \neq j, \mathcal{C}_i(x) \cap \mathcal{C}_j(x) \neq \emptyset\}$ とする無向グラフを**ドロネーグラフ**（Delaunay graph）という．

ドロネーグラフを例で確認しよう．

例 4.2 例 4.1 のボロノイ図に対するドロネーグラフは図 4.4 のように与えられる．このグラフの頂点集合は $\{1, 2, \cdots, 10\}$, 辺集合は $\{(1,2), (1,9), (1,10), (2,3), (2,4), (2,10), (3,4), (3,5), (4,5), (4,6), (4,10), (5,6), (5,7), (6,7), (6,9), (6,10), (7,8), (7,9), (8,9), (9,10), (2,1), (9,1), (10,1), (3,2), (4,2), (10,2), (4,3), (5,3), (5,4), (6,4), (10,4), (6,5), (7,5), (7,6), (9,6), (10,6), (8,7), (9,7), (9,8), (10,9)\}$ となる．

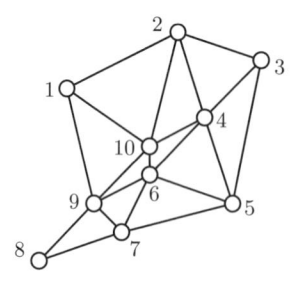

図 4.4 図 4.3 (b) に対するドロネーグラフ

ドロネーグラフは，点 x_i に対するボロノイ領域 $\mathcal{C}_i(x)$ を計算するために必要な情報を特徴付けている．実際，ドロネーグラフ上で頂点 i と隣接する頂点の集合を $\mathcal{N}_i$ で表し，ボロノイ図とドロネーグラフの定義に注意すると，$\mathcal{Q}$ の内部における $\mathcal{C}_i(x)$ の境界は，x_i と x_j （$j \in \mathcal{N}_i$）の垂直二等分面（$m = 2$ の場合は垂直二等分線）の部分集合となっている．すなわち，集合 $\mathcal{C}_i(x)$ は，x_i と，ドロネーグラフ上における頂点 i と隣接する頂点の位置 x_j （$j \in \mathcal{N}_i$）から計算できる．例えば，例 4.1 の $\mathcal{C}_3(x)$ は，図 4.4 から，x_2, x_3, x_4, x_5 の値を用いて計算できることがわかる．

ボロノイ図は，最適配置問題において重要な役割を演じる．つぎに，これに

ついて述べる。

有界集合 $\mathcal{Q} \subset \mathbb{R}^2$ を考える。この集合を，境界だけで重なりを有する n 個の部分集合 $\mathcal{W}_1, \mathcal{W}_2, \cdots, \mathcal{W}_n$ に分割する。つまり，$\bigcup_{i=1}^{n} \mathcal{W}_i = \mathcal{Q}$, かつ，任意の $i \neq j$ に対して $\mathrm{int}(\mathcal{W}_i) \cap \mathrm{int}(\mathcal{W}_j) = \emptyset$ である。このような部分集合からなる集合 $\{\mathcal{W}_1, \mathcal{W}_2, \cdots, \mathcal{W}_n\}$ を $\mathcal{Q}$ の**分割** (partition) という。

このとき，n 個の点 $x_1, x_2, \cdots, x_n \in \mathbb{R}^2$ と集合 $\mathcal{W}_1, \mathcal{W}_2, \cdots, \mathcal{W}_n$ に関する評価関数

$$\tilde{J}(x, \mathcal{W}) = \sum_{i=1}^{n} \int_{\mathcal{W}_i} h(\|q - x_i\|) \phi(q) dq \tag{4.8}$$

を最小にする問題を**最適配置問題** (location optimization problem) という。ここで，$x := [x_1^\top \ x_2^\top \ \cdots \ x_n^\top]^\top$, $\mathcal{W} := \{\mathcal{W}_1, \mathcal{W}_2, \cdots, \mathcal{W}_n\}$ であり，$h : \mathbb{R}_+ \to \mathbb{R}$ は単調非減少関数，$\phi : \mathcal{Q} \to \mathbb{R}_+$ は可積分関数である。

式 (4.8) は，ある地域に n 個の店舗を配置する際の評価関数と考えると理解しやすい。実際，x_i を店舗 i の設置場所，$\mathcal{W}_i$ をその商圏とすると，$h(\|q - x_i\|)$ は地点 q から店舗 i への行きにくさを表し，これを積分すると，商圏 $\mathcal{W}_i$ の各地点からの行きにくさの総量となる。この際，$\phi(q)$ は，例えば地点 q の顧客数を表す重みに対応し，これに注意すると，けっきょく，$\int_{\mathcal{W}_i} h(\|q - x_i\|) \phi(q) dq$ は，行きにくさの重み付き総量に相当する。これを各店舗について足し合わせたものが，$\tilde{J}(x, \mathcal{W})$ である。

最適配置問題の解は，ボロノイ図で特徴付けられる。

【**補題 4.2**】 有界集合 $\mathcal{Q} \subset \mathbb{R}^2$ と点 $x_1, x_2, \cdots, x_n \in \mathbb{R}^2$ が任意に与えられるものとする。このとき

$$\min_{\mathcal{W}} \tilde{J}(x, \mathcal{W}) = \tilde{J}(x, \mathcal{C}(x)) \tag{4.9}$$

が成り立つ。ただし，左辺は有界集合 $\mathcal{Q}$ の分割 $\{\mathcal{W}_1, \mathcal{W}_2, \cdots, \mathcal{W}_n\}$ に関する最小値を表す。

証明 まず，以下の三つの事実に注意する．

(i) $\mathcal{W}_i = \bigcup_{j \in \mathcal{V}} \mathcal{W}_i \cap \mathcal{C}_j(x)$, かつ，任意の $j_1 \neq j_2$ に対して $\mathrm{int}(\mathcal{W}_i \cap \mathcal{C}_{j_1}(x)) \cap \mathrm{int}(\mathcal{W}_i \cap \mathcal{C}_{j_2}(x)) = \emptyset$

(ii) $\mathcal{C}_j(x) = \bigcup_{i \in \mathcal{V}} \mathcal{C}_j(x) \cap \mathcal{W}_i$, かつ，任意の $i_1 \neq i_2$ に対して $\mathrm{int}(\mathcal{C}_j(x) \cap \mathcal{W}_{i_1}) \cap \mathrm{int}(\mathcal{C}_j(x) \cap \mathcal{W}_{i_2}) = \emptyset$

(iii) 任意の $q \in \mathcal{C}_j(x)$ に対して $h(\|q - x_i\|) \geqq h(\|q - x_j\|)$

(i) は $\mathcal{W}_i \subseteq \mathcal{Q}$ と補題 4.1 (i) から，(ii) は $\mathcal{C}_j(x) \subseteq \mathcal{Q}$ と $\mathcal{W}_i$ の定義（特に，$\bigcup_{i=1}^{n} \mathcal{W}_i = \mathcal{Q}$）から，(iii) は h の単調性とボロノイ領域の定義から得られる．

(i)〜(iii) と式 (4.8) を用いると，任意の $\mathcal{W}$ に対してつぎが成り立つ．

$$\begin{aligned}
\tilde{J}(x, \mathcal{W}) &= \sum_{i=1}^{n} \int_{\mathcal{W}_i} h(\|q - x_i\|) \phi(q) dq \\
&= \sum_{i=1}^{n} \sum_{j=1}^{n} \int_{\mathcal{W}_i \cap \mathcal{C}_j(x)} h(\|q - x_i\|) \phi(q) dq \\
&= \sum_{j=1}^{n} \sum_{i=1}^{n} \int_{\mathcal{C}_j(x) \cap \mathcal{W}_i} h(\|q - x_i\|) \phi(q) dq \\
&\geqq \sum_{j=1}^{n} \sum_{i=1}^{n} \int_{\mathcal{C}_j(x) \cap \mathcal{W}_i} h(\|q - x_j\|) \phi(q) dq \\
&= \sum_{j=1}^{n} \int_{\mathcal{C}_j(x)} h(\|q - x_j\|) \phi(q) dq \\
&= \tilde{J}(x, \mathcal{C}(x)) \qquad\qquad (4.10)
\end{aligned}$$

この事実と，$\mathcal{C}(x)$ が $\mathcal{Q}$ の分割ということから，式 (4.9) が得られる． △

最適配置問題は，ベクトル x と集合 $\mathcal{W}$ に対して関数 $\tilde{J}(x, \mathcal{W})$ を最小化する問題として定式化されていたが，**補題 4.2** によって，関数 $\tilde{J}(x, \mathcal{C}(x))$ の x に対する最小化問題に帰着される．この結果により，もはや集合を最適化変数として扱う必要がなくなり，$\tilde{J}(x, \mathcal{C}(x))$ のベクトル x に対する勾配 $\dfrac{\partial \tilde{J}}{\partial x}(x, \mathcal{C}(x))$ から，その**停留点**[†] (stationary point) が求められるようになる．

[†] $x \in \mathbb{R}^n$ を変数とする方程式 $\dfrac{\partial J}{\partial x}(x) = 0$ の解を停留点という．停留点が局所的最小点と等しくなる場合もある．

4.2.2 勾　配　系

微分可能な関数 $J: \mathbb{R}^n \to \mathbb{R}$ の勾配によって定義されるつぎのシステムを**勾配系** (gradient system) という．

$$\dot{x}(t) = -G(x(t))\frac{\partial J}{\partial x}(x(t)), \quad x(0) = x_0 \tag{4.11}$$

ここで，$x(t) \in \mathbb{R}^n$ は状態，$G(x) \in \mathbb{R}^{n \times n}$ は任意の $x \in \mathbb{R}^n$ に対して正定値となる行列，$x_0 \in \mathbb{R}^n$ は初期状態，$\frac{\partial J}{\partial x}(x(t)) \in \mathbb{R}^n$ は関数 J の**勾配**† (gradient) である (巻頭の「本書で用いる記法」を参照)．例えば，システム $\dot{x}(t) = -0.5x(t)$ ($x(t) \in \mathbb{R}^n$) は，$J(x) = x^\top x$ と $G(x) = 0.25 I_n$ に対する勾配系である．

勾配系では，関数 J がリアプノフ関数のような役割を演じ，いくつかの条件のもとで J の停留点の集合への収束が保証される．

【補題 4.3】 式 (4.11) の勾配系に対し，正数 c が任意に与えられるものとする．関数 J のレベル集合 $\mathcal{L}_J(c) = \{x \in \mathbb{R}^n : J(x) \leqq c\}$ が空でない有界集合と仮定し，それに含まれる J の停留点の集合を $\mathcal{B}_J(c)$ で表す．また，任意の $x_0 \in \mathcal{L}_J(c)$ に対し，大域的な一意解が存在するものと仮定する．このとき，つぎの二つが成り立つ．

 (i) $J(x)$ が $\mathcal{L}_J(c)$ 上で連続微分可能ならば，任意の初期状態 $x_0 \in \mathcal{L}_J(c)$ に対し，$x(t) \to \mathcal{B}_J(c)$ が成り立つ．

 (ii) 任意に与えられた有界閉集合 $\mathcal{O} \subset \mathbb{R}^n$ に対し，$J(x)$ が $\mathcal{L}_J(c) \backslash \mathcal{O}$ 上で連続微分可能とする．このとき，$x(t) \to \mathcal{O}$ となる初期状態 $x_0 \in \mathcal{L}_J(c) \backslash \mathcal{O}$ が存在しないならば，任意の初期状態 $x_0 \in \mathcal{L}_J(c) \backslash \mathcal{O}$ に対し，$x(t) \to \mathcal{B}_J(c)$ が成り立つ．

---

† 勾配を $1 \times n$ の行ベクトルとして定義することもあるが，本書では列ベクトルとしている．

証明 ここでは (i) を示し，(ii) の証明は演習（**演習問題【3】**）とする。

まず，$\mathcal{L}_J(c)$ は有界閉集合であり，$\mathcal{L}_J(c) \neq \emptyset$ のとき，$\mathcal{L}_J(c)$ の有界性は，関数 $J(c)$ が $\mathcal{L}_J(c)$ 上で下に有界，かつ，停留点を持つことを意味する。したがって，$\mathcal{B}_J(c) \neq \emptyset$ である。

つぎに，$V(x) := J(x)$，$\mathcal{L}_V(c) := \{x \in \mathbb{R}^n : V(x) \leqq c\}\ (=\mathcal{L}_J(c))$ とする。このとき，$G(x(t))$ の正定値性に注意しながら，式 (4.11) を用いて $V(x(t))$ の $x(t)$ に沿った時間微分を計算すると

$$\dot{V}(x(t)) = \left(\frac{\partial J}{\partial x}(x(t))\right)^\top \dot{x}(t)$$
$$= -\left(\frac{\partial J}{\partial x}(x(t))\right)^\top G(x(t))\frac{\partial J}{\partial x}(x(t))$$
$$\leqq 0 \qquad (4.12)$$

を得るので，任意の $x \in \mathcal{L}_V(c)$ に対して $\dot{V}(x) \leqq 0$ となり，$\mathcal{L}_J(c)$ は不変集合となる。一方で，上式の第 2 の等式（J の勾配に関する 2 次形式）および $G(x(t))$ の正定値性から，

$$\{x \in \mathcal{L}_V(c) : \dot{V}(x) = 0\} = \left\{x \in \mathcal{L}_V(c) : \frac{\partial J}{\partial x}(x) = 0\right\}$$
$$= \mathcal{B}_J(c) \qquad (4.13)$$

である。したがって，ラサールの不変性原理（付録 A.1.2）より，$x(t) \to \mathcal{B}_J(c)$ が得られる。 △

勾配系に関して三つ補足しておく。

1. 式 (4.11) において $G(x(t)) = I_n$ とした

$$\dot{x}(t) = -\frac{\partial J}{\partial x}(x(t)), \quad x(0) = x_0 \qquad (4.14)$$

を勾配系の定義にすることも多いが[50]，後述する被覆制御では，それより一般的な式 (4.11) の勾配系が扱われる。

2. 最適化問題 $\min_{x \in \mathbb{R}^n} J(x)$ の解法の一つとして，**最急降下法** (steepest descent method) が知られている。上述した勾配系は最急降下法を連続時間領域で実現したものに対応する（**演習問題【4】**）。

3. 次節で示す被覆制御はある種の勾配系を構成することに相当するが，そ

れだけでなく，他のさまざまなマルチエージェントシステムの制御が勾配系を構成することで実現される[53]（**演習問題【5】**）。

4.3 被覆制御

さて，被覆制御の方法について考えよう。

まず，その概略を述べる。4.1 節で述べたように，マルチエージェントシステムに対し，被覆の度合いが評価関数 J によって表現されているものとする。このとき

- おのおののエージェントに対し，その制御入力 $u_i(t)$ が自身の位置情報 $x_i(t)$ と近傍のエージェントの位置情報 $x_j(t)$ （$j \in \mathcal{N}_i(t)$）で構成され，
- $x(t)$ を状態とするシステム全体が，関数 $J(x)$ の勾配系になる

ならば，このマルチエージェントシステムの配置 $x(t)$ は $J(x)$ の停留点に収束することになる（**補題 4.3**）。したがって，停留点が $J(x)$ の大域的最小点や局所的最小点であれば，その意味での被覆が実現される。このように，各エージェントの近傍に注意しながら，システム全体が $J(x)$ の勾配系になるように各エージェントの制御入力を定める，というのが，被覆制御の基本的な考え方である。

以下では，これに基づいて，被覆を実現する制御入力を求めてみよう。特に，ここでは，最も基本的な場合として，2 次元空間上でエージェント i のダイナミクスが積分系

$$\dot{x}_i(t) = u_i(t), \quad x_i(0) = x_{0i} \tag{4.15}$$

に従い（式 (4.1) において，$f_i(x_i(t), u_i(t)) = u_i(t)$ かつ $m = l = 2$ のとき），近傍がドロネーグラフによって定義されるシステムを対象とする。

まず，$x := [x_1^\top \ x_2^\top \ \cdots \ x_n^\top]^\top \in \mathbb{R}^{2n}$ （つまり $x_i \in \mathbb{R}^2$）に対して，集合

$$\mathcal{O} := \{x \in \mathbb{R}^{2n} : \exists (i,j) \in \mathcal{V} \times \mathcal{V} \text{ s.t. } i \neq j \text{ and } x_i = x_j\} \tag{4.16}$$

を導入する。この集合は，ある二つのエージェントが同じ位置に存在する（特異的

な) 場合を表現する. 言い換えれば, 補集合 $\mathbb{R}^{2n} \setminus \mathcal{O}$ は, すべてのエージェントが異なる位置に存在する場合を表す. また, ここでは, $\{\mathcal{C}_1(x), \mathcal{C}_2(x), \cdots, \mathcal{C}_n(x)\}$ で, 式 (4.4) の積分領域 $\mathcal{Q}$ に対するボロノイ図を表す. このとき, ボロノイ図の定義と関数 h の単調性から, 式 (4.4) の評価関数は, $x \in \mathbb{R}^{2n} \setminus \mathcal{O}$ の条件のもとで

$$J(x) = \sum_{i=1}^{n} \int_{\mathcal{C}_i(x)} h(\|q - x_i\|)\phi(q)dq \tag{4.17}$$

と表すことができる. つまり, 式 (4.4) の意味での被覆は, 4.2.1 項で示した最適配置問題の解を得ることに対応する (式 (4.8) および**補題 4.2**). このことに着目すると, 関数 $J(x)$ の勾配がつぎのように得られる.

【補題 4.4】 式 (4.4) の評価関数 $J(x)$ に対して, $m := 2$ とし, $\mathcal{Q}$ は凸多面体, h は連続微分可能な単調非減少関数, ϕ は $\mathcal{Q}$ 上で可積分とする. このとき, 任意の $x \in \mathbb{R}^{2n} \setminus \mathcal{O}$ に対して, $J(x)$ は連続微分可能で

$$\frac{\partial J}{\partial x_i}(x) = \int_{\mathcal{C}_i(x)} \frac{\partial}{\partial x_i} h(\|q - x_i\|)\phi(q)dq \tag{4.18}$$

が成り立つ.

| 証明 | 付録 A.2.6 参照. △

関数 h が

$$h(\|q - x_i\|) := \|q - x_i\|^2 \tag{4.19}$$

で与えられるときには, $J(x)$ の勾配をより具体的な形で得ることができる.

【補題 4.5】 式 (4.4) の評価関数 $J(x)$ に対して, **補題 4.4** と同じ条件が満たされ, かつ, 関数 h が式 (4.19) で与えられるとする. また

$$\text{mass}(\mathcal{C}_i(x)) := \int_{\mathcal{C}_i(x)} \phi(q)dq \tag{4.20}$$

$$\mathrm{cent}(\mathcal{C}_i(x)) := \frac{1}{\mathrm{mass}(\mathcal{C}_i(x))} \int_{\mathcal{C}_i(x)} q\phi(q)dq \tag{4.21}$$

とする.このとき,任意の $x \in \mathbb{R}^{2n} \setminus \mathcal{O}$ に対して

$$\frac{\partial J}{\partial x_i}(x) = 2\,\mathrm{mass}(\mathcal{C}_i(x))\Big(x_i - \mathrm{cent}(\mathcal{C}_i(x))\Big) \tag{4.22}$$

が成り立つ.

証明 式 (4.18) は $x \in \mathbb{R}^{2n} \setminus \mathcal{O}$ に対して成り立つ点に注意しながら,式 (4.18) に式 (4.19)~(4.21) を適用すると

$$\begin{aligned}
\frac{\partial J}{\partial x_i}(x) &= \int_{\mathcal{C}_i(x)} \frac{\partial}{\partial x_i}\|q-x_i\|^2 \phi(q)dq \\
&= \int_{\mathcal{C}_i(x)} -2(q-x_i)\phi(q)dq \\
&= \int_{\mathcal{C}_i(x)} 2x_i \phi(q)dq - \int_{\mathcal{C}_i(x)} 2q\phi(q)dq \\
&= 2x_i\,\mathrm{mass}(\mathcal{C}_i(x)) - 2\,\mathrm{mass}(\mathcal{C}_i(x))\mathrm{cent}(\mathcal{C}_i(x)) \\
&= 2\,\mathrm{mass}(\mathcal{C}_i(x))\Big(x_i - \mathrm{cent}(\mathcal{C}_i(x))\Big) \tag{4.23}
\end{aligned}$$

となる.これより,式 (4.22) が成立する. △

$\mathrm{mass}(\mathcal{C}_i(x))$ と $\mathrm{cent}(\mathcal{C}_i(x))$ は,ボロノイ領域 $\mathcal{C}_i(x)$ を剛体,$\phi(q)$ をその密度分布と考えたときの質量と重心位置に対応する.つまり,この補題は,$J(x)$ の勾配を $\mathcal{C}_i(x)$ の質量と重心位置を用いて表現している.この結果から,関数 $J(x)$ の停留点(式 (4.22) の右辺を零にする x_i)を求めることができ,それは

$$x_i = \mathrm{cent}(\mathcal{C}_i(x)) \quad (i=1,2,\cdots,n) \tag{4.24}$$

を満たす x,すなわち,x_i が $\mathcal{C}_i(x)$ の重心位置に一致する場合であることがわかる.このような $x = [x_1^\top \ x_2^\top \ \cdots \ x_n^\top]^\top$ を**重心ボロノイ配置**(centroidal Voronoi configuration)という.

さて,**補題 4.5** で扱った評価関数 $J(x)$ と,式 (4.15) に対する制御入力として

$$u_i(t) = -k\Big(x_i(t) - \mathrm{cent}(\mathcal{C}_i(x(t)))\Big) \quad (4.25)$$

を考えよう．ただし，$k \in \mathbb{R}_+ \setminus \{0\}$ はこの制御器のゲインであり，これは設計者が任意に定めることができる．また，**補題4.4** と **補題4.5** と同様に，$\{\mathcal{C}_1(x), \mathcal{C}_2(x), \cdots, \mathcal{C}_n(x)\}$ は，関数 $J(x)$ の積分領域 $\mathcal{Q}$（凸多面体）に対するボロノイ図とする．4.2.1 項で述べたように，時刻 t における近傍の集合 $\mathcal{N}_i(t)$ がドロネーグラフに対して定義されるとき，右辺のボロノイ領域 $\mathcal{C}_i(x(t))$ は，$x_i(t)$ と $x_j(t)$（$j \in \mathcal{N}_i(t)$）から計算できるため，式 (4.25) の制御入力は，自身の位置情報 $x_i(t)$ と近傍の位置情報 $x_j(t)$ で構成される．つまり，式 (4.25) は 3 章で定義した分散制御器である点に注意する．また，$\mathrm{cent}(\mathcal{C}_i(x)) \in \mathcal{Q}$ の関係から，$\mathrm{cent}(\mathcal{C}_i(x))$ は有界であるため，式 (4.15) と式 (4.25) によって与えられるシステムに対してはリプシッツ条件が成立（大域的一意解が存在）する点にも注意されたい．

この制御入力を式 (4.15) に適用すると，**補題4.5** から，任意の $t \in \mathbb{R}_+$ で $x(t) \in \mathbb{R}^{2n} \setminus \mathcal{O}$ が満たされるとき

$$\begin{aligned}
\dot{x}_i(t) &= -k\Big(x_i(t) - \mathrm{cent}(\mathcal{C}_i(x(t)))\Big) \\
&= -\frac{k}{2\,\mathrm{mass}(\mathcal{C}_i(x(t)))} \cdot 2\,\mathrm{mass}(\mathcal{C}_i(x(t)))\Big(x_i(t) - \mathrm{cent}(\mathcal{C}_i(x(t)))\Big) \\
&= -\frac{k}{2\,\mathrm{mass}(\mathcal{C}_i(x(t)))} \frac{\partial J}{\partial x_i}(x(t)) \quad (4.26)
\end{aligned}$$

となる．ただし，ボロノイ図の定義から $\mathrm{mass}(\mathcal{C}_i(x(t))) \neq 0$ に注意する．式 (4.26) から，システム全体のダイナミクスは，最終的につぎのように表現することができる．

$$\dot{x}(t) = -\frac{k}{2}(\Phi(x(t)))^{-1}\frac{\partial J}{\partial x}(x(t)) \quad (4.27)$$

ここで

$$\Phi(x(t)) := \begin{bmatrix} \mathrm{mass}(\mathcal{C}_1(x(t)))I_2 & 0 & \cdots & 0 \\ 0 & \mathrm{mass}(\mathcal{C}_2(x(t)))I_2 & \ddots & \vdots \\ \vdots & \ddots & \ddots & 0 \\ 0 & \cdots & 0 & \mathrm{mass}(\mathcal{C}_n(x(t)))I_2 \end{bmatrix} \tag{4.28}$$

である．

式 (4.27) のシステムは，正定値行列 $G(x(t)) := (k/2)(\Phi(x(t)))^{-1}$ に対する勾配系である．実際，式 (4.20) とボロノイ図の定義から，任意の $t \in \mathbb{R}_+$ （任意の $x(t) \in \mathbb{R}^{2n}$）に対して $\mathrm{mass}(\mathcal{C}_i(x(t))) > 0$ となり，$\Phi(x(t))$ と $(\Phi(x(t)))^{-1}$ はいずれも正定値である．また，式 (4.4) と式 (4.19) で与えられる $J(x)$ に対して，レベル集合 $\mathcal{L}_J(c)$ は有界である．さらに，式 (4.25) の制御入力は，$x_i(t)$ を重心位置 $\mathrm{cent}(\mathcal{C}_i(x(t)))$ の方向に動かす．つまり，$\dot{x}_i(t)$ はつねに $\mathcal{C}_i(x(t))$ の内部に向かうベクトルである．したがって，ボロノイ図の定義から，$x(0) \in \mathbb{R}^{2n} \setminus \mathcal{O}$ ならば，すべての時刻 $t \in \mathbb{R}_+$ で，ある二つのエージェントの位置は重ならず，$x(t) \in \mathbb{R}^{2n} \setminus \mathcal{O}$ が満たされる．また，文献 54) の命題 3.1 と同様にして，$x(t) \to \mathcal{O}$ とならないことも示すことができる．

以上のことと**補題 4.3** (ii) より，つぎの結論が得られる．

【定理 4.1】 式 (4.15) と式 (4.25) で与えられるマルチエージェントシステムと，**補題 4.5** で扱った評価関数 $J(x)$ （つまり，**補題 4.4** と同じ条件が満たされ，関数 h が式 (4.19) で与えられるような $J(x)$) を考える．このとき，任意の $x(0) \in \mathbb{R}^{2n} \setminus \mathcal{O}$ に対して，$x(t)$ は関数 $J(x)$ の停留点の集合に収束する．特に，停留点の集合が有限集合ならば，$x(t)$ はある重心ボロノイ配置に収束する．

このように，式 (4.25) の制御入力によって，関数 $J(x)$ の停留点の集合への収束が保証される．また，一般に停留点の集合は有限とは限らないが，もし有限であれば，その収束先がある重心ボロノイ配置になる．

例 4.3 式 (4.15) と式 (4.25) で与えられるマルチエージェントシステムを考える．ただし，$n := 20$, $\mathcal{Q} := [0,1] \times [0,1]$, $\phi(q) := 1$ とし，制御器のゲインは $k := 0.6$ とする．このとき，図 4.5 (a) に示される初期位置 x_{0i} ($i = 1, 2, \cdots, 20$) に対して，$x(t)$ の遷移を表したものが図 4.5 (b)〜(h) である．これらの図において，黒い丸印はエージェントの位置 x_i ($i = 1, 2, \cdots, 20$), 実線はボロノイ領域 $\mathcal{C}_1(x(t)), \mathcal{C}_2(x(t)), \cdots, \mathcal{C}_{20}(x(t))$ の境界を表している．

この図から，式 (4.25) の制御入力によって，$\mathcal{Q}$ 上に偏って配置された 20 個のエージェントが，時間の経過とともに空間的に一様な配置に遷移することが見て取れる．また，図 4.5 (h) に示されるように，$t = 1\,000$ では，各ボロノイ領域の中心付近にエージェントが存在しており，式 (4.24) で定義される重心ボロノイ配置が得られていることも確認できる．

つぎに，上と同じ集合 $\mathcal{Q}$ に重みを設定した場合を考えよう．ここでは，$\phi(q) := e^{-20\|q - [0.8\ 0.6]^\top\|}$ とし，$q = [0.8\ 0.6]^\top$ 付近に多くのエージェントが集まるようにする．図 4.6 (a) は，この関数の等高線を表している．先ほどと同様に，初期位置 x_{0i} ($i = 1, 2, \cdots, 20$) を図 4.5 (a) のように与え，式 (4.25) の制御入力を適用した結果（$t = 1\,000$）が図 4.6 (b) である．これより，重みが大きい地点を中心にした配置が実現されていることがわかる．

4.3 被覆制御   139

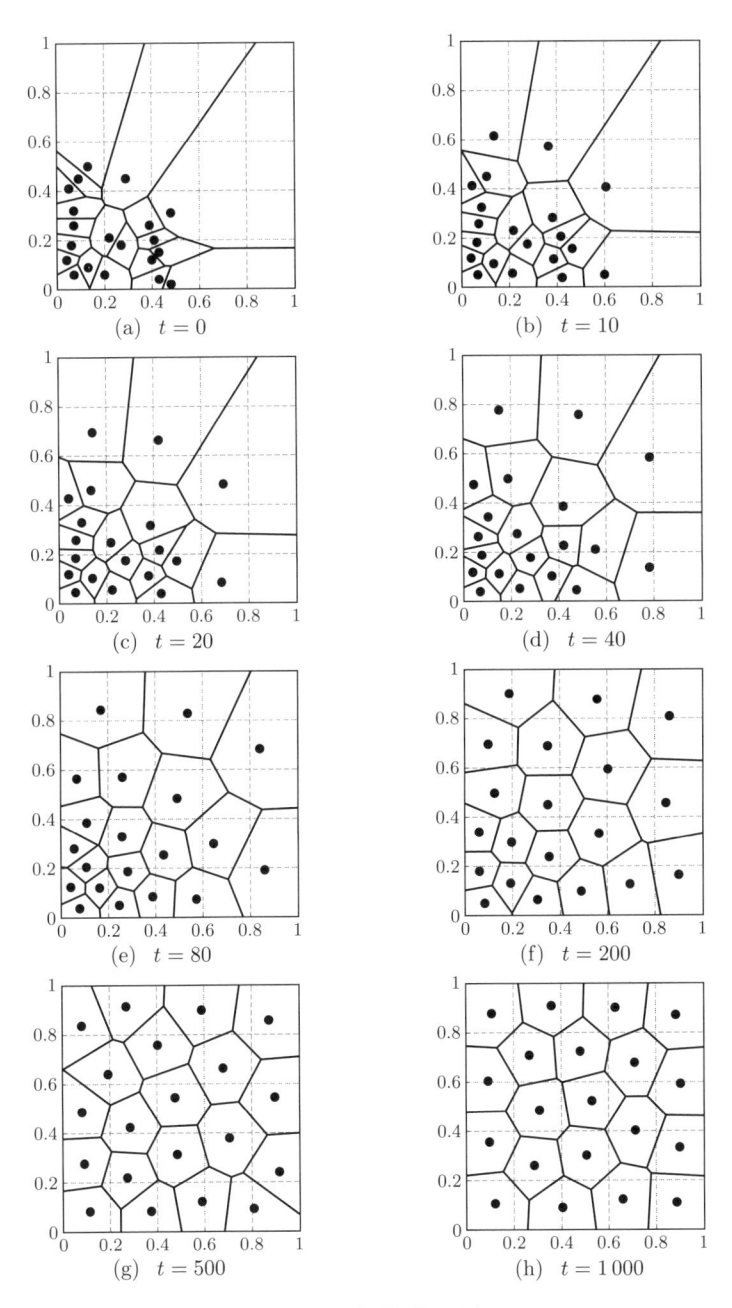

(a) $t=0$

(b) $t=10$

(c) $t=20$

(d) $t=40$

(e) $t=80$

(f) $t=200$

(g) $t=500$

(h) $t=1\,000$

図 **4.5** 被覆制御の例

140   4. 被覆制御

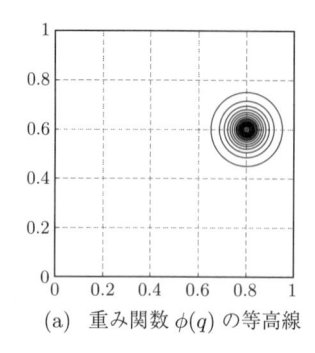

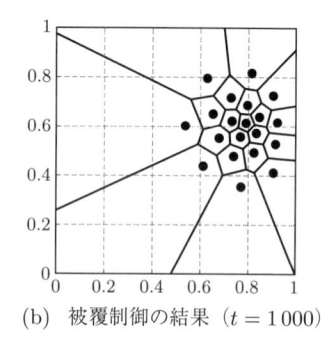

(a) 重み関数 $\phi(q)$ の等高線

(b) 被覆制御の結果 ($t = 1\,000$)

図 **4.6** $\mathcal{Q}$ 上に重みが設定されたときの被覆制御の例

* * * * * * * * * *　演　習　問　題　* * * * * * * * * *

【1】 集合 $\mathcal{Q} \subseteq \mathbb{R}^m$（凸集合や有界集合とは限らない）を考える。$\mathcal{Q}$ 上の 2 点 x_1 と x_2 を結ぶ閉線分を $\mathcal{S}(x_1, x_2)$ で表すとき（つまり，$\mathcal{S}(x_1, x_2) := \bigcup_{\theta \in [0,1]} \{\theta x_1 + (1-\theta) x_2\}$ のとき），$x \in \mathcal{Q}$ に対して定義される集合

$$\mathcal{D}(x) := \{q \in \mathcal{Q} : \mathcal{S}(x, q) \subseteq \mathcal{Q}\} \tag{4.29}$$

を x からの**可視領域**（visible region）という。これは，位置 x に存在するエージェントが周囲を見渡したときに見ることのできる場所（死角を除いた場所）に対応し，例えば，図 **4.7** の T 字型の領域を $\mathcal{Q}$ とした場合，可視領域 $\mathcal{D}(x)$ は，灰色で示された領域となる。$\mathcal{Q}$ 上において，n 個のエージェント全体の可

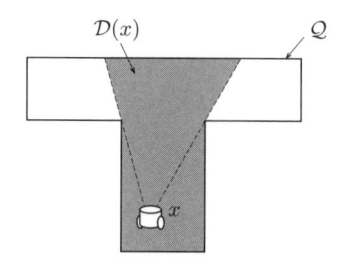

図 **4.7** 可視領域の例

視領域の体積（面積）を最大にするような被覆を考えたとき，これを実現するための評価関数を求めよ。

【2】 補題 4.1 (iv) を証明せよ。

【3】 補題 4.3 (ii) を証明せよ。

【4】 最適化問題 $\min_{x \in \mathbb{R}^n} J(x)$ の解法の一つとして知られる最急降下法

$$x[k+1] = x[k] - \alpha[k]\frac{\partial J}{\partial x}(x[k]), \quad x[0] = x_0 \qquad (4.30)$$

を考える。ただし，$k \in \mathbb{N}$ であり，$\alpha[k] > 0$ はステップ幅と呼ばれる正数である。式 (4.11) の勾配系をオイラー法で離散化し，$G(x(t))$ を適当に定めると，式 (4.30) が得られることを示せ。

【5】 無向グラフ G に対して，式 (3.26) と式 (3.28) で定義される合意制御を考える。このマルチエージェントシステム全体のダイナミクスは，ある評価関数に関する勾配系（式 (4.11)）に相当することが知られている。式 (4.11) が $G(x(t)) = I$ のもとで合意制御になるような評価関数 $J(x)$ を求めよ。

5

分 散 最 適 化

　本章では，マルチエージェントシステムを用いた分散最適化について論じる。最適化問題とは，与えられた制約条件を満たした上で与えられた評価関数を最小化する，最適解と呼ばれる変数値を計算する問題である。これに対して，分散最適化とは，制約条件および評価関数の一部の情報のみを知るエージェントがネットワーク上の情報交換を通じて，状態変数を最適解に収束させる問題である。本章では，以上の分散最適化問題に対して二つの解法を与える。一つは双対分解と呼ばれる方法であり，もう一つは 3 章で与えられた合意制御に基づく方法である。

5.1　分散最適化問題

　本章では，前章までで考えていたエージェント $1, 2, \cdots, n$ からなるマルチエージェントシステムに，エージェント 0 を加えたエージェント数 $n+1$ のシステムを考える。エージェント 0 を新たに導入した理由は，後ほど明らかになる。すべてのエージェントのダイナミクスは，離散時間の積分系，つまり任意の $i \in \{0, 1, 2, \cdots, n\}$ に対して

$$x_i[k+1] = x_i[k] + u_i[k], \quad x_i[0] = x_{i0} \tag{5.1}$$

で与えられるとする。ここで，$x_i[k] \in \mathbb{R}^m$ は時刻 $k \in \mathbb{N}$ におけるエージェント i の状態，$u_i[k] \in \mathbb{R}^m$ は制御入力，$x_{i0} \in \mathbb{R}^m$ は初期状態である。

　各時刻 $k \in \mathbb{N}$ において，エージェント $i \in \{0, 1, 2, \cdots, n\}$ は，ある近傍 $\mathcal{N}_i \subseteq \{0, 1, 2, \cdots, n\}$ に含まれるエージェント $j \in \mathcal{N}_i$ から状態 $x_j[k]$ ($j =$

$j_1, j_2, \cdots, j_{n_i}$)の値を得ることができるとする.ここで,$\{j_1, j_2, \cdots, j_{n_i}\} = \mathcal{N}_i$ であり,$n_i = |\mathcal{N}_i|$ である.このとき,すべての $i \in \{0, 1, 2, \cdots, n\}$ に対して,入力 $u_i[k]$ は分散制御器 c_i によって次式のように定められなければならないとする.

$$u_i[k] = c_i(k, x_i[k], x_{j_1}[k], x_{j_2}[k], \cdots, x_{j_{n_i}}[k]) \tag{5.2}$$

つぎに,この章で考える最適化問題と呼ばれる問題について述べる.最適化問題とは,ある与えられた集合 $\mathcal{X} \subseteq \mathbb{R}^N$ に含まれる実ベクトル $\xi \in \mathbb{R}^N$ の中で,評価関数と呼ばれる実数値関数 $J : \mathbb{R}^N \to \mathbb{R}$ の値 $J(\xi)$ が最小になるものを見つける問題である.本章では,この問題を

$$\min_{\xi \in \mathbb{R}^N} J(\xi) \quad \text{s.t.} \quad \xi \in \mathcal{X} \tag{5.3}$$

と表現する.ベクトル $x^* \in \mathbb{R}^N$ が,任意の $\xi \in \mathcal{X}$ に対して,以下の二つの条件を満足するとき,x^* は式 (5.3) の問題の**最適解**(optimal solution)であるという.

$$J(x^*) \leqq J(\xi), \quad x^* \in \mathcal{X} \tag{5.4}$$

これ以降,すべての最適解からなる集合を $\mathcal{X}^*$,任意の $x^* \in \mathcal{X}^*$ に対する評価関数値 $J(x^*)$ を J^* と表記する.なお,本章を通じて $\mathcal{X}^*$ は空集合ではないと仮定し,J^* は有限の値であるとする.

式 (5.3) の最適化問題の最適解の一つを $x^* \in \mathcal{X}^*$ と表したとき,上のマルチエージェントシステムを利用して,ある定められた実行列 $B_1, B_2, \cdots, B_n \in \mathbb{R}^{m \times N}$ に対して

$$\lim_{k \to \infty} x_i[k] = B_i x^* \quad (i = 1, 2, \cdots, n) \tag{5.5}$$

となる分散制御器 $c_0, c_1, \cdots, c_n$ を求める問題を**分散最適化問題**(distributed optimization problem)という.行列 B_i ($i = 1, 2, \cdots, n$) を適切に選ぶことで,状態 $x_i[k]$ を最適解の一部の要素に収束させる問題や,すべてのエージェ

ントの状態を x^* に合意させる問題は，式 (5.5) によって表現できる．ただし，エージェント $i \in \{1, 2, \cdots, n\}$ は関数 J および集合 $\mathcal{X}$ に関する完全な情報を持ち合わせておらず，分散制御器 c_i を設計するにあたっては，J および $\mathcal{X}$ を構成する一部の関数 J_i と集合 $\mathcal{X}_i$ しか使えないものとする．具体的な J と J_i $(i = 1, 2, \cdots, n)$ および $\mathcal{X}$ と $\mathcal{X}_i$ $(i = 1, 2, \cdots, n)$ の関係は後ほど明らかにする．例えば

$$J(\xi) = J_1(\xi) + J_2(\xi) + \cdots + J_n(\xi), \quad \mathcal{X} = \mathcal{X}_1 \cup \mathcal{X}_2 \cup \cdots \cup \mathcal{X}_n \quad (5.6)$$

というものが例として挙げられる．

式 (5.3) で表される一般の最適化問題に対して分散最適化問題を解くことは，必ずしも容易ではない．以下では，本章で示す解法を用いて解くことができる特定のクラスの最適化問題の例を紹介する．

例 5.1 総量 $b > 0$ の資源を 10 人に配分する状況を考える．いま，各人 i $(i = 1, 2, \cdots, 10)$ に配分される資源の量を ξ_i としたとき，i の満足度の大きさが，利得関数と呼ばれる $\mathbb{R}$ 上の実数値関数 $H_i : \mathbb{R} \to \mathbb{R}$ を用いて数値的に $H_i(\xi_i)$ と表すことができるとする．また，すべての $i \in \{1, 2, \cdots, 10\}$ に対して，配分される資源の量 ξ_i は非負の値であるとする．このとき，利得関数の総和 $\sum_{i=1}^{10} H_i(\xi_i)$ を最大にする配分 $\xi_1, \xi_2, \cdots, \xi_{10}$ を決定する問題を考える．

以上の問題は式 (5.3) の最適化問題に帰着される．まず，ベクトル ξ を，各人への配分量をまとめた $\xi := [\xi_1 \ \xi_2 \ \cdots \ \xi_{10}]^\top \in \mathbb{R}^{10}$ とする．関数 $\sum_{i=1}^{10} H_i(\xi_i)$ を最大にする ξ を選択することと，それに -1 をかけた関数 $-\sum_{i=1}^{10} H_i(\xi_i)$ を最小にする ξ を選択することは同じであるので，最小化すべき評価関数 J は

$$J(\xi) := -\sum_{i=1}^{10} H_i(\xi_i) \tag{5.7}$$

で与えられる．各 ξ_i ($i = 1, 2, \cdots, 10$) が非負であり，その総和が b を超えないという制約条件は，集合 $\mathcal{X}$ を

$$\mathcal{X} := \left\{ \xi \in \mathbb{R}^{10} : \xi_1 \geqq 0,\ \xi_2 \geqq 0,\ \cdots,\ \xi_{10} \geqq 0,\ \sum_{i=1}^{10} \xi_i \leqq b \right\} \tag{5.8}$$

と定義することで，式 (5.3) 中の条件 $\xi \in \mathcal{X}$ によって表現できる．なお，この問題における N は 10 である．

例 5.1 の問題は資源配分問題と呼ばれる問題の一例であり，分配最適化で扱われる問題の典型例である．本章では，このほかに以下のような問題も扱う．

例 5.2 図 5.1 の黒四角の位置に設置された 7 個の温度センサで構成されるセンサネットワークを用いて，丸印で示される 54 か所の温度からなるベクトル $\xi \in \mathbb{R}^{54}$ を推定する問題を考える．各センサが温度を計測できる範囲は限られているとし，例えば，図のセンサ i は，灰色の円内に含まれる 12 点の温度の計測値 $y_i \in \mathbb{R}^{12}$ のみを得るものとする．これら 12 点の真の

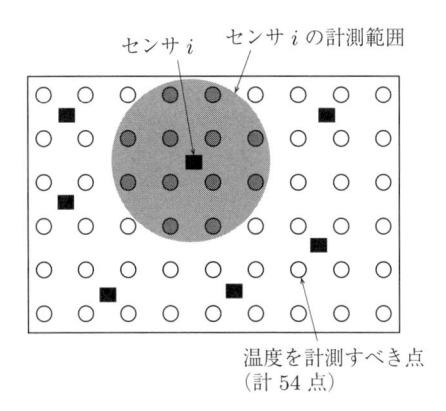

図 5.1 温度推定問題の例

温度は，ある行列 $F_i \in \mathbb{R}^{12 \times 54}$ を用いて，$F_i \xi$ と表すことができる．計測値 y_i はこれに計測ノイズ $w_i \in \mathbb{R}^{12}$ が加わった

$$y_i = F_i \xi + w_i \tag{5.9}$$

で与えられると仮定する．以上の設定のもとで，最小2乗法の意味で最良の ξ の推定値を計算することを考える．この問題は，$\mathcal{X} = \mathbb{R}^{54}$ および次式の評価関数を用いて，式 (5.3) の最適化問題に帰着される．

$$J(\xi) = \|F\xi - y\|^2, \quad F := \begin{bmatrix} F_1 \\ F_2 \\ \vdots \\ F_7 \end{bmatrix}, \quad y := \begin{bmatrix} y_1 \\ y_2 \\ \vdots \\ y_7 \end{bmatrix} \tag{5.10}$$

なお，この問題における N は 54 である．

対象とするセンサの違いによって，以下のような問題も考えられる．

例 5.3 図 5.2 に示すように，対象物（図中の丸印）の位置 $\xi \in \mathbb{R}^2$ を，6台のカメラで構成されるネットワークにより推定する問題を考える．各カメラ $i = 1, 2, \cdots, 6$ は，視野と呼ばれる灰色の領域内に対象物が存在する場合にのみ，その位置の計測値 $y_i \in \mathbb{R}^2$ を得ると仮定する．図に示した状

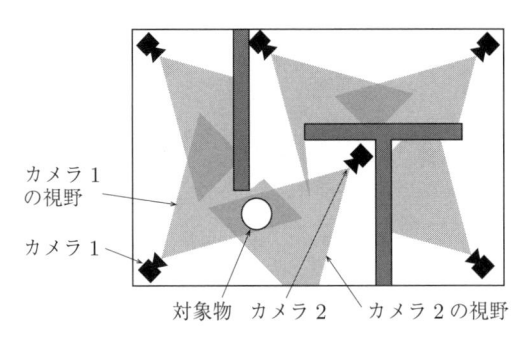

図 **5.2** 対象物の位置推定問題の例

況では，カメラ 1 とカメラ 2 のみがそれぞれ計測値 y_1 および y_2 を得る．なお，例 5.2 と同様に，計測値 y_i は，真の位置 ξ にノイズ $w_i \in \mathbb{R}^2$ が加わり，$y_i = \xi + w_i \ (i = 1, 2)$ と表されると仮定する．いま，カメラ 1 と 2 の視野をそれぞれ $\mathcal{X}_1, \mathcal{X}_2 \subset \mathbb{R}^2$ と表すと，対象物の位置 ξ はこれら両方の集合に含まれなければならない．この制約のもとで，最小 2 乗法の意味で最良の ξ の推定値を計算する問題は，評価関数 J を

$$J(\xi) := \|\xi - y_1\|^2 + \|\xi - y_2\|^2 \tag{5.11}$$

とし，集合 $\mathcal{X}$ を

$$\mathcal{X} := \mathcal{X}_1 \cap \mathcal{X}_2 \tag{5.12}$$

とすることで，式 (5.3) の最適化問題として表すことができる．なお，この問題における N は 2 である．

例 5.1 の問題は 5.3 節に示す**双対分解**（dual decomposition）と呼ばれる解法を用いて解くことができる．**例 5.2** および**例 5.3** の問題は，3 章で紹介された合意制御に基づいて解くことができ，その方法を 5.4 節で示す．本書では触れないが，本章で紹介する解法以外に，**ポテンシャルゲーム**（potential game）に帰着させる方法もある．詳細は，文献 55), 56)，およびそれらの参考文献を参照されたい．

5.2 最適化の基礎

5.2.1 劣勾配法

本項では，次項以降に示す内容の基礎となる**劣勾配法**（subgradient method）と呼ばれる式 (5.3) の問題の解法を紹介する．以降では，評価関数 J は凸関数であり，集合 $\mathcal{X}$ は空でない閉集合かつ凸集合であると仮定する．ここで，集合 $\mathcal{X} \subseteq \mathbb{R}^N$ が任意の $a \in [0, 1]$ および任意の $\xi_1 \in \mathcal{X}$ と $\xi_2 \in \mathcal{X}$ に対して

$$a\xi_1 + (1-a)\xi_2 \in \mathcal{X} \tag{5.13}$$

を満たすとき，集合 $\mathcal{X}$ は**凸集合** (convex set) であるという．また，関数 J の実行定義域と呼ばれる集合 $\mathrm{dom}(J) := \{\xi \in \mathbb{R}^N : J(\xi) < \infty\}$ が凸集合であり，かつ任意の $a \in [0,1]$ および任意の $\xi_1 \in \mathrm{dom}(J)$ と $\xi_2 \in \mathrm{dom}(J)$ に対して

$$J(a\xi_1 + (1-a)\xi_2) \leqq aJ(\xi_1) + (1-a)J(\xi_2) \tag{5.14}$$

を満たすとき，J は**凸関数** (convex function) であるという．式 (5.14) の不等式が，$\xi_1 = \xi_2$ の場合を除いて厳密に成り立つとき，関数 J は**狭義凸関数** (strictly convex function) であるという．さらに，関数 $-H$ が凸関数であるとき，H は**凹関数** (concave function) であるという．

微分可能とは限らない凸関数 $J : \mathbb{R}^N \to \mathbb{R}$ に対して，$\bar{\xi} \in \mathrm{dom}(J)$ が与えられたとき，任意の $\xi \in \mathrm{dom}(J)$ に対して

$$d_J^\top(\bar{\xi})(\xi - \bar{\xi}) \leqq J(\xi) - J(\bar{\xi}) \tag{5.15}$$

を満足する $d_J(\bar{\xi}) \in \mathbb{R}^N$ は，J の $\bar{\xi}$ における**劣勾配** (subgradient) と呼ばれる．同様に，凹関数 H の $\bar{\mu} \in \mathrm{dom}(H)$ における劣勾配は，任意の $\mu \in \mathrm{dom}(H)$ に対して次式を満たすベクトル $d_H(\bar{\mu})$ と定義される．

$$d_H^\top(\bar{\mu})(\mu - \bar{\mu}) \geqq H(\mu) - H(\bar{\mu}) \tag{5.16}$$

凸関数および凹関数の劣勾配は必ず存在することが保証されるが（文献57) の Proposition 4.2.1 参照)，必ずしも一意に定まるとは限らない．しかしながら，以降のほとんどの議論は劣勾配の選び方によらないため，特に断らない限り，「任意に選択された劣勾配の一つ」という意味で記号 $d_J(\bar{\xi})$ や $d_H(\bar{\mu})$ を用いる．なお，関数 J および H が微分可能であれば，劣勾配 $d_J(\bar{\xi})$ と $d_H(\bar{\mu})$ は唯一であり，それぞれ J と H の勾配と一致する（文献58) の定理 2.29 参照)．つまり，以下の二つの等式が成立する．

$$d_J(\bar{\xi}) = \frac{\partial J}{\partial \xi}(\bar{\xi}), \quad d_H(\bar{\mu}) = \frac{\partial H}{\partial \mu}(\bar{\mu}) \tag{5.17}$$

5.2 最適化の基礎

式 (5.3) の問題の最適解 $x^* \in \mathcal{X}^*$ に収束する $x[0], x[1], x[2], \cdots$ を生成することを考える。いま，これが以下の漸化式によって生成されるとする。

$$x[k+1] = P_\mathcal{X}(x[k] - s[k]d_J(x[k])), \quad x[0] = x_0 \tag{5.18}$$

ここで，$s[k]$ は**ステップ幅**（step size）と呼ばれる正数である。関数 $P_\mathcal{X}(\xi)$ はベクトル $\xi \in \mathbb{R}^N$ の閉集合かつ凸集合 $\mathcal{X}$ への射影を表し，次式の最適化問題の唯一の解を返す。

$$\min_{\xi' \in \mathcal{X}} \|\xi - \xi'\| \tag{5.19}$$

特に，$\mathcal{X} = \mathbb{R}^N$ のとき，式 (5.18) は

$$x[k+1] = x[k] - s[k]d_J(x[k]), \quad x[0] = x_0 \tag{5.20}$$

となる。

まず，ステップ幅 $s[k]$ を，ある正数 s に対して $s[k] = s \ (k = 0, 1, \cdots)$ となるように選んで固定する。このとき，以下の定理が成り立つ。

【定理 5.1】 凸関数 J および閉集合かつ凸集合 $\mathcal{X}$ に対する式 (5.3) の最適化問題を考える。ここで，$\mathcal{X}^* \neq \emptyset$，$J^* > -\infty$ を仮定する。このとき，固定ステップ幅 $s[k] = s \ (k = 0, 1, \cdots)$ に対して，式 (5.18) の漸化式によって生成された $x[0], x[1], x[2], \cdots$ は，次式を満足する。

$$\liminf_{k \to \infty} J(x[k]) \leq J^* + \frac{sD^2}{2} \tag{5.21}$$

ただし，D は次式を満たす正数である。

$$\|d_J(x[k])\| \leq D \quad \forall k \in \mathbb{N} \tag{5.22}$$

証明　演習問題【2】参照。　　　　　　　　　　　　　　　　　　△

つぎに，$s[k]$ を徐々に減少させることを考える。いま，つぎの二つの条件を満たす $s[k]$ を採用することとする。

$$\sum_{k=0}^{\infty} s[k] = \infty, \quad \sum_{k=0}^{\infty} s[k]^2 < \infty \tag{5.23}$$

例えば $s[k] = 1/(k+1)$ は式 (5.23) を満たす。このとき，つぎの定理が成り立つ。

【定理 5.2】 凸関数 J および閉集合かつ凸集合 $\mathcal{X}$ に対する式 (5.3) の最適化問題を考える。ここで，$\mathcal{X}^* \neq \emptyset$，$J^* > -\infty$ を仮定する。このとき，式 (5.23) を満足する $s[k]$ $(k=0,1,\cdots)$ に対して，式 (5.18) の漸化式によって生成された $x[0], x[1], x[2], \cdots$ は，式 (5.22) を満足する D が存在するのであれば，式 (5.3) の問題のある最適解 $x^* \in \mathcal{X}^*$ に対して

$$\lim_{k \to \infty} x[k] = x^* \tag{5.24}$$

を満足する。

証明 文献57) の Proposition 8.2.6 参照。 △

5.2.2 双対問題と劣勾配法による解法

本項では，次節で紹介する解法の基礎となる**双対問題**（dual problem）と呼ばれる問題を定義し，劣勾配法を用いてその問題を解く。本項では，式 (5.3) の問題の制約条件 $\xi \in \mathcal{X}$ の一部が，集合 $\mathbb{R}^N$ 上で定義されたある実数値関数 $g: \mathbb{R}^N \to \mathbb{R}$ に対する不等式 $g(\xi) \leqq 0$ によって表現される，つまり，ある集合 $\tilde{\mathcal{X}} \subseteq \mathbb{R}^N$ が存在して集合 $\mathcal{X}$ が次式で与えられる最適化問題を考える。

$$\mathcal{X} := \{\xi \in \mathbb{R}^N : \xi \in \tilde{\mathcal{X}}, \, g(\xi) \leqq 0\} \tag{5.25}$$

この最適化問題を次式のように書くこととする。

$$\min_{\xi \in \mathbb{R}^N} J(\xi) \quad \text{s.t.} \quad \xi \in \tilde{\mathcal{X}}, \, g(\xi) \leqq 0 \tag{5.26}$$

本項では,関数 J は狭義凸関数であるとし,g は凸関数,集合 $\tilde{\mathcal{X}}$ は凸集合であるとする。さらに,関数 g に対して $g(\xi) < 0$ を満足する $\xi \in \tilde{\mathcal{X}}$ が存在すると仮定する。この仮定は**スレーターの制約想定**(Slater's constraint qualification)と呼ばれる。以上の前提のもとでは,式 (5.26) の問題の最適解 x^* は $\mathcal{X}^* \neq \emptyset$ であれば唯一である(文献58)の定理 3.2 参照)。

つぎに,**双対関数**(dual function)と呼ばれる以下の関数 $H : \mathbb{R} \to \mathbb{R}$ を定義する。

$$H(\mu) := \min_{\xi \in \tilde{\mathcal{X}}} (J(\xi) + \mu g(\xi)) \tag{5.27}$$

ここで,$\mu \in \mathbb{R}$ は非負であるとの制約を課す。いま,μ を正の値として,式 (5.27) の右辺の最適化問題に注目する。制約条件 $g(\xi) \leqq 0$ を破る,つまり $g(\xi) > 0$ となる ξ に対して $\mu g(\xi)$ は正となり,最小化すべき関数 $J(\xi) + \mu g(\xi)$ を増加させる。よって,μ が十分大きい値であるとき,制約条件 $g(\xi) \leqq 0$ を大きく破るような ξ が式 (5.27) 右辺の最適化問題の最適解とはなり得ない。実際,μ を適切に選べば,式 (5.27) 右辺の最適解に制約条件 $g(\xi) \leqq 0$ を満足させられる。このことが,次節の分散最適化において重要な役割を果たす。

双対関数 H を用いて,式 (5.26) の問題の双対問題を次式で定義する。

$$\max_{\mu \in \mathbb{R}} H(\mu) \quad \text{s.t.} \quad \mu \geqq 0 \tag{5.28}$$

また,これ以降,式 (5.26) の問題を**主問題**(primal problem)と呼ぶ。このとき,**双対定理**(duality theorem)と呼ばれる以下の定理が成り立つ。

【定理 5.3】 式 (5.28) の双対問題の評価関数の最大値を H^* と表記する。このとき,関数 J と g が凸関数,集合 $\tilde{\mathcal{X}}$ が閉集合かつ凸集合であり,スレーターの制約想定が成り立ち,また $\mathcal{X}^* \neq \emptyset$,$J^* > -\infty$ が満たされるのであれば,$J^* = H^*$ が成立する。

証明 文献57)〜59) など，標準的な教科書を参照されたい。 △

定理5.3 より，双対問題を解くことで，主問題を解くにあたって有益な情報が与えられることがわかる．そこで，まずは式 (5.28) の問題を解くことを考えよう．式 (5.27) 右辺の関数 $J(\xi) + \mu g(\xi)$ は μ に関する凹関数である．このことは，式 (5.27) の双対関数 H もまた凹関数であることを意味する（文献57) の Proposition 6.2.1 参照）．凹関数 H の最大化は凸関数 $-H$ の最小化と同じであるので，式 (5.18) によって式 (5.28) の問題の最適解 μ^* を計算できる．具体的には

$$\mu[k+1] = P_{\mathbb{R}_+}\left(\mu[k] + s[k]d_H(\mu[k])\right) \tag{5.29}$$

に従って $\mu[k]$ ($k = 0, 1, \cdots$) を生成すればよい．ここで，射影 $P_{\mathbb{R}_+}$ は

$$P_{\mathbb{R}_+}(\mu) = \max(\mu, 0) \tag{5.30}$$

で与えられる．

双対関数 H を定義している式 (5.27) を見ると，固定した μ に対する $H(\mu)$ 自体が ξ に関する最適化問題

$$\min_{\xi \in \tilde{\mathcal{X}}} \left(J(\xi) + \mu g(\xi)\right) \tag{5.31}$$

によって定義されており，劣勾配 $d_H(\mu)$ の導出は難しいように思われる．しかしながら，固定した μ に対する式 (5.31) の問題は，劣勾配法などの最適化手法を用いて解くことができ，その解の一つを x_μ^* とおくと，$g(x_\mu^*)$ は凹関数 H の μ における劣勾配となる（**演習問題【3】**）．よって，劣勾配 $d_H(\mu)$ を

$$d_H(\mu) = g(x_\mu^*) \tag{5.32}$$

とおく．式 (5.29) と式 (5.32) をまとめると，各 $k \in \mathbb{N}$ における処理は次式で与えられる．

$$x_{\mu[k]}^* = \arg\min_{\xi \in \tilde{\mathcal{X}}} \left(J(\xi) + \mu[k]g(\xi)\right) \tag{5.33}$$

$$\mu[k+1] = P_{\mathbb{R}_+}\left(\mu[k] + s[k]g(x^*_{\mu[k]})\right) \tag{5.34}$$

ここで，$\underset{\xi \in \tilde{\mathcal{X}}}{\arg\min}\,(J(\xi) + \mu[k]g(\xi))$ は最適化問題

$$\min_{\xi \in \tilde{\mathcal{X}}}(J(\xi) + \mu[k]g(\xi)) \tag{5.35}$$

の（唯一の）最適解である．**定理 5.2** より，式 (5.33) と式 (5.34) によって生成される $\mu[0], \mu[1], \mu[2], \cdots$ は，式 (5.28) の双対問題の最適解 μ^* に収束する．さらに，以下の定理が成り立つ．

【定理 5.4】 狭義凸関数 J，凸関数 g，閉集合かつ凸集合 $\tilde{\mathcal{X}}$ に対する式 (5.26) の問題を考える．ここで，スレーターの制約想定，$\mathcal{X}^* \neq \emptyset$，$J^* > -\infty$ が満たされると仮定する．このとき，式 (5.23) を満足する $s[k]$ $(k = 0, 1, \cdots)$ に対して，式 (5.33) および式 (5.34) によって生成された $x^*_{\mu[0]}, x^*_{\mu[1]}, x^*_{\mu[2]}, \cdots$ は，式 (5.26) の問題の唯一の最適解 $x^* \in \mathcal{X}^*$ に対して

$$\lim_{k \to \infty} x^*_{\mu[k]} = x^* \tag{5.36}$$

を満足する．

<u>証明</u> 文献58) の定理 3.2，定理 3.30，および文献57) の Proposition 6.1.1 を用いて証明できる． △

5.3 双対分解による分散最適化

5.3.1 問題設定

5.1 節で述べたように，すべてのエージェント $i \in \{0, 1, \cdots, n\}$ のダイナミクスが式 (5.1) で与えられるマルチエージェントシステムを考える．本節では $m = 1$，つまり $x_i[k] \in \mathbb{R}$ $(i = 0, 1, \cdots, n)$ および $u_i[k] \in \mathbb{R}$ $(i = 0, 1, \cdots, n)$

であると仮定する。つぎに，各エージェントの近傍を $\mathcal{N}_0 = \{1, 2, \cdots, n\}$ および $\mathcal{N}_i = \{0\}$ $(i = 1, 2, \cdots, n)$ とする。このとき，マルチエージェントシステムのネットワーク構造は図 **5.3** に示される無向グラフによって表され，式 (5.2) は

$$u_0[k] = c_0(k, x_0[k], x_1[k], \cdots, x_n[k]) \tag{5.37}$$

$$u_i[k] = c_i(k, x_i[k], x_0[k]) \quad (i = 1, 2, \cdots, n) \tag{5.38}$$

と書き換えることができる。

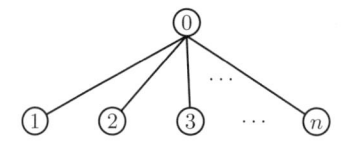

図 5.3 双対分解による分散最適化で仮定されるネットワーク構造

つぎに，マルチエージェントシステムに解かせる最適化問題について述べる。本節では，式 (5.3) の最適化問題の特別なクラスを扱う。まず，ベクトル ξ の次元を，エージェント 0 を除くエージェントの数 n と同じである，つまり $\xi \in \mathbb{R}^n$ とし，ξ の第 i 要素を $\xi_i \in \mathbb{R}$ $(i = 1, 2, \cdots, n)$ と表す。つぎに，集合 $\mathbb{R}$ 上で定義された実数値関数 $J_i : \mathbb{R} \to \mathbb{R}$ $(i = 1, 2, \cdots, n)$ を用いて，評価関数 $J : \mathbb{R}^n \to \mathbb{R}$ が

$$J(\xi) = \sum_{i=1}^{n} J_i(\xi_i) \tag{5.39}$$

で与えられるとする。また，集合 $\mathcal{X} \subseteq \mathbb{R}^n$ が，$\mathbb{R}$ のある部分集合 $\mathcal{X}_i$ $(i = 1, 2, \cdots, n)$ と，ある $b \in \mathbb{R}$ に対する不等式

$$\sum_{i=1}^{n} \xi_i \leqq b \tag{5.40}$$

によって

$$\mathcal{X} = \left\{ \xi \in \mathbb{R}^n : \xi_1 \in \mathcal{X}_1, \xi_2 \in \mathcal{X}_2, \cdots, \xi_n \in \mathcal{X}_n, \sum_{i=1}^{n} \xi_i \leqq b \right\} \tag{5.41}$$

で与えられるとする。

例 5.4 例 5.1 の最適化問題を考える。このとき，関数 J_i $(i = 1, 2, \cdots, 10)$ を $J_i(\xi_i) := -H_i(\xi_i)$ と定義すれば，式 (5.7) の評価関数は式 (5.39) を満足する。また，集合 $\mathcal{X}_i$ を $\mathcal{X}_i := \mathbb{R}_+$ とすれば，集合 $\mathcal{X}$ は式 (5.41) を満足する。

式 (5.39) および式 (5.41) を満足する式 (5.3) の問題は**分解可能問題** (separable problem) と呼ばれ，以下のように書くことができる。

$$\min_{\xi \in \mathbb{R}^n} \sum_{i=1}^n J_i(\xi_i)$$
$$\text{s.t.} \quad \xi_1 \in \mathcal{X}_1, \xi_2 \in \mathcal{X}_2, \cdots, \xi_n \in \mathcal{X}_n, \quad \sum_{i=1}^n \xi_i \leqq b \quad (5.42)$$

本節では，すべての $i \in \{1, 2, \cdots, n\}$ に対して，J_i は狭義凸関数であり，$\mathcal{X}_i$ は閉集合かつ凸集合であると仮定する。このとき，式 (5.39) の評価関数 J は狭義凸関数となり，式 (5.41) の集合 $\mathcal{X}$ は閉集合かつ凸集合となる。よって，前述のとおり，式 (5.42) の問題の最適解 x^* は唯一である。以降では，最適解 x^* の第 i 要素を x_i^* $(i = 1, 2, \cdots, n)$ と表す。

以上の設定のもとで，行列 B_i を，第 i 要素のみが 1，その他の要素が 0 の n 次元実ベクトル $e_i \in \mathbb{R}^n$ を用いて，$B_i = e_i^\top$ $(i = 1, 2, \cdots, n)$ と選び，式 (5.5)，つまり

$$\lim_{k \to \infty} x_i[k] = x_i^* \quad (i = 1, 2, \cdots, n) \quad (5.43)$$

を目的とする分散最適化問題を考える。ただし，変数 ξ_i を評価する関数 J_i，およびそれを制約する集合 $\mathcal{X}_i$ は，エージェント $i \in \{1, 2, \cdots, n\}$ のみに与えられた情報であり，他のエージェント $j \in \{0, 1, \cdots, n\} \setminus \{i\}$ は，分散制御器 c_j を設計するにあたってそれらを利用できないとする。このことは，例 5.4 の問題において資源を配分する対象である $i = 1, 2, \cdots, 10$ をエージェントと見な

したとき，各 $i \in \{1, 2, \cdots, 10\}$ は他人の満足度がいかなる利得関数によって与えられるかを知らないことを意味する。

ここで，各エージェント $i \in \{1, 2, \cdots, n\}$ に与えられた情報のみを用いて，集合 $\mathcal{X}_i$ に含まれる ξ_i の中で $J_i(\xi_i)$ を最大にするものを求めたところで，それは x_i^* とは異なることに注意する。なぜなら，このようにして求められる $\xi_1, \xi_2, \cdots, \xi_n$ は式 (5.40) を満足するとは限らないからである。例えば，**例 5.4** の問題において，利得関数 H_i $(i = 1, 2, \cdots, n)$ が単調増加関数である場合，つまり配分される資源 ξ_i が多ければ多いほど i の満足度が高い場合，$\xi_i \in \mathcal{X}_i = \mathbb{R}_+$ の中で H_i を最大にする ξ_i は無限大であり，配分される資源の総和が b 以下であるという制約は満たされ得ない。

そこで，エージェント 0 に式 (5.40) の制約を満足させる役割を担わせる。これが，本章においてエージェント 0 を導入した理由である。ここで，μ を適切に設定することで，式 (5.27) 右辺の問題の最適解に $g(\xi) \leqq 0$ を満足させることができることを思い出そう。このことから，式 (5.26) の問題における制約条件 $g(\xi) \leqq 0$ が式 (5.40) を表すのであれば，エージェント 0 に μ を適切に調整させ，その他のエージェント $1, 2, \cdots, n$ に式 (5.27) の右辺の問題を解かせることで，エージェント $1, 2, \cdots, n$ が計算した最適解に式 (5.40) を満足させることができる。これが，次項に示す分散最適化手法の基本となる考え方である。では，具体的な解法を見ていこう。

5.3.2 双対分解による分散最適化

本項では，双対分解と呼ばれる分散最適化手法を紹介する。まず

$$g(\xi) := \sum_{i=1}^{n} \xi_i - b \tag{5.44}$$

および

$$\tilde{\mathcal{X}} := \{\xi \in \mathbb{R}^n : \xi_1 \in \mathcal{X}_1, \xi_2 \in \mathcal{X}_2, \cdots, \xi_n \in \mathcal{X}_n\} \tag{5.45}$$

とし，評価関数 J を式 (5.39) によって定義すれば，式 (5.42) の問題は式 (5.26)

の問題に帰着できる。

つぎに，エージェント 0 に式 (5.34) を実行させ，エージェント群 $\{1, 2, \cdots, n\}$ に式 (5.33) を実行させることを考える．ただし，式 (5.33) と式 (5.34) は同時には実行できず，式 (5.33) を実行した後，その結果を用いて式 (5.34) を実行する必要がある．そのため，偶数時刻 k においてエージェント群 $\{1, 2, \cdots, n\}$ に式 (5.33) を実行させ，奇数時刻 k においてエージェント 0 に式 (5.34) を実行させる．すなわち，時刻 k が偶数のときは

$$u_0[k] = 0 \quad (x_0[k+1] = x_0[k]) \tag{5.46}$$

とし，奇数のときは

$$u_i[k] = 0 \quad (x_i[k+1] = x_i[k]) \quad (i = 1, 2, \cdots, n) \tag{5.47}$$

とする．

奇数時刻における u_0，および偶数時刻における $u_1, u_2, \cdots, u_n$ を設計する．このとき，エージェント 0 の状態 x_0 の部分列 $x_0[0], x_0[2], x_0[4], \cdots$ が式 (5.34) によって生成される $\mu[0], \mu[1], \mu[2], \cdots$ と一致するように，各エージェント $i \in \{1, 2, \cdots, n\}$ の状態 x_i の部分列 $x_i[1], x_i[3], x_i[5], \cdots$ が式 (5.33) によって生成される $x^*_{\mu[0]}, x^*_{\mu[1]}, x^*_{\mu[2]}, \cdots$ の第 i 要素と一致するように，入力を設計する．まず，奇数時刻 k におけるエージェント 0 の入力 $u_0[k]$ を

$$u_0[k] = P_{\mathbb{R}_+}\left(x_0[k] + s[k]g(x[k])\right) - x_0[k] \tag{5.48}$$

とする．ここで

$$x[k] := [x_1[k] \ x_2[k] \ \cdots \ x_n[k]]^\top \tag{5.49}$$

である．式 (5.44) を式 (5.48) に代入すると

$$u_0[k] = P_{\mathbb{R}_+}\left(x_0[k] + s[k]\left(\sum_{i=1}^n x_i[k] - b\right)\right) - x_0[k] \tag{5.50}$$

が成り立つ．よって，分散制御器 c_0 を次式のように定める．

158   5. 分 散 最 適 化

$$c_0(k, x_0, x_1, \cdots, x_n)$$
$$:= \begin{cases} P_{\mathbb{R}_+}\left(x_0 + s[k]\left(\sum_{i=1}^{n} x_i - b\right)\right) - x_0, & k \text{ が奇数のとき} \\ 0, & k \text{ が偶数のとき} \end{cases} \tag{5.51}$$

式 (5.51) の制御器は,関数 J_i $(i = 1, 2, \cdots, n)$ および集合 $\mathcal{X}_i$ $(i = 1, 2, \cdots, n)$ に依存しない.

つぎに,偶数時刻 k において,エージェント $i \in \{1, 2, \cdots, n\}$ は近傍エージェント 0 から $x_0[k]$ を受信し,式 (5.33) に従って

$$\min_{\xi \in \tilde{\mathcal{X}}} (J(\xi) + x_0[k]g(\xi)) \tag{5.52}$$

を解き,その解の第 i 要素が $x_i[k+1]$ となるように入力 $u_i[k]$ を定める.式 (5.44) および式 (5.45) より,式 (5.52) の問題は次式のように変形できる.

$$\min_{\xi \in \tilde{\mathcal{X}}}(J(\xi) + x_0[k]g(\xi))$$
$$= \min_{\xi \in \tilde{\mathcal{X}}}\left(J(\xi) + x_0[k]\left(\sum_{i=1}^{n} \xi_i - b\right)\right)$$
$$= -bx_0[k] + \min_{\xi_1 \in \mathcal{X}_1, \xi_2 \in \mathcal{X}_2, \cdots, \xi_n \in \mathcal{X}_n}\left(\sum_{i=1}^{n} J_i(\xi_i) + \sum_{i=1}^{n} x_0[k]\xi_i\right)$$
$$= -bx_0[k] + \min_{\xi_1 \in \mathcal{X}_1, \xi_2 \in \mathcal{X}_2, \cdots, \xi_n \in \mathcal{X}_n} \sum_{i=1}^{n}(J_i(\xi_i) + x_0[k]\xi_i)$$
$$= -bx_0[k] + \sum_{i=1}^{n}\left\{\min_{\xi_i \in \mathcal{X}_i}(J_i(\xi_i) + x_0[k]\xi_i)\right\} \tag{5.53}$$

ここで,最右辺内の

$$\min_{\xi_i \in \mathcal{X}_i}(J_i(\xi_i) + x_0[k]\xi_i) \quad (i = 1, 2, \cdots, n) \tag{5.54}$$

は変数 ξ_i のみに関する最適化問題であるので,その他の変数 ξ_j ($j \in \{1, 2, \cdots, n\} \setminus \{i\}$) の値とは無関係に最適解を決定できる.すなわち,式 (5.54) の n 個

の最適化問題を独立に解いても，式 (5.52) を一括で解いても，求められる最適解は同じである．以上の考察をもとに，分散制御器 c_i $(i = 1, 2, \cdots, n)$ を

$$c_i(k, x_i, x_0) := \begin{cases} 0, & k \text{ が奇数のとき} \\ \arg\min_{\xi_i \in \mathcal{X}_i} (J_i(\xi_i) + x_0 \xi_i) - x_i, & k \text{ が偶数のとき} \end{cases} \tag{5.55}$$

と定める．明らかに，式 (5.55) は $j \in \{1, 2, \cdots, n\} \setminus \{i\}$ に対する J_j および $\mathcal{X}_j$ の情報を用いていない．

定理 5.4 より，以下の定理が成り立つ．

【定理 5.5】 関数 J_i $(i = 1, 2, \cdots, n)$ が狭義凸関数，また，$\mathcal{X}_i$ $(i = 1, 2, \cdots, n)$ が閉集合かつ凸集合であり，$\mathcal{X}^* \neq \emptyset$, $J^* > -\infty$ を満足する式 (5.42) の問題を考える．式 (5.1) のダイナミクスを有するマルチエージェントシステムに対して，入力 u_0 および u_i $(i = 1, 2, \cdots, n)$ をそれぞれ式 (5.51) および式 (5.55) の分散制御器によって定めるとする．なお，式 (5.51) 中のステップ幅 $s[k]$ は，式 (5.23) を満足するように選択する．このとき，$B_i = e_i^\top$ $(i = 1, 2, \cdots, n)$ に対して式 (5.5) が成立する．

証明 定理 5.4 より明らかである． △

例 5.5 例 5.1 の問題をもとにしたシミュレーションによって，式 (5.51) と式 (5.55) の分散制御器がどのように最適化問題を解くかを示す．ここで，$b = 10$, $J_i(\xi_i) = -\log(1 + i\xi_i)$ $(i = 1, 2, \cdots, 10)$ とする．MATLAB Optimization Toolbox によって，この問題における J^* は $J^* = -17.6733$ と計算される．エージェント 0 の初期状態を $x_{00} = 1$, その他のエージェントの初期状態を 1 から 2 の範囲において一様分布に従って抽出し，式 (5.51) および式 (5.55) の分散制御器を適用する．ここで，ステップ幅は $s[k] = 1/10(k+1)$ と設定した．そのときの $J(x[k])$ および $\|x[k] - x^*\|$

の応答を,それぞれ図 5.4 の左図および右図に示す.左図の破線は $J^* = -17.6733$ を表す.図より,$J(x[k])$ $(k = 0, 1, \cdots)$ が J^* に収束し,$x[k]$ $(k = 0, 1, \cdots)$ が最適解 x^* に収束していることが確認できる.

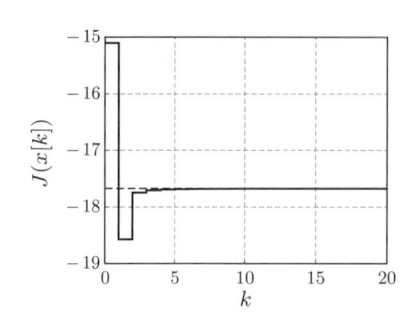

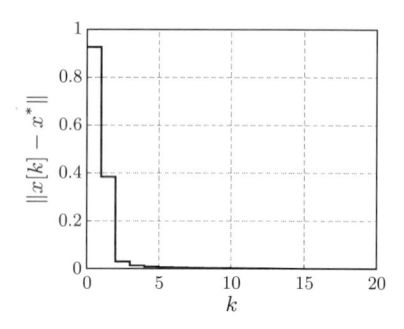

図 5.4 双対分解による分散最適化の適用結果

5.4 合意制御による分散最適化

5.4.1 問 題 設 定

本節では,エージェント 0 は用いないものとし,それ以外のエージェントのインデックス集合を $\mathcal{V} := \{1, 2, \cdots, n\}$ と表記する.各エージェント $i \in \mathcal{V}$ のダイナミクスは $m = N$ とする式 (5.1) によって与えられるものとする.また,マルチエージェントのネットワーク構造は,連結な無向グラフ G によって表現されると仮定する.

つぎに,マルチエージェントシステムに解かせる最適化問題について述べる.本節では,式 (5.3) の最適化問題における評価関数 $J : \mathbb{R}^N \to \mathbb{R}$ は,$\mathbb{R}^N$ 上で定義されたある実数値関数 $J_i : \mathbb{R}^N \to \mathbb{R}$ $(i = 1, 2, \cdots, n)$ を用いて

$$J(\xi) := \sum_{i \in \mathcal{V}} J_i(\xi) \tag{5.56}$$

で与えられるとする.つぎに,集合 $\mathcal{X} \subseteq \mathbb{R}^N$ は,$\mathbb{R}^N$ のある部分集合 $\mathcal{X}_i$ ($i =$

$1, 2, \cdots, n$) によって

$$\mathcal{X} := \bigcap_{i \in \mathcal{V}} \mathcal{X}_i \tag{5.57}$$

で与えられるとする．前節とは異なり，関数 J_i は ξ の全要素を評価する関数であり，集合 $\mathcal{X}_i$ は ξ の全要素を制約する集合であることに注意する．

例 5.6 例 **5.2** の最適化問題を考える．いま，$J_i(\xi) := \|F_i \xi - y_i\|^2$ ($i = 1, 2, \cdots, 7$) とおくと

$$J(\xi) = \|F\xi - y\|^2 = \sum_{i=1}^{7} \|F_i \xi - y_i\|^2 = \sum_{i=1}^{7} J_i(\xi) \tag{5.58}$$

が成り立つので，式 (5.10) の評価関数 J は式 (5.56) を満たす．また，すべての $i = 1, 2, \cdots, 7$ に対して $\mathcal{X}_i = \mathbb{R}^{54}$ とすれば，式 (5.57) が満たされる．

よって，例 **5.2** の問題は本節で考える分散最適化問題に帰着できる．また，以下に示すように，例 **5.3** の問題も同様である．

例 5.7 例 **5.3** の最適化問題を考える．対象物を視野に含まないすべてのカメラ $i = 3, 4, 5, 6$ に対して，$J_i(\xi) = 0$ および $\mathcal{X}_i = \mathbb{R}^2$ とすれば，式 (5.11) の評価関数 J は式 (5.56) を満足し，式 (5.12) の集合 $\mathcal{X}$ は式 (5.57) を満足する．

式 (5.56) と式 (5.57) が成り立つとき，式 (5.3) の問題は

$$\min_{\xi \in \mathbb{R}^N} \sum_{i \in \mathcal{V}} J_i(\xi) \quad \text{s.t.} \quad \xi \in \bigcap_{i \in \mathcal{V}} \mathcal{X}_i \tag{5.59}$$

と表すことができる．本節では，すべての $i \in \mathcal{V}$ に対して，J_i は凸関数であり，集合 $\mathcal{X}_i$ は閉集合かつ凸集合であると仮定する．このとき，関数 J は凸関数，集合 $\mathcal{X}$ は凸集合となる（**演習問題 【4】**）．また，集合 $\mathcal{X}$ は閉集合である．さら

に，凸関数 J_i の任意の ξ におけるすべての劣勾配 $d_{J_i}(\xi)$ が有界であること，すなわち，ある実数 $D > 0$ が存在して，任意の $\xi \in \mathbb{R}^N$ に対して次式が成立することを仮定する．

$$\|d_{J_i}(\xi)\| \leqq D \quad \forall i \in \mathcal{V} \tag{5.60}$$

式 (5.59) の問題を対象に，$B_i = I_N$ $(i = 1, 2, \cdots, n)$ に対する式 (5.5) を目的とする分散最適化問題を考える．ただし，前節同様，本節でも J_i および $\mathcal{X}_i$ はエージェント $i \in \mathcal{V}$ のみに与えられた情報であり，他のエージェント $j \in \mathcal{V} \setminus \{i\}$ は分散制御器 c_j の設計にあたってそれらを利用できないとする．このことは，**例 5.6** の問題においてセンサをエージェントと見なせば，各センサは他のセンサの計測値を知らないことを意味する．また，**例 5.7** の問題においてカメラをエージェントと見なせば，各センサは，他のセンサの計測値や視野，また，どのセンサが対象物を視野内に捉えているかといった情報を知らないことを意味する．

以上の分散最適化問題を解くために，本節では，3 章で与えられた合意制御を用いる．3 章では，$m = 1$，つまり状態と制御入力を実数とする式 (5.1) のダイナミクスを持つマルチエージェントシステムを考え，式 (3.58) と式 (3.59) において，次式のフィードバックシステムが導入された．

$$x_i[k+1] = x_i[k] - \varepsilon \sum_{j=1}^n a_{ij}(x_i[k] - x_j[k]) \quad (i = 1, 2, \cdots, n) \tag{5.61}$$

ここで，非負の実数 a_{ij} はグラフ G の隣接行列 $A = [a_{ij}] \in \mathbb{R}^{n \times n}$ の第 (i, j) 要素を表す．さらに，式 (3.60) では，各状態 x_i が式 (5.61) に従うとき，ベクトル $x = [x_1 \ x_2 \ \cdots \ x_n]^\top \in \mathbb{R}^n$ の発展は，ペロン行列 P を用いて

$$x[k+1] = Px[k] \tag{5.62}$$

と表現できることが示された．ここで，ペロン行列 P の第 (i, j) 要素を p_{ij} と表記すると，式 (5.61) は

$$x_i[k+1] = \sum_{j \in \mathcal{V}} p_{ij} x_j[k] \tag{5.63}$$

と書ける．また，グラフ G が連結な無向グラフであるとき，P は二重確率行列となる．

5.4.2 制約無し問題の場合

まず，制約が存在しない，つまり $\mathcal{X}_i = \mathbb{R}^N$ $(i = 1, 2, \cdots, n)$ の場合を考える．このとき，式 (5.59) の問題は以下の問題に書き換えられる．

$$\min_{\xi \in \mathbb{R}^N} \sum_{i \in \mathcal{V}} J_i(\xi) \tag{5.64}$$

エージェント i が他のエージェント $j \in \mathcal{V} \setminus \{i\}$ の関数 J_j を利用できるのであれば，5.2.1 項の議論から，入力

$$u_i[k] = -s[k] d_J(x_i[k]) = -s[k] \sum_{j \in \mathcal{V}} d_{J_j}(x_i[k]) \tag{5.65}$$

によって式 (5.64) の問題を解くことができる．しかしながら，エージェント i は J_j $(j \in \mathcal{V} \setminus \{i\})$ を利用することができないので，その劣勾配 d_{J_j} は利用できず，式 (5.65) をエージェント i の入力とすることはできない．

合意制御による分散最適化では，式 (5.65) 右辺の未知の項 $\sum_{j \in \mathcal{V} \setminus \{i\}} d_{J_j}(x_i[k])$ を式 (5.61) の右辺第 2 項で置き換える．つまり，以下の分散制御器 c_i によって入力 $u_i[k]$ を定める．なお，本項ではステップ幅は定数とする．つまり，ある正数 s に対して $s[k] = s$ $(k = 0, 1, \cdots)$ と選ぶ．

$$c_i(k, x_i, x_{j_1}, x_{j_2}, \cdots, x_{j_{n_i}}) := -\varepsilon \sum_{j \in \mathcal{N}_i} a_{ij}(x_i - x_j) - s d_{J_i}(x_i) \tag{5.66}$$

式 (5.66) の制御器は，J_j $(j \in \mathcal{V} \setminus \{i\})$ の情報を利用していない．

式 (5.66) の制御器を用いたとき，以下の定理が成り立つ．ここで，定理で用いる記号 $\hat{x}_i[k] \in \mathbb{R}^N$ $(i \in \mathcal{V}, k = 2, 3, \cdots)$ は，次式で定義される過去の

$x_i[0]$, $x_i[1]$, $\cdots$, $x_i[k-1]$ の平均である．

$$\hat{x}_i[k] := \frac{1}{k-1} \sum_{\tau=1}^{k-1} x_i[\tau] \quad (k = 2, 3, \cdots) \tag{5.67}$$

【定理 5.6】 関数 J_i $(i = 1, 2, \cdots, n)$ が凸関数である式 (5.64) の最適化問題を考える．ここで，$J^* > -\infty$ を仮定する．いま，式 (5.1) のダイナミクスを有するマルチエージェントシステムが，連結な無向グラフに対する式 (5.66) の分散制御器によって入力 u_i を定めるものとする．このとき，式 (5.60) の仮定のもとで，任意の $i \in \mathcal{V}$ に対して

$$\limsup_{k \to \infty} J(\hat{x}_i[k]) \leq J^* + \frac{sD^2C}{2} \tag{5.68}$$

が成立する．ここで

$$C := n\left\{1 + 8\left(2 + \frac{n\beta}{1-\beta}\right)\right\}, \quad \beta := 1 - \frac{\eta}{4n^2} \tag{5.69}$$

であり，η はペロン行列 P の非零の要素の最小値である．

証明 付録 A.2.7 参照． △

例 5.8 例 5.3 と類似の問題を考え，シミュレーションによって式 (5.66) の制御器がどのように最適化問題を解くかを示す．ただし，ここでは**図 5.2** とは異なり，40 台のカメラのうち，25 台のカメラ 1, 2, $\cdots$, 25 が対象物を視野内に捉える状況を考える．また，$\mathcal{X}_i = \mathbb{R}^2$ $(i = 1, 2, \cdots, 25)$ とする．計測値 y_i $(i = 1, 2, \cdots, 25)$ を平均 $[10 \ 2]^\top$，分散 I_2 の正規分布に従って生成し，また，初期状態 x_{i0} $(i = 1, 2, \cdots, 25)$ を x 座標，y 座標ともに 0 から 10 の範囲に一様分布に従って生成する．ペロン行列 P は $P = I_{40} - 0.1L$ と設定する．ここで，L は，頂点集合 $\mathcal{V} = \{1, 2, \cdots, n\}$，辺集合 $\mathcal{E} = \{(1,2), (2,3), \cdots, (n-1,n), (n,1), (1,n), (n,n-1), (n-1,n-2), \cdots, (2,1)\}$ を持つ閉路グラフのグラフラプラシアンである．

5.4 合意制御による分散最適化

ステップ幅を $s=0.2$, $s=0.02$ として式 (5.66) の制御器を適用したときの $J(\hat{x}_i[k])$ $(i=1,2,\cdots,n)$ の応答を,それぞれ図 **5.5** および図 **5.6** に示す。ここで,濃灰色は $i=1,2,\cdots,25$ の応答,薄灰色は $i=26,27,\cdots,40$ の応答を示す。また,破線は J^* の値を示す。図より,**定理 5.6** が示唆するとおり,$s=0.02$ に対する $J(\hat{x}_i[k])$ の軌道のほうが $s=0.2$ に対する軌道よりも最終的に J^* に近い値をとることが確認できる。

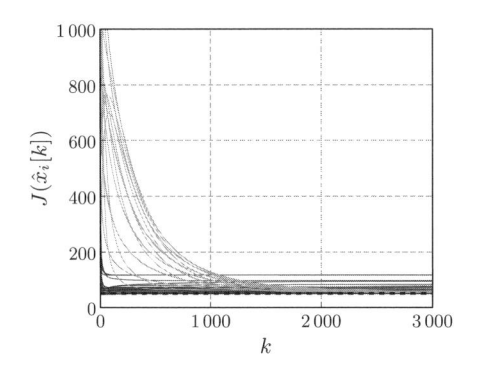

図 **5.5** $J(\hat{x}_i[k])$ の応答 ($s=0.2$)

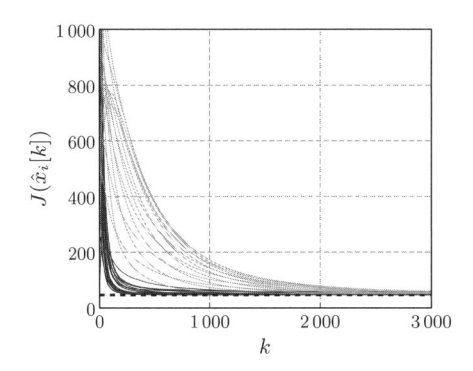

図 **5.6** $J(\hat{x}_i[k])$ の応答 ($s=0.02$)

5.4.3 制約付き問題の場合

本項では,式 (5.59) の制約付き問題を考え,分散制御器 $c_1, c_2, \cdots, c_n$ を次式で定める。

$$c_i(k, x_i, x_{j_1}, x_{j_2}, \cdots, x_{j_{n_i}})$$
$$:= P_{\mathcal{X}_i}\left(\sum_{j \in \mathcal{V}} p_{ij} x_j - s[k] d_{J_i}\left(\sum_{j \in \mathcal{V}} p_{ij} x_j\right)\right) - x_i \quad (5.70)$$

式 (5.70) の制御器は,J_j $(j \in \mathcal{V} \setminus \{i\})$ および $\mathcal{X}_j$ $(j \in \mathcal{V} \setminus \{i\})$ の情報を利用していない。注意すべきこととして,劣勾配 d_{J_i} が $x_i[k]$ ではなく,$\sum_{j \in \mathcal{V}} p_{ij} x_j[k]$ におけるものである点から,式 (5.70) は式 (5.66) に射影 $P_{\mathcal{X}_i}$ を施しただけのものとは異なる。

式 (5.70) に対して,以下の定理が成り立つ。

【定理 5.7】 関数 J_i $(i = 1, 2, \cdots, n)$ が凸関数であり,集合 $\mathcal{X}_i$ $(i = 1, 2, \cdots, n)$ が閉集合かつ凸集合である式 (5.59) の最適化問題を考える。ここで,$\mathcal{X}^* \neq \emptyset$ および $J^* > -\infty$ が満たされると仮定する。いま,式 (5.1) のダイナミクスを有するマルチエージェントシステムが,連結な無向グラフに対する式 (5.70) の分散制御器によって入力 u_i を定めると仮定する。また,ステップ幅 $s[k]$ は,式 (5.23) を満足するものとする。このとき,式 (5.60) の仮定のもとで,$\mathcal{X} = \mathcal{X}_i$ $(i = 1, 2, \cdots, n)$ であれば,ある $x^* \in \mathcal{X}^*$ が存在して,$B_i = I_N$ $(i = 1, 2, \cdots, n)$ に対する式 (5.5) を満足する。

証明 文献60) 参照。 △

ここで,前項の制約無し問題は,すべての $i \in \mathcal{V}$ に対して $\mathcal{X}_i = \mathbb{R}^N$ であることに注意する。**定理 5.6** は固定のステップ幅 s に対して偏差 $J(\hat{x}_i[k]) - J^*$ の大きさを評価したのに対し,**定理 5.7** は,式 (5.70) の分散制御器を用いれ

ば，式 (5.64) の制約無し問題に対して分散最適化問題を解くことができることを示している。

定理 5.7 の条件 $\mathcal{X} = \mathcal{X}_i$ $(i = 1, 2, \cdots, n)$ は必ずしも緩い仮定とはいえない。例えば，**例 5.3** で述べた集合 $\mathcal{X}_i$ はこの仮定を満足しない。文献60) では，これを仮定しない場合でも，グラフが完全グラフであれば，$B_i = I_N$ $(i = 1, 2, \cdots, n)$ に対する分散最適化問題が解けることを示しているが，これもやや厳しい仮定といえる。これに対して，文献61),62) では，5.3 節の考え方を併合することで条件の緩和に成功している。ただし，これらの結果は本書が意図するレベルを超えるため，詳細には立ち入らないこととする。興味のある読者は文献61),62) を参照されたい。

********** 演 習 問 題 **********

【1】 集合 $\mathcal{X} \subset \mathbb{R}^N$ を空でない閉集合かつ凸集合とする。このとき，任意の $\xi \in \mathbb{R}^N$ と $\xi' \in \mathbb{R}^N$ に対して次式が成立することを証明せよ。

$$\|P_{\mathcal{X}}(\xi) - P_{\mathcal{X}}(\xi')\| \leqq \|\xi - \xi'\| \tag{5.71}$$

（ヒント）凸集合 $\mathcal{X} \subset \mathbb{R}^N$ が与えられたとき，すべての $x \in \mathbb{R}^N$ に対して，あるベクトル $z \in \mathcal{X}$ が $z = P_{\mathcal{X}}(x)$ を満たすための必要十分条件は

$$(y - z)^\top (x - z) \leqq 0 \quad \forall y \in \mathcal{X} \tag{5.72}$$

である[57]。

【2】 定理 5.1 を証明せよ。

（ヒント）式 (5.18) によって生成される $x[0], x[1], x[2], \cdots$ は，任意の $x' \in \mathcal{X}$ と任意の $k \in \mathbb{N}$ に対して次式を満たす[57]。

$$\|x[k+1] - x'\|^2 \leqq \|x[k] - x'\|^2 + 2s[k](J(x') - J(x[k])) + s[k]^2 D^2 \tag{5.73}$$

【3】 式 (5.31) の問題の解の一つを x_μ^* と表記するとき，$g(x_{\bar{\mu}}^*)$ が式 (5.27) で定義される凹関数 $H(\mu)$ の $\mu = \bar{\mu}$ における劣勾配となることを証明せよ。

【4】 凸関数 $J_i(\xi)$ の和で定義される関数 $J(\xi) := \sum_{i=1}^{n} J_i(\xi)$ が凸関数であることを証明せよ．また，凸集合 $\mathcal{X}_i$ の積集合 $\mathcal{X} := \bigcap_{i=1}^{n} \mathcal{X}_i$ が凸集合であることを証明せよ．

【5】 連結な無向グラフ $G = (\mathcal{V}, \mathcal{E})$ を考える．グラフ G に対応するペロン行列を $P \in \mathbb{R}^{n \times n}$ と表記し，その 0 を除く要素の最小値を $\eta > 0$ とおく．さらに，$P^\top P (= P^2)$ の第 (i, j) 要素を w_{ij} と表記する．いま，集合 $\mathcal{V}$ を分割し，次式を満たす部分集合 $\mathcal{V}^+ \neq \emptyset$ と $\mathcal{V}^- \neq \emptyset$ を定義する．

$$\mathcal{V}^+ \cap \mathcal{V}^- = \emptyset, \quad \mathcal{V}^+ \cup \mathcal{V}^- = \mathcal{V} \tag{5.74}$$

このとき，任意の分割 $\mathcal{V}^+, \mathcal{V}^-$ に対して

$$\sum_{(i,j) \in \mathcal{V}^+ \times \mathcal{V}^-} w_{ij} \geqq \frac{\eta}{2} \tag{5.75}$$

が成立することを証明せよ．

付　　録

A.1　動的システムの安定性

A.1.1　リアプノフ安定性

つぎのシステムを考える。

$$\dot{x}(t) = f(x(t)), \quad x(0) = x_0 \tag{A.1}$$

ここで，$x(t) \in \mathbb{R}^n$ は状態，$f : \mathbb{R}^n \to \mathbb{R}^n$ は関数である。また，式 (A.1) には，任意の初期状態 $x_0 \in \mathbb{R}^n$ に対して大域的な一意解が存在するものと仮定する。さらに，$f(0) = 0$ とする†。

【定義 A.1】（安定性）　式 (A.1) のシステムの原点に対して，つぎの三つの安定性の概念を定義する。

(i) 任意の $\varepsilon > 0$ に対して，ある $\delta > 0$ が存在して，$\|x_0\| \leqq \delta$ であるような任意の初期状態 $x_0 \in \mathbb{R}^n$ に対して

$$\|x(t)\| \leqq \varepsilon \quad \forall t \geqq 0 \tag{A.2}$$

が成り立つとき，原点は**安定**（stable）であるという。

(ii) 原点が安定で，かつ，ある $\delta > 0$ が存在して，$\|x_0\| \leqq \delta$ であるような任意の初期状態 $x_0 \in \mathbb{R}^n$ に対して

$$\lim_{t \to \infty} x(t) = 0 \tag{A.3}$$

が成り立つとき，原点は**漸近安定**（asymptotically stable）であるという。

(iii) ある $\delta > 0$, $c > 0$, $\lambda > 0$ が存在して，$\|x_0\| \leqq \delta$ であるような任意の初期状態 $x_0 \in \mathbb{R}^n$ に対して

---

† これはシステムの平衡点が原点であることを仮定しており，もし他の x に対して $f(x) = 0$ となるならば，以下のリアプノフ安定性の議論において，「原点」を「システム (A.1) の平衡点」と読み替えていただきたい。

$$\|x(t)\| \leqq c\|x_0\|e^{-\lambda t} \quad \forall t \geqq 0 \tag{A.4}$$

が成り立つとき，原点は**指数安定**（exponentially stable）であるという．

上記のような安定性を調べる際に重要となる概念が，リアプノフ関数である．

【定義 A.2】（リアプノフ関数）　式 (A.1) のシステムを考える．このとき，C^1 級の実数値関数 $V : \mathbb{R}^n \to \mathbb{R}$ がつぎの二つを満たすとき，V を**リアプノフ関数**（Lyapunov function）と呼ぶ．

(i) 任意の非零の $x \in \mathbb{R}^n$ に対して，$V(x) > 0$ かつ $V(0) = 0$ が成り立つ．

(ii) 原点近傍の任意の初期状態 x_0 に対するシステムの軌道 $x(t)$ に沿った関数 V の値 $V(x(t))$ に対して

$$\frac{d}{dt}V(x(t)) < 0 \tag{A.5}$$

が，$x(t) \neq 0$ である任意の $t \geqq 0$ について成り立つ．

また，(i) とつぎに示す (iii) が成立するとき，V を**弱リアプノフ関数**（weak Lyapunov function）と呼ぶ．

(iii) 原点近傍の任意の初期状態 x_0 に対するシステムの軌道 $x(t)$ に沿った関数 V の値 $V(x(t))$ に対して

$$\frac{d}{dt}V(x(t)) \leqq 0 \tag{A.6}$$

が任意の $t \geqq 0$ について成り立つ．

このとき，**リアプノフの安定性定理**（Lyapunov theorem）が与えられる．

【定理 A.1】（リアプノフの安定性定理）　式 (A.1) のシステムの原点に対して，以下が成り立つ．

(i) 式 (A.1) のシステムに対する弱リアプノフ関数が存在するならば，原点は安定である．

(ii) 式 (A.1) のシステムに対するリアプノフ関数が存在するならば，原点は漸近安定である．

(iii) 式 (A.1) のシステムに対するリアプノフ関数が存在し，かつ，ある $\alpha > 0$ が存在して，システムの軌道 $x(t)$ に沿った V の値 $V(x(t))$ が

$$\frac{d}{dt}V(x(t)) \leqq -\alpha V(x(t)) \quad \forall t \geqq 0 \tag{A.7}$$

を満たすならば，原点は指数安定である．

A.1.2　ラサールの不変性原理

式 (A.1) のシステムに対し，集合 $\mathcal{B} \subseteq \mathbb{R}^n$ を考える．もし，任意の $x_0 \in \mathcal{B}$ に対し

$$x(t) \in \mathcal{B} \quad \forall t \in \mathbb{R}_+ \tag{A.8}$$

ならば，集合 $\mathcal{B}$ を**正の不変集合**（positively invariant set），もしくは簡単に，**不変集合**（invariant set）という．

例えば，式 (A.1) のシステムの平衡点の集合は不変集合である．また，このシステムにおいて，あるリアプノフ関数 $V : \mathbb{R}^n \to \mathbb{R}_+$ と正数 c が存在し，任意の $x \in \mathcal{L}_V(c) := \{x \in \mathbb{R}^n : V(x) \leqq c\}$ に対して $\dot{V}(x) < 0$ となるならば，レベル集合 $\mathcal{L}_V(c)$ も不変集合である．

式 (A.1) のシステムに対し，不変集合への収束性を保証するための十分条件が，以下の**ラサールの不変性原理**[50]（LaSalle's invariance principle）である．

【**定理 A.2**】（ラサールの不変性原理）　式 (A.1) のシステムに対し，有界閉集合 $\mathcal{X} \subseteq \mathbb{R}^n$ を考える．このとき，$\mathcal{X}$ が式 (A.1) の不変集合で，かつ，任意の $x \in \mathcal{X}$ に対し，$\dot{V}(x) \leqq 0$ となる連続微分可能な関数 $V : \mathbb{R}^n \to \mathbb{R}$ が存在すると仮定する．また，集合 $\{x \in \mathcal{X} : \dot{V}(x) = 0\}$ に含まれる最大の不変集合を $\mathcal{B}_V(c)$ で表す．このとき，任意の初期状態 $x_0 \in \mathcal{X}$ に対し，$x(t) \to \mathcal{B}_V(c)$ が成り立つ．

A.2　定理と補題の証明

A.2.1　定理 2.21 (i) の証明と (ii) の必要性の証明

(i) グラフ $G = (\mathcal{V}, \mathcal{E})$ が有向木であると仮定する．ただし，$\mathcal{V} = \{1, 2, \cdots, n\}$ である．このとき，有向木の定義から，木の深さによって頂点の番号を図 **A.1** のように付け直すことができる．ただし，図 **A.1** (b) の頂点の（ ）内の数字は，元の有向木 G の頂点番号を表す．G の隣接行列を $A = [a_{ij}] \in \mathbb{R}^{n \times n}$ とおくと，上の番号の付け方により，$i \leqq j$ ならば，$a_{ij} = 0$ となる．また，頂点 1 の入次数は 0，その他の入次数は 1 となる．すなわち，G の次数行列は $D = \mathrm{diag}(0, 1, \cdots, 1)$ となることがわかる．したがって，G のグラフラプラシアン $L = D - A$ は，対角要素が $0, 1, \cdots, 1$ の下三角行列となる．三角行列の固有値はその対角要素となるので，G が有向木ならば，L の固有値 0 は単純であることがわかる．

172　付　　　　　録

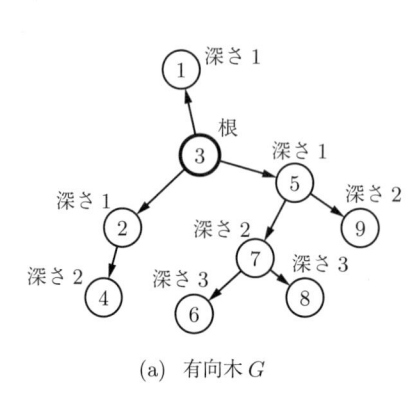

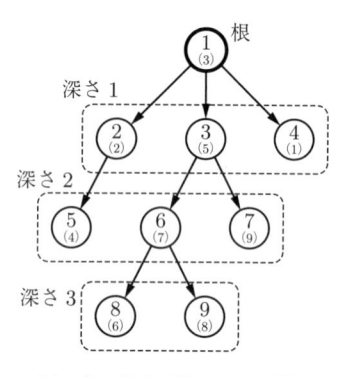

(a) 有向木 G

(b) 木の深さごとに G の頂点番号を付け直した有向木

図 **A.1**　有向木 G の頂点番号の付け直し

(ii) 必要性を示す．まず，固有値 0 が単純であるグラフラプラシアンに対応したグラフに，有向辺を 1 本付け加えたグラフのグラフラプラシアンの固有値 0 は単純であることを示す．

グラフ $G = (\mathcal{V}, \mathcal{E})$ のグラフラプラシアンを $L = [\ell_{ij}] \in \mathbb{R}^{n \times n}$ とおく．L の固有値 0 は単純であると仮定する．G の頂点 $m \in \mathcal{V}$ から別の頂点 $m' \in \mathcal{V}$ への有向辺を 1 本付け加えたグラフを $\bar{G} = (\mathcal{V}, \bar{\mathcal{E}})$ とおく．すなわち，$\bar{\mathcal{E}} = \mathcal{E} \cup \{(m, m')\}$ とする．ここで，一般性を失うことなく，$m \neq 1$ かつ $m' = 1$ と仮定する．グラフ $\bar{G}$ のグラフラプラシアンを $\bar{L} = [\bar{\ell}_{ij}]$ としたとき，$\bar{\ell}_{ij}$ は以下で与えられる．

$$\bar{\ell}_{ij} = \begin{cases} \ell_{11} + 1, & i = j = 1 \text{ のとき} \\ \ell_{1m} - 1, & i = 1, \ j = m \text{ のとき} \\ \ell_{ij}, & \text{それ以外のとき} \end{cases} \quad (\text{A.9})$$

まず，この行列 $\bar{L}$ の固有値 0 が単純であることを示す．行列 L および $\bar{L}$ に対して

$$R(s) := sI + L = [r_{ij}(s)], \quad \bar{R}(s) := sI + \bar{L} = [\bar{r}_{ij}(s)] \quad (\text{A.10})$$

とおくと，式 (A.9) より

$$\bar{r}_{ij}(s) = \begin{cases} s + \ell_{11} + 1 = r_{11}(s) + 1, & i = j = 1 \text{ のとき} \\ \ell_{1m} - 1 = r_{1m}(s) - 1, & i = 1, \ j = m \text{ のとき} \\ r_{ij}(s), & \text{それ以外のとき} \end{cases} \quad (\text{A.11})$$

となる．行列 $\bar{R}(s)$ の第 (i, j) 余因子を $\bar{\Delta}_{ij}(s)$ とおく．以下，表記の簡略化のため，(s) を省略する．$\bar{R}$ の行列式を計算すると，**定理 2.3** のラプラス展開および式 (A.11)

より

$$\begin{aligned}
\det(\bar{R}) &= \sum_{j=1}^{n} \bar{r}_{1j}\bar{\Delta}_{1j} \\
&= \bar{r}_{11}\bar{\Delta}_{11} + \bar{r}_{1m}\bar{\Delta}_{1m} + \sum_{j \in \mathcal{V}\setminus\{1,m\}} \bar{r}_{1j}\bar{\Delta}_{1j} \\
&= (r_{11}+1)\bar{\Delta}_{11} + (r_{1m}-1)\bar{\Delta}_{1m} + \sum_{j \in \mathcal{V}\setminus\{1,m\}} r_{1j}\bar{\Delta}_{1j} \\
&= \sum_{j=1}^{n} r_{1j}\bar{\Delta}_{1j} + (\bar{\Delta}_{11} - \bar{\Delta}_{1m})
\end{aligned} \tag{A.12}$$

が成り立つ．ここで，行列 R の第 (i,j) 余因子を Δ_{ij} とおくと，式 (A.11) より

$$\bar{\Delta}_{1j} = \Delta_{1j}, \quad j = 1, 2, \cdots, m \tag{A.13}$$

が成り立つ．これより

$$\det(\bar{R}) = \det(R) + (\Delta_{11} - \Delta_{1m}) \tag{A.14}$$

となることがわかる．いま，行列 R の第 $(1,1)$ 余因子 Δ_{11} と第 $(1,m)$ 余因子 Δ_{1m} はそれぞれ

$$\Delta_{11} = (-1)^{1+1} \det\left(\begin{bmatrix} r_{22} & \cdots & r_{2n} \\ \vdots & \ddots & \vdots \\ r_{n2} & \cdots & r_{nn} \end{bmatrix}\right) \tag{A.15}$$

$$\Delta_{1m} = (-1)^{1+m} \det\left(\begin{bmatrix} r_{21} & \cdots & r_{2(m-1)} & r_{2(m+1)} & \cdots & r_{2n} \\ \vdots & \ddots & \vdots & \vdots & \ddots & \vdots \\ r_{n1} & \cdots & r_{n(m-1)} & r_{n(m+1)} & \cdots & r_{nn} \end{bmatrix}\right) \tag{A.16}$$

となる．Δ_{1m} の行列式において，第 1 列目と第 2 列目を入れ替え，つぎに第 2 列目と第 3 列目を入れ替え，以下同様の操作を第 $m-2$ 列目と第 $m-1$ 列目の入れ替えまで，合計 $m-2$ 回入れ替えると，行列式の列に関する交代性より

$$\begin{aligned}
\Delta_{1m} = &(-1)^{1+m}(-1)^{m-2} \\
&\times \det\left(\begin{bmatrix} r_{22} & \cdots & r_{2(m-1)} & r_{21} & r_{2(m+1)} & \cdots & r_{2n} \\ \vdots & \ddots & \vdots & \vdots & \vdots & \ddots & \vdots \\ r_{n2} & \cdots & r_{n(m-1)} & r_{n1} & r_{n(m+1)} & \cdots & r_{nn} \end{bmatrix}\right)
\end{aligned}$$

$$
= -\det\left(\begin{bmatrix} r_{22} & \cdots & r_{2(m-1)} & r_{21} & r_{2(m+1)} & \cdots & r_{2n} \\ \vdots & \ddots & \vdots & \vdots & \vdots & \ddots & \vdots \\ r_{n2} & \cdots & r_{n(m-1)} & r_{n1} & r_{n(m+1)} & \cdots & r_{nn} \end{bmatrix}\right)
$$
(A.17)

となる.式 (A.15), (A.17), および行列式の列に関する線形性を用いれば

$$
\begin{aligned}
&\Delta_{11} - \Delta_{1m} \\
&= \det\left(\begin{bmatrix} r_{22} & \cdots & r_{2(m-1)} & r_{2m}+r_{21} & r_{2(m+1)} & \cdots & r_{2n} \\ \vdots & \ddots & \vdots & \vdots & \vdots & \ddots & \vdots \\ r_{n2} & \cdots & r_{n(m-1)} & r_{nm}+r_{n1} & r_{n(m+1)} & \cdots & r_{nn} \end{bmatrix}\right)
\end{aligned}
$$
(A.18)

となることがわかる.ここで

$$
\tilde{L} := \begin{bmatrix} \ell_{22} & \cdots & \ell_{2(m-1)} & \ell_{2m}+\ell_{21} & \ell_{2(m+1)} & \cdots & \ell_{2n} \\ \vdots & \ddots & \vdots & \vdots & \vdots & \ddots & \vdots \\ \ell_{n2} & \cdots & \ell_{n(m-1)} & \ell_{nm}+\ell_{n1} & \ell_{n(m+1)} & \cdots & \ell_{nn} \end{bmatrix}
$$
(A.19)

とおくと,式 (A.18) の右辺の行列式は $\det(sI+\tilde{L})$ に等しい.ただし,ℓ_{ij} はグラフラプラシアン L の第 (i,j) 要素である.すなわち

$$
\Delta_{11}(s) - \Delta_{1m}(s) = \det(sI+\tilde{L})
$$
(A.20)

が成り立つ.また,行列 $\tilde{L}=[\tilde{\ell}_{ij}]$ の第 i 行 $(i=1,2,\cdots,n-1)$ に関して,グラフラプラシアンの性質より

$$
\sum_{j=1}^{n-1} \tilde{\ell}_{ij} = \sum_{j=1}^{n} \ell_{(i+1)j} = 0
$$
(A.21)

が成り立つ.これより,行列 $\tilde{L}$ は固有値 0 を少なくとも一つ持つことがわかる.また,式 (A.21), およびグラフラプラシアンの非対角要素が非正であることより

$$
\tilde{\ell}_{ii} = -\sum_{j\in\mathcal{V}\setminus\{i,n\}} \tilde{\ell}_{ij} = \sum_{j\in\mathcal{V}\setminus\{i,n\}} |\tilde{\ell}_{ij}|
$$
(A.22)

が成り立つ.これを用いれば,**定理 2.10** より,$\tilde{L}$ の 0 以外の固有値は,すべて開右半平面に存在することがわかる.したがって,行列 $-\tilde{L}$ の 0 以外の固有値はすべて開左半平面に存在する.行列 $-\tilde{L}$ の特性多項式 $\tilde{p}(s) := \det(sI+\tilde{L})$ を考え

ると

$$\tilde{p}(s) = \alpha_n s^n + \alpha_{n-1} s^{n-1} + \cdots + \alpha_1 s + \alpha_0 \tag{A.23}$$

となる。ただし，一般性を失うことなく $\alpha_n > 0$ と仮定する。上の事実から，ある整数 $r \geqq 1$ が存在して

$$\begin{aligned}\tilde{p}(s) &= \alpha_n s^n + \alpha_{n-1} s^{n-1} + \cdots + \alpha_1 s + \alpha_0 \\ &= s^r (\alpha_n s^{n-r} + \alpha_{n-1} s^{n-r-1} + \cdots + \alpha_{r+1} s + \alpha_r)\end{aligned} \tag{A.24}$$

と書けることがわかる。$-\tilde{L}$ の 0 以外の固有値はすべて開左半平面に存在するので，ラウス・フルヴィッツの安定判別法を用いれば，α_r は正，すなわち

$$\alpha_r > 0 \tag{A.25}$$

でなければならない。

ここで，式 (A.20) を式 (A.14) に代入すると

$$\det(sI + \bar{L}) = \det(sI + L) + \det(sI + \tilde{L}) \tag{A.26}$$

が得られる。仮定より，L は固有値 0 を一つだけ持ち，その他の固有値はすべて開右半平面にあるので，ラウス・フルヴィッツの安定判別法により，行列 $-L$ の特性多項式 $\det(sI + L)$ の s の項の係数は，正となることがわかる。また，式 (A.25) より，多項式 $\det(sI + \tilde{L})$ の s の係数 α_1 は非負である。したがって，行列 $-\bar{L}$ の特性多項式 $\bar{p}(s) = \det(sI + \bar{L})$ の s の係数は正となることがわかる。**定理 2.19** (i) より，行列 $\bar{L}$ は固有値 0 を少なくとも一つ持ち，$-\bar{L}$ も同様である。したがって，特性多項式 $\bar{p}(s)$ は $s = 0$ にただ一つだけ根を持つことがわかる。これより，行列 $-\bar{L}$ の固有値 0 は単純であり，したがって，$\bar{L}$ の固有値 0 も単純であることがわかる。

以上より，固有値 0 が単純であるグラフラプラシアンを持つグラフに有向辺を 1 本付け加えたグラフのグラフラプラシアンの固有値 0 も単純であることがわかった。この事実と (i) の結果を使えば，帰納的に必要性を示すことができる。

G が全域木 T を持つと仮定する。このとき，G は全域木 T に辺を何本か付け加えたものとなる。全域木 T は有向木であるので，(i) より T のグラフラプラシアンの固有値 0 は単純である。この T に 1 本ずつ辺を加えることにより，G が構成できるので，上の事実を帰納的に用いれば，G のグラフラプラシアンの固有値 0 は単純であることがわかる。

A.2.2 定理 2.29 の必要性の証明

必要性を示すため，G が全域木を持たないことを仮定する．$\hat{P} = [\hat{p}_{ij}] = P^{n-1}$ とおく．定理 2.32 より，$\hat{P}$ はある重み付きグラフ $(G^{n-1}, \hat{\omega})$ の適当な正数 $\hat{\varepsilon} < 1/\hat{\Delta}$ に対するペロン行列である．ただし，$\hat{\Delta}$ はこの重み付きグラフの最大次数である．補題 2.1 (ii) より，G は G^{n-1} の全域部分グラフである．このことと，補題 2.6 より，$\hat{p}_{ij} = 0$ であれば，$p_{ij} = 0$ が成り立つ．したがって，P の代わりに $\hat{P}$ が式 (2.123) の構造を持っていることを示せばよい．ここで

$$\hat{p}_{j\ell}\hat{p}_{\ell i} > 0 \Rightarrow \hat{p}_{ji} > 0 \tag{A.27}$$

が成り立つことに注意されたい．なぜなら，補題 2.1 (iv) より，式 (A.27) は，始点 i と終点 ℓ の有向道および始点 ℓ と終点 j の有向道が存在すれば，始点 i と終点 j の有向道が存在するという自明な命題と等価であるためである．

$\hat{P}$ の中で最も多くの正の要素を持つ列を一つ選び，その列番号を $i_0 \in \mathcal{V}$ とする．ここで

$$\mathcal{V}' := \{i \in \mathcal{V} : \hat{p}_{ii_0} > 0\} \tag{A.28}$$

$$\mathcal{V}'' := \{i \in \mathcal{V} : \hat{p}_{i_0 i} > 0\} \tag{A.29}$$

と定義する．このとき，i_0 の定義より

$$|\mathcal{V}'| = \max_{j \in \mathcal{V}} |\{i \in \mathcal{V} : \hat{p}_{ij} > 0\}| \tag{A.30}$$

が成り立つ．なお，$\hat{P}$ の対角要素は正であるため，$\mathcal{V}'$ と $\mathcal{V}''$ は空集合ではない．これらの集合には，つぎのような関係がある．

$$\mathcal{V}' \neq \mathcal{V}, \quad \mathcal{V}'' \subseteq \mathcal{V}' \tag{A.31}$$

この二つの関係を示す．G は全域木を持たないという仮定から，定理 2.28 (iii) より，$\hat{P}$ にすべて正の要素を持つ列は存在しない．一つ目の関係は，このことから成り立つ．もし，二つ目の関係が成り立たなければ，$i_1 \in \mathcal{V}''$ かつ $i_1 \notin \mathcal{V}'$ なる i_1 が存在する．このとき，式 (A.29) より $\hat{p}_{i_0 i_1} > 0$ である．このことと式 (A.27) および式 (A.28) より，任意の $i \in \mathcal{V}'$ に対して $\hat{p}_{ii_1} > 0$ が成り立つ．したがって，$\hat{p}_{ii_1} > 0$ $(i \in \mathcal{V}' \cup \{i_1\})$ となるが，$i_1 \notin \mathcal{V}'$ より，これは式 (A.30) に反する．よって，二つ目の関係が成り立つ．

ここで，$\mathcal{V}$ の直和分解として，$\mathcal{V} = \mathcal{V}_1 \cup \mathcal{V}_2 \cup \mathcal{V}_3$ を考える．ただし，$\mathcal{V}_1 = \mathcal{V}''$，$\mathcal{V}_2 = \mathcal{V} \setminus \mathcal{V}'$，$\mathcal{V}_3 = \mathcal{V}' \setminus \mathcal{V}''$ である．適当な置換行列 Π によって，$\hat{P}$ の要素を $\mathcal{V}_1$，$\mathcal{V}_2$，$\mathcal{V}_3$ の順に並び替え

$$\Pi^\top \hat{P} \Pi = \begin{bmatrix} X_{11} & X_{12} & X_{13} \\ X_{21} & X_{22} & X_{23} \\ X_{31} & X_{32} & X_{33} \end{bmatrix} \tag{A.32}$$

と分割する．ただし，$n_1 = |\mathcal{V}_1|$, $n_2 = |\mathcal{V}_2|$, $n_3 = |\mathcal{V}_3|$ に対して，$X_{ij} \in \mathbb{R}^{n_i \times n_j}$ ($i, j = 1, 2, 3$) は非負行列である．式 (A.31) より $\mathcal{V}_1$ と $\mathcal{V}_2$ は空集合ではないため，n_1 と n_2 は正の整数である．以下では，$X_{12}, X_{13}, X_{21}, X_{23}$ の要素がすべて零であることを示す．これによって，$\hat{P}$ つまり P が式 (2.123) の構造を持つことを示すことができる．

準備のため，X_{11} と X_{31} の要素はすべて正であること，すなわち

$$\hat{p}_{ij} > 0, \quad i \in \mathcal{V}_1 \cup \mathcal{V}_3, \quad j \in \mathcal{V}_1 \tag{A.33}$$

が成り立つことを示す．式 (A.28) と式 (A.29) より，$\hat{p}_{ii_0} > 0$ ($i \in \mathcal{V}_1 \cup \mathcal{V}_3 = \mathcal{V}'$) および $\hat{p}_{i_0 j} > 0$ ($j \in \mathcal{V}_1 = \mathcal{V}''$) が成り立つ．これと式 (A.27) より式 (A.33) を得る．

まず，X_{12} と X_{13} の要素がすべて零であることを示す．そうでないことを仮定すると，$\hat{p}_{i_2 j_2} > 0$ なる $i_2 \in \mathcal{V}_1$ と $j_2 \in \mathcal{V}_2 \cup \mathcal{V}_3$ が存在することになる．このとき，$i_2 \in \mathcal{V}_1 = \mathcal{V}''$ であることと式 (A.29) から，$\hat{p}_{i_0 i_2} > 0$ が成り立つ．これらの二つの不等式と式 (A.27) より $\hat{p}_{i_0 j_2} > 0$ が成り立つため，式 (A.29) より $j_2 \in \mathcal{V}''$ が成り立つ．これは，$j_2 \in \mathcal{V}_2 \cup \mathcal{V}_3 = \mathcal{V} \setminus \mathcal{V}''$ であることに反する．

つぎに，X_{21} と X_{23} の要素がすべて零であることを示す．そうでないことを仮定すると，$\hat{p}_{i_3 j_3} > 0$ なる $i_3 \in \mathcal{V}_2$ と $j_3 \in \mathcal{V}_1 \cup \mathcal{V}_3$ が存在することになる．このとき，$j_3 \in \mathcal{V}_1 \cup \mathcal{V}_3 = \mathcal{V}'$ であることと式 (A.28) から，$\hat{p}_{j_3 i_0} > 0$ が成り立つ．これらの二つの不等式と式 (A.27) より $\hat{p}_{i_3 i_0} > 0$ が成り立つため，式 (A.28) より $i_3 \in \mathcal{V}'$ が成り立つ．これは，$i_3 \in \mathcal{V}_2 = \mathcal{V} \setminus \mathcal{V}'$ であることに反する．

式 (2.123) において P が正の対角要素を持つ確率行列であることから，X_{11} と X_{22} は正の対角要素を持つ確率行列であり，X_{31}, X_{32}, X_{33} は非負行列である．

A.2.3 定理 2.30 の証明

行列 P_1 は，付録 A.2.2 の**定理 2.29** の必要性の証明より，P_1^{n-1} の正の要素の位置に応じて置換行列 Π と自然数 n_1, n_2 が決まり，式 (2.125) の形に帰着する．一方，**定理 2.32** より，行列 P_1^{n-1} と P_2^{n-1} はある重み付き行列 $(G_1^{n-1}, \hat{\omega}_1)$ と $(G_2^{n-1}, \hat{\omega}_2)$ の適当な正数に対するペロン行列である．ここで，$G_1^{n-1} = G_2^{n-1}$ が仮定されているため，G_1^{n-1} と G_2^{n-1} の辺集合が等しい．これより，**補題 2.6** から，行列 P_1^{n-1} と P_2^{n-1} の正の要素の位置が等しい．したがって，行列 P_2 についても，P_1 と共通の Π, n_1, n_2 によって，式 (2.125) の形に帰着する．

A.2.4 定理 3.1 (iii) の証明

式 (3.36) を用いて式 (3.20) と式 (3.39) を比較すると，ベクトル $x(t)$ は

$$x_{\mathcal{A}}(t) = \frac{1}{n}(\mathbf{1}_n^\top x_0)\mathbf{1}_n, \quad x_{\mathcal{A}^\perp}(t) = \sum_{i=2}^n e^{-\lambda_i t}(p_i^\top x_0)p_i \tag{A.34}$$

の二つの成分に分解されることがわかる。これに対して三角不等式とコーシー・シュワルツの不等式および式 (3.35) を用いると

$$\|x_{\mathcal{A}^\perp}(t)\| = \left\|\sum_{i=2}^n e^{-\lambda_i t}(p_i^\top x_0)p_i\right\| \leqq \sum_{i=2}^n e^{-\lambda_i t}\|(p_i^\top x_0)p_i\|$$

$$\leqq \sum_{i=2}^n e^{-\lambda_i t}\|p_i\|^2\|x_0\| \leqq (n-1)\|x_0\|e^{-\bar{\lambda}t} \tag{A.35}$$

を得る。ただし，$\bar{\lambda} = \min_{i\in\{2,3,\cdots,n\}} \lambda_i$ を表す。ここで，システムが合意を達成するという仮定から，(i) より，L の固有値 $\lambda_1 = 0$ は単純であり，$\lambda_2, \lambda_3, \cdots, \lambda_n > 0$ が成り立つ。よって，$\bar{\lambda} > 0$ である。したがって，正数 $\beta = n-1$ および $\lambda = \bar{\lambda}$ に対して式 (3.21) を得る。以上より，指数合意が達成され，合意速度が $\bar{\lambda}$ 以上であることが示された。

つぎに，$\bar{\lambda}$ が合意速度であることを示す。ここで，$\ell \in \{2, 3, \cdots, n\}$ を，$\bar{\lambda} = \lambda_\ell$ を満たすようなものとする。初期状態を $x_0 = p_\ell$ とおくと，式 (3.35) と式 (A.34) より

$$\|x_{\mathcal{A}^\perp}(t)\| = \left\|\sum_{i=2}^n e^{-\lambda_i t}(p_i^\top p_\ell)p_i\right\| = e^{-\lambda_\ell t} = e^{-\bar{\lambda}t} \tag{A.36}$$

を得る。ここで，$\lambda > \bar{\lambda}$ に対しては，どのような正数 β に対しても $\beta e^{-\lambda t} < e^{-\bar{\lambda}t}$ なる時刻 $t \in \mathbb{R}_+$ が存在する。式 (A.36) より，このような時刻において

$$\|x_{\mathcal{A}^\perp}(t)\| > \beta e^{-\lambda t} \tag{A.37}$$

が成り立つ。したがって，$\lambda > \bar{\lambda}$ に対しては，どのように正数 β をとっても，式 (3.21) が成り立たない時刻 $t \in \mathbb{R}_+$ が存在する。これより，$\bar{\lambda}$ が合意速度であることが示された。

A.2.5 定理 3.2 (iii) の証明

定理 2.2 (v) を用いると，式 (3.18) と式 (3.47) から，つぎを得る。

$$x_{\mathcal{A}^\perp}(t) = \left(I - \frac{1}{n}\mathbf{1}_n\mathbf{1}_n^\top\right)x(t) = \left(I - \frac{1}{n}\mathbf{1}_n\mathbf{1}_n^\top\right)\sum_{i=2}^r e^{-\lambda_i t}M_i(t)x_0 \tag{A.38}$$

ここにある行列を $\Phi := (I - \mathbf{1}_n \mathbf{1}_n^\top/n)$ とすると，行列 $n\Phi$ は完全グラフのグラフラプラシアンであるため，**定理2.24** より，その固有値は 0 と n である．したがって，Φ の固有値は 0 と 1 である．また，Φ は対称行列であるため，**定理2.9** より，$\|\Phi\| = \rho(\Phi) = 1$ が成り立つ．このことと三角不等式および誘導ノルムの性質を用いると，式 (A.38) から

$$\begin{aligned}\|x_{\mathcal{A}^\perp}(t)\| &\leqq \|\Phi\| \sum_{i=2}^{r} |e^{-\lambda_i t}| \|M_i(t)\| \|x_0\| \\ &= \sum_{i=2}^{r} |e^{-\mathrm{Re}(\lambda_i)t} e^{-\mathrm{jIm}(\lambda_i)t}| \|M_i(t)\| \|x_0\| \\ &= \sum_{i=2}^{r} e^{-\mathrm{Re}(\lambda_i)t} \|M_i(t)\| \|x_0\| \end{aligned} \quad (A.39)$$

を得る．ここで，$\bar{\lambda} = \min_{i\in\{2,3,\cdots,n\}} \mathrm{Re}(\lambda_i)$ とおく．また，正数 $\varepsilon < \bar{\lambda}$ を任意にとる．このとき，任意の $i \in \{2,3,\cdots,n\}$ に対して $\mathrm{Re}(\lambda_i) - \bar{\lambda} + \varepsilon > 0$ が成り立つ．このことと $M_i(t)$ が多項式行列であることより，ある正数 β_i が存在し，任意の時刻 $t \in \mathbb{R}_+$ において

$$e^{-(\mathrm{Re}(\lambda_i) - \bar{\lambda} + \varepsilon)t} \|M_i(t)\| \leqq \beta_i \quad (A.40)$$

が成り立つ．式 (A.39) と式 (A.40) より

$$\|x_{\mathcal{A}^\perp}(t)\| \leqq \sum_{i=2}^{r} e^{-\mathrm{Re}(\lambda_i)t} \|M_i(t)\| \|x_0\| \leqq \sum_{i=2}^{r} \beta_i \|x_0\| e^{-(\bar{\lambda} - \varepsilon)t} \quad (A.41)$$

を得る．したがって，正数 $\beta = \sum_{i=2}^{r} \beta_i$ と $\lambda = \bar{\lambda} - \varepsilon$ に対して，式 (3.21) が成り立つため，システムは指数合意を達成する．

つぎに，**定理3.1** (iii) の証明と同様に，$\lambda > \bar{\lambda}$ に対しては，どのように正数 β をとっても，式 (3.21) が成り立たない時刻 $t \in \mathbb{R}_+$ が存在することが示される．また，上記は任意の正数 ε に対して成り立つため，式 (3.21) が成り立つような λ の上限は $\bar{\lambda}$ である．したがって，$\bar{\lambda}$ が合意速度である．

A.2.6 補題4.4の証明

証明にあたって，以下の補題を準備する．

【補題 A.1】 実数空間 $\mathbb{R}$ 上の開区間 (z_1, z_2) に対して，パラメータ $z \in (z_1, z_2)$ を有する凸多面体 $\mathcal{S}(z) \subset \mathbb{R}^2$ と関数 $g : \mathbb{R}^2 \times (z_1, z_2) \to \mathbb{R}$ を考える．このとき

- すべての $z \in (z_1, z_2)$ とほとんどすべての $q \in \mathcal{S}(z)$ に対して,$g(q,z)$ が z に関して連続微分可能であり†
- 任意に固定された $z \in (z_1, z_2)$ に対して,変数 q の関数 $g(q,z)$ とその偏微分 $\dfrac{\partial g}{\partial z}(q,z)$ が $\mathcal{S}(z)$ 上で可積分

ならば,任意の $z \in (z_1, z_2)$ に対して,関数 $\displaystyle\int_{\mathcal{S}(z)} g(q,z) dq$ は連続微分可能で

$$\frac{d}{dz} \int_{\mathcal{S}(z)} g(q,z) dq = \int_{\mathcal{S}(z)} \frac{\partial g}{\partial z}(q,z) dq + \int_{\mathrm{bd}(\mathcal{S}(z))} g(\gamma, z) \eta^\top(\gamma) \frac{\partial \gamma}{\partial z} d\gamma \tag{A.42}$$

が成り立つ.ここで,$\gamma : [0,1] \times (z_1, z_2) \to \mathbb{R}^2$,$\eta : \mathrm{bd}(\mathcal{S}(z)) \to \mathbb{R}^2$ であり,$\gamma(p,z)$ は集合 $\mathrm{bd}(\mathcal{S}(z))$ の媒介変数 $p \in [0,1]$ による表現,$\eta(q)$ は集合 $\mathrm{bd}(\mathcal{S}(z))$ に対する外向きの単位法線ベクトルのうち,点 q から始まるものである.

証明 文献54) を参照。 △

この補題は,変数 z の関数 $\displaystyle\int_{\mathcal{S}(z)} g(q,z) dq$ の微分を与えている.特に,被積分関数が z に依存しない場合,つまり,ある関数 $\tilde{g}(q)$ に対して $g(q,z) = \tilde{g}(q)$ となる場合は,式 (A.42) は

$$\frac{d}{dz} \int_{\mathcal{S}(z)} \tilde{g}(q) dq = \int_{\mathrm{bd}(\mathcal{S}(z))} \tilde{g}(\gamma) \eta^\top(\gamma) \frac{\partial \gamma}{\partial z} d\gamma \tag{A.43}$$

を意味することに注意する.

補題 A.1 を用いて,**補題 4.4** を証明しよう.

式 (4.4) と式 (4.17) から,任意の $x \in \mathbb{R}^{2n} \setminus \mathcal{O}$ に対して

$$\begin{aligned}\frac{\partial J}{\partial x_i}(x) &= \frac{\partial}{\partial x_i} \left(\sum_{j=1}^n \int_{\mathcal{C}_j(x)} h(\|q - x_j\|) \phi(q) dq \right) \\ &= \sum_{j=1}^n \frac{\partial}{\partial x_i} \int_{\mathcal{C}_j(x)} h(\|q - x_j\|) \phi(q) dq \end{aligned} \tag{A.44}$$

が得られる.ただし,x_i に対する偏微分を考えているため,この式では,式 (4.17) と異なり,総和記号のインデックスを j としている.ここで,$\mathcal{Q}$ は凸多面体なので,**補題 4.1** (iv) から,$\mathcal{C}_j(x)$ ($j = 1, 2, \cdots, n$) は凸多面体である.また,h は連続微分可能であり,ϕ は $\mathcal{Q}$ 上で可積分なので,関数 $h(\|q - x_j\|) \phi(q)$ は,任意の $(q, x_i) \in \mathbb{R}^2 \times \mathbb{R}^2$

---

† つまり,$g(q,z)$ が z に関して連続微分可能とならない $q \in \mathcal{S}(z)$ が存在するならば,そのような q の集合の測度は 0 である.

において，x_i に関して連続微分可能である（$i \neq j$ のとき，関数 $h(\|q - x_j\|)\phi(q)$ の x_i に関する微分は零になる）．さらに，任意に固定された $x_j \in \mathbb{R}^2$ に対して，関数 $h(\|q - x_j\|)\phi(q)$ とその偏微分（x_i に関する）は，$\mathcal{Q}$ に含まれる任意の凸多面体上で可積分である．したがって，$\int_{\mathcal{C}_j(x)} h(\|q - x_j\|)\phi(q)dq$ は $x_i \in \mathbb{R}^2$ に関して連続微分可能であり，**補題 A.1** を用いることができる．

そこで，$\mathrm{bd}(\mathcal{C}_j(x))$ の媒介変数表示を $\gamma_j(p, x_i)$ とし，式 (A.44) 右辺の各項に，式 (A.42) と式 (A.43) を要素ごとに適用すると

$$\sum_{j=1}^{n} \frac{\partial}{\partial x_i} \int_{\mathcal{C}_j(x)} h(\|q - x_j\|)\phi(q)dq$$

$$= \sum_{j=1}^{n} \left(\int_{\mathcal{C}_j(x)} \frac{\partial}{\partial x_i} h(\|q - x_j\|)\phi(q)dq \right.$$

$$\left. + \int_{\mathrm{bd}(\mathcal{C}_j(x))} h(\|\gamma_j - x_j\|)\phi(\gamma_j)\eta^\top(\gamma_j) \frac{\partial \gamma_j}{\partial x_i} d\gamma_j \right)$$

$$= \int_{\mathcal{C}_i(x)} \frac{\partial}{\partial x_i} h(\|q - x_i\|)\phi(q)dq$$

$$+ \sum_{j=1}^{n} \int_{\mathrm{bd}(\mathcal{C}_j(x))} h(\|\gamma_j - x_j\|)\phi(\gamma_j)\eta^\top(\gamma_j) \frac{\partial \gamma_j}{\partial x_i} d\gamma_j \quad (A.45)$$

となる．あとは，式 (A.45) の第 2 項が零になることを示せば，式 (4.18) が得られる．

以下では，これを示そう．ただし，表記の簡単のため，式 (A.45) の第 2 項を D_2 で表し，$\varphi(q, x_j) := h(\|q - x_j\|)\phi(q)$ とする．

$n = 1$ の場合は，つぎが得られる．

$$D_2 = \int_{\mathrm{bd}(\mathcal{C}_1(x))} \varphi(\gamma_1, x_1)\eta^\top(\gamma_1) \frac{\partial \gamma_1}{\partial x_1} d\gamma_1 \quad (A.46)$$

このとき，ボロノイ図の定義から $\mathcal{C}_1(x) = \mathcal{Q}$ なので，$\mathcal{C}_1(x)$ は x_1 に依存しない．一方で，γ_1 は $\mathrm{bd}(\mathcal{C}_1(x))$ の媒介変数表示である．したがって，$\frac{\partial \gamma_1}{\partial x_1} = 0$ となり，$D_2 = 0$ が示される．

つぎに $n \geqq 2$ の場合を考える．x_i を微小変化させたときには，n 個のボロノイ領域のうち，$\mathcal{C}_i(x)$ とそれに隣接する領域が変化する．つまり，ドロネーグラフ上で i に隣接する頂点の集合を $\mathcal{N}_i$ で表したとき，任意の $j \notin \{i\} \cup \mathcal{N}_i$ に対して，$\frac{\partial \gamma_j}{\partial x_i} = 0$ が成立する．よって

$$D_2 = \int_{\mathrm{bd}(\mathcal{C}_i(x))} \varphi(\gamma_i, x_i)\eta^\top(\gamma_i) \frac{\partial \gamma_i}{\partial x_i} d\gamma_i$$

$$+ \sum_{j \in \mathcal{N}_i} \int_{\mathrm{bd}(\mathcal{C}_j(x))} \varphi(\gamma_j, x_j) \eta^\top(\gamma_j) \frac{\partial \gamma_j}{\partial x_i} d\gamma_j \qquad (\mathrm{A.47})$$

となる．この右辺の第 1 項と第 2 項をそれぞれ D_{21}, D_{22} で表し，$\mathcal{F}_{ij} := \mathrm{bd}(\mathcal{C}_i(x)) \cap \mathrm{bd}(\mathcal{C}_j(x))$, $\mathcal{F}_{ji} := \mathrm{bd}(\mathcal{C}_j(x)) \cap \mathrm{bd}(\mathcal{C}_i(x))$ (つまり $\mathcal{F}_{ij} = \mathcal{F}_{ji}$) とすると

$$\begin{aligned} D_{21} &= \int_{\mathrm{bd}(\mathcal{C}_i(x)) \cap \mathrm{bd}(\mathcal{Q})} \varphi(\gamma_i, x_i) \eta_{i0}^\top(\gamma_i) \frac{\partial \gamma_i}{\partial x_i} d\gamma_i \\ &\quad + \sum_{j \in \mathcal{N}_i} \int_{\mathcal{F}_{ij}} \varphi(\gamma_i, x_i) \eta_{ij}^\top(\gamma_i) \frac{\partial \gamma_i}{\partial x_i} d\gamma_i \end{aligned} \qquad (\mathrm{A.48})$$

$$\begin{aligned} D_{22} &= \sum_{j \in \mathcal{N}_i} \int_{\mathrm{bd}(\mathcal{C}_j(x)) \setminus \mathcal{F}_{ji}} \varphi(\gamma_i, x_i) \eta_{j0}^\top(\gamma_j) \frac{\partial \gamma_j}{\partial x_i} d\gamma_j \\ &\quad + \sum_{j \in \mathcal{N}_i} \int_{\mathcal{F}_{ji}} \varphi(\gamma_j, x_j) \eta_{ji}^\top(\gamma_j) \frac{\partial \gamma_j}{\partial x_i} d\gamma_j \end{aligned} \qquad (\mathrm{A.49})$$

が得られる．ただし，$\eta_{i0}(\gamma_i)$ と $\eta_{ij}(\gamma_i)$ は，それぞれ $\mathrm{bd}(\mathcal{C}_i(x)) \cap \mathrm{bd}(\mathcal{Q})$，$\mathcal{F}_{ij}$ に対する点 γ_i における法線ベクトルであり，$\eta_{j0}(\gamma_j)$ と $\eta_{ji}(\gamma_j)$ は，それぞれ $\mathrm{bd}(\mathcal{C}_j(x)) \setminus \mathcal{F}_{ji}$，$\mathcal{F}_{ji}$ に対する点 γ_j における法線ベクトルである．ここで，$\eta_{ij}(\gamma_i) = -\eta_{ji}(\gamma_j)$，および，$\mathrm{bd}(\mathcal{Q})$ 上では $\frac{\partial \gamma_i}{\partial x_i} = 0$, $\mathrm{bd}(\mathcal{C}_j(x)) \setminus \mathcal{F}_{ji}$ 上では $\frac{\partial \gamma_j}{\partial x_i} = 0$ が成立する．また，$\mathcal{F}_{ij} = \mathcal{F}_{ji}$ なので，積分領域 $\mathcal{F}_{ji}$ 上の γ_j に関する積分は，$\mathcal{F}_{ij}$ 上の γ_i に関する積分に置き換えることができる．これに注意して，式 (A.48) と式 (A.49) を用いると

$$\begin{aligned} D_2 &= D_{21} + D_{22} \\ &= \sum_{j \in \mathcal{N}_i} \int_{\mathcal{F}_{ij}} \varphi(\gamma_i, x_i) \eta_{ij}^\top(\gamma_i) \frac{\partial \gamma_i}{\partial x_i} d\gamma_i + \sum_{j \in \mathcal{N}_i} \int_{\mathcal{F}_{ji}} \varphi(\gamma_j, x_j) \eta_{ji}^\top(\gamma_j) \frac{\partial \gamma_j}{\partial x_i} d\gamma_j \\ &= \sum_{j \in \mathcal{N}_i} \int_{\mathcal{F}_{ij}} (\varphi(\gamma_i, x_i) - \varphi(\gamma_j, x_j)) \eta_{ij}^\top(\gamma_i) \frac{\partial \gamma_i}{\partial x_i} d\gamma_i \end{aligned} \qquad (\mathrm{A.50})$$

となる．一方で，ボロノイ図の定義から，任意の $q \in \mathcal{F}_{ij}$ に対して，$h(\|q - x_i\|) = h(\|q - x_j\|)$ となるので，式 (A.50) の積分範囲において $\varphi(\gamma_i, x_i) = \varphi(\gamma_j, x_j)$ が成立する．これより，$D_2 = 0$ が得られる．

A.2.7 定理 5.6 の証明

定理の証明には，以下の補題を用いる．

【補題 A.2】 グラフ G が連結な無向グラフであれば，式 (5.62) 中のペロン行列 P は，任意の $i \in \mathcal{V}$, $j \in \mathcal{V}$, および任意の $k \in \mathbb{N}$ に対して，次式を満足する．

ただし，$\eta > 0$ は行列 P の 0 以外の要素の最小値である．

$$\left|[P^k]_{ij} - \frac{1}{n}\right| \leqq \beta^k, \quad \beta := 1 - \frac{\eta}{4n^2} \tag{A.51}$$

ここで，$[P^k]_{ij}$ は P^k の第 (i,j) 要素を表す．

証明 付録 A.2.8 参照． △

まず，$d_i[k] := d_{J_i}(x_i[k])$ なる表記を導入し，次式の漸化式によって生成される $y[0], y[1], y[2], \cdots$ を考える．

$$y[k+1] = y[k] - \frac{s}{n}\sum_{j \in \mathcal{V}} d_j[k], \quad y[0] = \alpha \tag{A.52}$$

ここで，α はすべてのエージェントの初期状態の平均値

$$\alpha := \frac{1}{n}\sum_{j \in \mathcal{V}} x_{j0} \tag{A.53}$$

である．漸化式 (A.52) を解くと

$$y[k] = \alpha - \frac{s}{n}\sum_{\tau=0}^{k-1}\sum_{j \in \mathcal{V}} d_j[\tau] = \frac{1}{n}\sum_{j \in \mathcal{V}} x_{j0} - \frac{s}{n}\sum_{\tau=0}^{k-1}\sum_{j \in \mathcal{V}} d_j[\tau] \tag{A.54}$$

を得る．また，y の時間に関する平均値を

$$\hat{y}[k] := \frac{1}{k-1}\sum_{\tau=1}^{k-1} y[\tau] \quad (k = 2, 3, \cdots) \tag{A.55}$$

と定義する．証明の手順は以下のとおりである．

(i) $J(\hat{y}[k])$ と J^* の近さを評価する
(ii) $J(\hat{x}_i[k])$ と $J(\hat{y}[k])$ の近さを評価する
(iii) (i), (ii) から，$J(\hat{x}_i[k])$ と J^* の近さを評価する

まず，ステップ (i) の準備として，$x_i[k]$ $(i \in \mathcal{V})$ と $y[k]$ の近さを評価する．いま，すべての $i \in \mathcal{V}$ に対して $y[k] = x_i[k]$ であれば，式 (A.52) は理想的な解の更新である式 (5.65) ($s[k] = s/n$ とする) と等価であるので，理想との違いの大きさを表す指標 $\|x_i[k] - y[k]\|$ を考える．いま，式 (5.1) のダイナミクスを有するエージェント $i \in \mathcal{V}$ が式 (5.66) の制御器によって入力 u_i を決定したとき，状態 x_i の発展は次式に従う．

$$x_i[k+1] = \sum_{j \in \mathcal{V}} p_{ij} x_j[k] - s d_i[k] \tag{A.56}$$

式 (A.56) の解 $x_i[k]$ ($k = 1, 2, \cdots$) は

$$x_i[k] = \sum_{j \in \mathcal{V}} [P^k]_{ij} x_{j0} - s \sum_{\tau=0}^{k-2} \sum_{j \in \mathcal{V}} [P^{k-\tau-1}]_{ij} d_j[\tau] - s d_i[k-1] \quad \text{(A.57)}$$

で与えられる。式 (A.54) および式 (A.57) から

$$x_i[k] - y[k] = \sum_{j \in \mathcal{V}} \left([P^k]_{ij} - \frac{1}{n} \right) x_{j0} - s \sum_{\tau=0}^{k-2} \sum_{j \in \mathcal{V}} \left([P^{k-\tau-1}]_{ij} - \frac{1}{n} \right) d_j[\tau]$$

$$- s d_i[k-1] + \frac{s}{n} \sum_{j \in \mathcal{V}} d_j[k-1] \quad \text{(A.58)}$$

となる。式 (5.60) より

$$\|x_i[k] - y[k]\| \leq \sum_{j \in \mathcal{V}} \left| [P^k]_{ij} - \frac{1}{n} \right| \|x_{j0}\|$$

$$+ sD \sum_{\tau=1}^{k-1} \sum_{j \in \mathcal{V}} \left| [P^\tau]_{ij} - \frac{1}{n} \right| + 2sD \quad \text{(A.59)}$$

が成立する。さらに，**補題 A.2** から

$$\|x_i[k] - y[k]\| \leq \sum_{j \in \mathcal{V}} \beta^k \|x_{j0}\| + sDn \sum_{\tau=1}^{k-1} \beta^\tau + 2sD \quad \text{(A.60)}$$

を得る。いま

$$\sum_{\tau=1}^{k-1} \beta^\tau = \frac{\beta - \beta^k}{1 - \beta} \leq \frac{\beta}{1 - \beta} \quad \text{(A.61)}$$

であるので，次式が成立する。

$$\|x_i[k] - y[k]\| \leq \beta^k \alpha' + sDC_1 \quad \text{(A.62)}$$

ここで

$$C_1 := 2 + \frac{n\beta}{1 - \beta} \quad \text{(A.63)}$$

および $\alpha' := \sum_{j \in \mathcal{V}} \|x_{j0}\|$ である。また，式 (A.61) および式 (A.62) から，次式を得る。

$$\sum_{\tau=1}^{k} \|x_i[\tau] - y[\tau]\| \leq \frac{\alpha' \beta}{1 - \beta} + skDC_1 \quad \text{(A.64)}$$

ステップ (i) に移る.まず,式 (A.52) より

$$\begin{aligned}\|y[k+1]-x^*\|^2 &= \|y[k]-x^*\|^2 + \frac{s^2}{n^2}\left\|\sum_{j\in\mathcal{V}}d_j[k]\right\|^2 \\ &\quad + 2\frac{s}{n}\sum_{i\in\mathcal{V}}d_i^\top[k](x^*-y[k]) \\ &\leqq \|y[k]-x^*\|^2 + s^2 D^2 \\ &\quad + 2\frac{s}{n}\sum_{i\in\mathcal{V}}d_i^\top[k](x^*-y[k])\end{aligned} \tag{A.65}$$

が成立する.いま,$d_i[k] = d_{J_i}(x_i[k])$ であるので,式 (5.15) の凸関数の劣勾配の定義および式 (5.60) から

$$\begin{aligned}d_i^\top[k](x^*-y[k]) &= d_i^\top[k](x^*-x_i[k]) + d_i^\top[k](x_i[k]-y[k]) \\ &\leqq J_i(x^*) - J_i(x_i[k]) + D\|x_i[k]-y[k]\| \\ &= J_i(x^*) - J_i(y[k]) + J_i(y[k]) - J_i(x_i[k]) \\ &\quad + D\|x_i[k]-y[k]\|\end{aligned} \tag{A.66}$$

が成り立つ.再度,式 (5.15) および式 (5.60) を用いると

$$\begin{aligned}J_i(y[k]) - J_i(x_i[k]) &\leqq d_{J_i}^\top(y[k])(y[k]-x_i[k]) \\ &\leqq D\|y[k]-x_i[k]\|\end{aligned} \tag{A.67}$$

となる.式 (A.66) と式 (A.67) から

$$d_i^\top[k](x^*-y[k]) \leqq J_i(x^*) - J_i(y[k]) + 2D\|x_i[k]-y[k]\| \tag{A.68}$$

が成立する.式 (A.65) 右辺の $d_i^\top[k](x^*-y[k])$ を式 (A.68) 右辺で置き換えると

$$\begin{aligned}\|y[k+1]-x^*\|^2 &\leqq \|y[k]-x^*\|^2 + s^2 D^2 \\ &\quad + 2\frac{s}{n}\sum_{i\in\mathcal{V}}(J_i(x^*) - J_i(y[k]) + 2D\|x_i[k]-y[k]\|) \\ &= \|y[k]-x^*\|^2 + s^2 D^2 + \frac{2s}{n}J^* \\ &\quad - \frac{2s}{n}J(y[k]) + \frac{4sD}{n}\sum_{i\in\mathcal{V}}\|x_i[k]-y[k]\|\end{aligned} \tag{A.69}$$

となる.さらに,式 (A.62) を用いると

$$\|y[k+1]-x^*\|^2 \leqq \|y[k]-x^*\|^2 + s^2 D^2 + \frac{2s}{n}J^*$$

$$-\frac{2s}{n}J(y[k]) + 4sD\alpha'\beta^k + 4s^2D^2C_1 \tag{A.70}$$

となり，式 (A.70) を整理し直すと，次式を得る．

$$J(y[k]) \leqq J^* + \frac{n}{2s}(\|y[k] - x^*\|^2 - \|y[k+1] - x^*\|^2)$$
$$+ 2nD\alpha'\beta^k + C_2 \tag{A.71}$$

ここで

$$C_2 := \frac{nsD^2(1 + 4C_1)}{2} \tag{A.72}$$

である．式 (A.71) を時刻 1 から k まで足し，全体を k で割ると，式 (A.61) より

$$\frac{1}{k}\sum_{\tau=1}^{k} J(y[\tau]) \leqq J^* + \frac{n}{2sk}(\|y[1] - x^*\|^2 - \|y[k+1] - x^*\|^2)$$
$$+ C_2 + \frac{2nD\alpha'\beta}{k(1-\beta)}$$
$$\leqq J^* + \frac{n}{2sk}\|y[1] - x^*\|^2 + C_3 \tag{A.73}$$

が成り立つ．ここで

$$C_3 := C_2 + \frac{2nD\alpha'\beta}{k(1-\beta)} \tag{A.74}$$

である．式 (A.52) および式 (5.60) より

$$\|y[1] - x^*\| \leqq \|y[0] - x^*\| + sD = \|\alpha - x^*\| + sD \tag{A.75}$$

となるので，次式が成立する．

$$\frac{1}{k}\sum_{\tau=1}^{k} J(y[\tau]) \leqq J^* + \frac{n}{2sk}(\|\alpha - x^*\| + sD)^2 + C_3 \tag{A.76}$$

さらに，J は凸関数であるので

$$J(\hat{y}[k+1]) = J\left(\frac{1}{k}\sum_{\tau=1}^{k} y[\tau]\right) = J\left(\frac{1}{k}y[k] + \frac{k-1}{k}\left(\frac{1}{k-1}\sum_{\tau=1}^{k-1} y[\tau]\right)\right)$$
$$\leqq \frac{1}{k}J(y[k]) + \frac{k-1}{k}J\left(\frac{1}{k-1}\sum_{\tau=1}^{k-1} y[\tau]\right)$$
$$\leqq \frac{1}{k}J(y[k]) + \frac{k-1}{k}\left(\frac{1}{k-1}J(y[k-1]) + \frac{k-2}{k-1}J\left(\frac{1}{k-2}\sum_{\tau=1}^{k-2} y[\tau]\right)\right)$$

$$= \frac{1}{k}J(y[k]) + \frac{1}{k}J(y[k-1]) + \frac{k-2}{k}J\left(\frac{1}{k-2}\sum_{\tau=1}^{k-2}y[\tau]\right)$$
$$\leqq \cdots \leqq \frac{1}{k}\sum_{\tau=1}^{k}J(y[\tau]) \tag{A.77}$$

である。よって

$$J(\hat{y}[k+1]) \leqq J^* + \frac{n}{2sk}(\|\alpha - x^*\| + sD)^2 + C_3 \tag{A.78}$$

となる。式 (A.78) は任意の $x^* \in \mathcal{X}^*$ で成り立つので

$$J(\hat{y}[k+1]) \leqq J^* + \frac{n}{2sk}\left(\min_{\xi \in \mathcal{X}^*}\|\xi - \alpha\| + sD\right)^2 + C_3 \tag{A.79}$$

が成立する。

つぎに，ステップ (ii) に移る。式 (5.15) の凸関数の劣勾配の定義より，J の $\hat{x}_i[k+1]$ における劣勾配に関して，次式を得る。

$$\begin{aligned}J(\hat{x}_i[k+1]) &\leqq J(\hat{y}[k+1]) \\ &+ \sum_{j \in \mathcal{V}} d_{J_j}^\top(\hat{x}_i[k+1])(\hat{x}_i[k+1] - \hat{y}[k+1])\end{aligned} \tag{A.80}$$

式 (5.67), (A.55), (5.60) より，式 (A.80) は

$$J(\hat{x}_i[k+1]) \leqq J(\hat{y}[k+1]) + \frac{2nD}{k}\sum_{\tau=1}^{k}\|x_i[\tau] - y[\tau]\| \tag{A.81}$$

となる。さらに，式 (A.64) より次式が成立する。

$$J(\hat{x}_i[k+1]) \leqq J(\hat{y}[k+1]) + \frac{2nD\alpha'\beta}{k(1-\beta)} + 2nsD^2C_1 \tag{A.82}$$

最後に，ステップ (iii) として，式 (A.82) 右辺の $J(\hat{y}[k+1])$ を式 (A.79) の右辺で置き換えると

$$\begin{aligned}J(\hat{x}_i[k+1]) &\leqq J^* + \frac{n}{2sk}\left(\min_{\xi \in \mathcal{X}^*}\|\xi - \alpha\| + sD\right)^2 \\ &+ C_3 + \frac{2nD\alpha'\beta}{k(1-\beta)} + 2nsD^2C_1\end{aligned} \tag{A.83}$$

を得る。ここで

$$C_3 = C_2 + \frac{2nD\alpha'\beta}{k(1-\beta)} = \frac{nsD^2(1+4C_1)}{2} + \frac{2nD\alpha'\beta}{k(1-\beta)} \tag{A.84}$$

であるので

$$C_3 + \frac{2nD\alpha'\beta}{k(1-\beta)} + 2nsD^2C_1 = \frac{nsD^2}{2}(1+8C_1) + \frac{4nD\alpha'\beta}{k(1-\beta)} \tag{A.85}$$

が成り立つ．式 (A.85) を式 (A.83) に代入すると

$$\begin{aligned}
J(\hat{x}_i[k+1]) &\leq J^* + \frac{n}{2sk}\left(\min_{\xi \in \mathcal{X}^*}\|\xi - \alpha\| + sD\right)^2 \\
&\quad + \frac{nsD^2}{2}(1+8C_1) + \frac{4nD\alpha'\beta}{k(1-\beta)} \\
&= J^* + \frac{n}{2sk}\left(\min_{\xi \in \mathcal{X}^*}\|\xi - \alpha\| + sD\right)^2 \\
&\quad + \frac{nsD^2}{2}\left\{1 + 8\left(2 + \frac{n\beta}{1-\beta}\right)\right\} \\
&\quad + \frac{4nD\beta}{k(1-\beta)}\left(\sum_{j \in \mathcal{V}}\|x_{j0}\|\right)
\end{aligned} \tag{A.86}$$

を得る．よって，任意の $i \in \mathcal{V}$ および $k \geqq 1$ に対して

$$\begin{aligned}
J(\hat{x}_i[k+1]) &\leq J^* + \frac{sD^2C}{2} + \frac{4nD\beta}{k(1-\beta)}\sum_{j \in \mathcal{V}}\|x_{j0}\| \\
&\quad + \frac{n}{2sk}\left(\min_{\xi \in \mathcal{X}^*}\|\xi - \alpha\| + sD\right)^2
\end{aligned} \tag{A.87}$$

が成立する．最後に，式 (A.87) の $k \to \infty$ の極限を考えることで，式 (5.68) が得られる．

A.2.8 補題 A.2 の証明

補題 **A.2** 中のペロン行列 $P \in \mathbb{R}^{n \times n}$ を用いた次式の漸化式を考える．

$$x[k+1] = Px[k], \quad x[0] = x_0 \tag{A.88}$$

ここで，$x[k] \in \mathbb{R}^n$ である．また，ベクトル x_0 のすべての要素の平均値を

$$\alpha := \frac{1}{n}\mathbf{1}_n^\top x_0 \tag{A.89}$$

と定義する．さらに，平均値 α と $x[k]$ の各要素 $x_i[k]$ ($i = 1, 2, \cdots, n$) の距離を評価する関数

$$U(x[k]) := \sum_{i=1}^n \|x_i[k] - \alpha\|^2 = \|x[k] - \alpha\mathbf{1}_n\|^2 \tag{A.90}$$

A.2 定理と補題の証明

を定義する。なお，P は二重確率行列であるため

$$P\mathbf{1}_n = \mathbf{1}_n, \ \mathbf{1}_n^\top P = \mathbf{1}_n^\top \tag{A.91}$$

が成り立つことに注意する。

準備として，以下の補題を証明する。

【補題 A.3】 任意の二重確率行列 $P \in \mathbb{R}^{n \times n}$ およびベクトル $x \in \mathbb{R}^n$ に対して，次式が成立する。

$$U(Px) = U(x) - \sum_{i=1}^{n}\sum_{j=1}^{i-1} w_{ij}(x_i - x_j)^2 \tag{A.92}$$

ここで，w_{ij} は $P^\top P$ の第 (i,j) 要素を表し，$x_i \ (i=1,2,\cdots,n)$ は x の第 i 要素を表す。

証明 まず，$U(x) - U(Px)$ を計算すると，次式を得る。

$$\begin{aligned} U(x) - U(Px) &= (x - \alpha\mathbf{1}_n)^\top (x - \alpha\mathbf{1}_n) \\ &\quad -(Px - \alpha\mathbf{1}_n)^\top (Px - \alpha\mathbf{1}_n) \end{aligned} \tag{A.93}$$

いま，式 (A.91) より，$\alpha\mathbf{1}_n = \alpha P\mathbf{1}_n$ が成立するので，式 (A.93) は次式で書き換えられる。

$$\begin{aligned} U(x) - U(Px) &= (x - \alpha\mathbf{1}_n)^\top (x - \alpha\mathbf{1}_n) - (Px - \alpha P\mathbf{1}_n)^\top (Px - \alpha P\mathbf{1}_n) \\ &= (x - \alpha\mathbf{1}_n)^\top (x - \alpha\mathbf{1}_n) - (x - \alpha\mathbf{1}_n)^\top P^\top P (x - \alpha\mathbf{1}_n) \\ &= (x - \alpha\mathbf{1}_n)^\top (I_n - P^\top P)(x - \alpha\mathbf{1}_n) \end{aligned} \tag{A.94}$$

ここで，第 i 要素のみを 1 とし，その他の要素を 0 とするベクトル $e_i \in \mathbb{R}^n$ を用いると

$$\begin{aligned} P^\top P &= \sum_{i=1}^{n}\sum_{j=1}^{n} w_{ij} e_i e_j^\top \\ &= \sum_{i=1}^{n} w_{ii} e_i e_i^\top + \sum_{i=1}^{n}\sum_{j \in \{1,2,\cdots,n\}\setminus\{i\}} w_{ij} e_i e_j^\top \end{aligned} \tag{A.95}$$

となる。明らかに，$P^\top P$ は二重確率行列であるので，すべての $i=1,2,\cdots,n$ に対して

$$w_{ii} = 1 - \sum_{j \in \{1,2,\cdots,n\} \setminus \{i\}} w_{ij} \tag{A.96}$$

が成立する。式 (A.96) を式 (A.95) に代入すると

$$P^\top P = \sum_{i=1}^{n} e_i e_i^\top - \sum_{i=1}^{n} \sum_{j \in \{1,2,\cdots,n\} \setminus \{i\}} w_{ij} e_i e_i^\top$$
$$+ \sum_{i=1}^{n} \sum_{j \in \{1,2,\cdots,n\} \setminus \{i\}} w_{ij} e_i e_j^\top \tag{A.97}$$

を得る。また，$P^\top P$ は対称行列であるので，すべての $i, j \in \{1, 2, \cdots, n\}$ に対して $w_{ij} = w_{ji}$ であることに注意して，式 (A.97) の右辺第 2 項と第 3 項を係数 w_{ij}（$j < i$）に注目してくくり出すと

$$P^\top P = \sum_{i=1}^{n} e_i e_i^\top - \sum_{i=1}^{n} \sum_{j=1}^{i-1} w_{ij}(e_i e_i^\top - e_i e_j^\top - e_j e_i^\top + e_j e_j^\top)$$
$$= I_n - \sum_{i=1}^{n} \sum_{j=1}^{i-1} w_{ij}(e_i - e_j)(e_i - e_j)^\top \tag{A.98}$$

となる。式 (A.98) を式 (A.94) に代入すると

$$U(x) - U(Px)$$
$$= \sum_{i=1}^{n} \sum_{j=1}^{i-1} w_{ij}(x - \alpha \mathbf{1}_n)^\top (e_i - e_j)(e_i - e_j)^\top (x - \alpha \mathbf{1}_n) \tag{A.99}$$

が成り立つ。いま，$(e_i - e_j)^\top \alpha \mathbf{1}_n = \alpha - \alpha = 0$ であるので

$$U(x) - U(Px) = \sum_{i=1}^{n} \sum_{j=1}^{i-1} w_{ij} x^\top (e_i - e_j)(e_i - e_j)^\top x$$
$$= \sum_{i=1}^{n} \sum_{j=1}^{i-1} w_{ij} \|x_i - x_j\|^2 \tag{A.100}$$

が成立する。よって，題意が示される。　　　　　　　　　　　　　△

補題 **A.3** より，式 (A.88) によって生成される $x[0], x[1], x[2], \cdots$ は，次式を満足する。

$$U(x[k]) - U(x[k+1]) = \sum_{i=1}^{n} \sum_{j=1}^{i-1} w_{ij}(x_i[k] - x_j[k])^2 \tag{A.101}$$

A.2 定理と補題の証明

ここで，2章で定義されたように，確率行列 P は非負行列であるので，$P^\top P$ の要素である w_{ij} $(i=1,2,\cdots,n,\ j=1,2,\cdots,n)$ は非負である。いま，$x_1[k], x_2[k], \cdots, x_n[k]$ を大きい順に並び替えたものを $z_1, z_2, \cdots, z_n$ $(z_l \geqq z_{l+1}\ \forall l \in \{1,2,\cdots,n-1\})$ と表記し，$\tilde{z}_l = z_l - z_{l+1} \geqq 0$ とおく。このとき，任意の組 i, j にはインデックス l_i および l_j が存在して，$x_i[k] = z_{l_i}$，$x_j[k] = z_{l_j}$ がそれぞれ成り立つ。ここで，$l_i < l_j$ であれば

$$(x_i[k] - x_j[k])^2 = (z_{l_i} - z_{l_j})^2 = (\tilde{z}_{l_i} + \tilde{z}_{l_i+1} + \cdots + \tilde{z}_{l_j-1})^2$$
$$\geqq \tilde{z}_{l_i}^2 + \tilde{z}_{l_i+1}^2 + \cdots + \tilde{z}_{l_j-1}^2 \qquad (A.102)$$

が成立する。最後の不等式は条件 $\tilde{z}_l \geqq 0$ から導かれる。同様に，$l_i > l_j$ であれば，次式が成り立つ。

$$(x_i[k] - x_j[k])^2 \geqq \tilde{z}_{l_j}^2 + \tilde{z}_{l_j+1}^2 + \cdots + \tilde{z}_{l_i-1}^2 \qquad (A.103)$$

いずれにせよ，式 (A.101) 右辺の各項 $(x_i[k] - x_j[k])^2$ は，整数 l_i と l_j に挟まれるインデックス l に対する $\tilde{z}_l^2$ の総和によって，下から抑えられる。いま

$$\mathcal{D}_{ij} := \begin{cases} [l_i, l_j-1], & l_i < l_j \text{ のとき} \\ [l_j, l_i-1], & l_i > l_j \text{ のとき} \end{cases} \qquad (A.104)$$

を定義すると

$$(x_i[k] - x_j[k])^2 \geqq \sum_{l \in \mathcal{D}_{ij}} \tilde{z}_l^2 \qquad (A.105)$$

となる。よって，式 (A.105) を式 (A.101) に代入すると，次式を得る。

$$U(x[k]) - U(x[k+1]) \geqq \sum_{i=1}^{n} \sum_{j=1}^{i-1} w_{ij} \sum_{l \in \mathcal{D}_{ij}} \tilde{z}_l^2 \qquad (A.106)$$

式 (A.106) 右辺における項 $\tilde{z}_l^2$ の係数は，$l \in \mathcal{D}_{ij}$ となるすべての組 (i,j) に対する w_{ij} の総和である。そこで

$$\tilde{\mathcal{E}}_l = \{(i,j)|\ l \in \mathcal{D}_{ij}\} \qquad (A.107)$$

とおくと，式 (A.106) は次式で書き換えられる。

$$U(x[k]) - U(x[k+1]) \geqq \sum_{l=1}^{n-1} \left(\sum_{(i,j) \in \tilde{\mathcal{E}}_l} w_{ij} \right) \tilde{z}_l^2 \qquad (A.108)$$

ここで，集合 $\mathcal{V}_l^- := \{1, 2, \cdots, l\}$ および $\mathcal{V}_l^+ := \{l+1, l+2, \cdots, n\}$ を定義すると，

集合 $\tilde{\mathcal{E}}_l$ は

$$\tilde{\mathcal{E}}_l = \{(i,j)| \ i \in \mathcal{V}_l^-, j \in \mathcal{V}_l^+\} \tag{A.109}$$

を満足する。よって

$$\sum_{(i,j)\in \tilde{\mathcal{E}}_l} w_{ij} \geqq \frac{\eta}{2} \tag{A.110}$$

が成り立つ（5 章の**演習問題【5】**）。以上より，式 (A.108) は

$$U(x[k]) - U(x[k+1]) \geqq \frac{\eta}{2} \sum_{l=1}^{n-1} \tilde{z}_l^2 \tag{A.111}$$

と書き換えられる。

さて，式 (A.111) の両辺を $U(x[k])$ で割ると

$$\begin{aligned}
\frac{U(x[k]) - U(x[k+1])}{U(x[k])} &\geqq \frac{\eta}{2} \frac{\displaystyle\sum_{l=1}^{n-1}(z_l - z_{l+1})^2}{\displaystyle\sum_{i=1}^{n}(x_i[k] - \alpha)^2} \\
&= \frac{\eta}{2} \frac{\displaystyle\sum_{l=1}^{n-1}(z_l - z_{l+1})^2}{\displaystyle\sum_{l=1}^{n}(z_l - \alpha)^2}
\end{aligned} \tag{A.112}$$

となる。すべての l に対して，$\bar{z}_l = z_l - \alpha$ とおくと，式 (A.112) は

$$\frac{U(x[k]) - U(x[k+1])}{U(x[k])} \geqq \frac{\eta}{2} \frac{\displaystyle\sum_{l=1}^{n-1}(\bar{z}_l - \bar{z}_{l+1})^2}{\displaystyle\sum_{l=1}^{n}\bar{z}_l^2} \tag{A.113}$$

と表現できる。いま，行列 P は二重確率行列であるので，任意の $k \in \mathbb{N}$ に対して $\sum_{i=1}^{n} x_i[k] = n\alpha$ である。さらに，$\{z_l\}$ は $\{x_i[k]\}$ を並び替えただけのものであるので，その総和はやはり $n\alpha$ である。すなわち

$$\sum_{l=1}^{n} \bar{z}_l = 0 \tag{A.114}$$

が成立する。式 (A.113) 右辺の値は，各項 $\bar{z}_l$ をスカラー倍しても不変であることに注

意すると，一般性を失うことなく

$$\sum_{l=1}^{n}\bar{z}_l^2 = 1 \tag{A.115}$$

を仮定できる．このとき，式 (A.113) は次式となる．

$$\frac{U(x[k]) - U(x[k+1])}{U(x[k])} \geqq \frac{\eta}{2}\sum_{l=1}^{n-1}(\bar{z}_l - \bar{z}_{l+1})^2$$
$$\geqq \frac{\eta}{2}\min_{\sum_{l=1}^{n}\bar{z}_l = 0,\ \sum_{l=1}^{n}\bar{z}_l^2 = 1}\sum_{l=1}^{n-1}\tilde{z}_l^2 \tag{A.116}$$

ここで，$\tilde{z}_l = z_l - z_{l+1} = \bar{z}_l - \bar{z}_{l+1} \geqq 0$ である．

いま，$\bar{z}_1, \bar{z}_2, \cdots, \bar{z}_n$ は大きいものから順に整列しているので，式 (A.114) から，以下の二つの条件が成り立つ．

$$\bar{z}_1 \geqq 0, \quad \bar{z}_n \leqq 0 \tag{A.117}$$

また，式 (A.115) から，$\bar{z}_1^2$ は $\{\bar{z}_l^2\}_{l=1}^n$ の平均値 $1/n$ よりも大きい．すなわち

$$\bar{z}_1 \geqq \frac{1}{\sqrt{n}} \tag{A.118}$$

が成立する．式 (A.117) と式 (A.118) より

$$\sum_{l=1}^{n-1}\tilde{z}_l = \bar{z}_1 - \bar{z}_n \geqq \frac{1}{\sqrt{n}} \tag{A.119}$$

となる．よって，式 (A.116) は

$$\frac{U(x[k]) - U(x[k+1])}{U(x[k])} \geqq \frac{\eta}{2}\min_{\tilde{z}_l \geqq 0,\ \sum_{l=1}^{n-1}\tilde{z}_l \geqq \frac{1}{\sqrt{n}}}\sum_{l=1}^{n-1}\tilde{z}_l^2 \tag{A.120}$$

と書き換えられる．ここで，式 (A.120) 右辺の最小化問題は $\tilde{z}_l$ がすべて同じ値を持つ，すなわち

$$\tilde{z}_l = \frac{1}{(n-1)\sqrt{n}} \quad \forall l \tag{A.121}$$

のとき最小値

$$\sum_{l=1}^{n-1}\tilde{z}_l^2 = \frac{1}{n(n-1)} \tag{A.122}$$

をとる。よって，式 (A.120) は次式と等価である。

$$\frac{U(x[k]) - U(x[k+1])}{U(x[k])} \geqq \frac{\eta}{2n(n-1)} \tag{A.123}$$

さらに変形すると，次式を得る。

$$U(x[k+1]) \leqq \left(1 - \frac{\eta}{2n(n-1)}\right) U(x[k]) \leqq \left(1 - \frac{\eta}{2n^2}\right) U(x[k]) \tag{A.124}$$

式 (A.124) が任意の $k \in \mathbb{N}$ に対して成り立つことに注意すると

$$U(x[k]) \leqq \left(1 - \frac{\eta}{2n^2}\right)^k U(x_0) \tag{A.125}$$

が成立する。さらに，式 (A.125) は任意の $x_0 \in \mathbb{R}^n$ に対して成り立つ。そこで，$x_0 = e_i$ とする。このとき

$$U(x_0) = \frac{n-1}{n^2} + \frac{(n-1)^2}{n^2} = \frac{n-1}{n} \leqq 1 \tag{A.126}$$

である。また

$$x[k] = P^k x_0 = P^k e_i = \begin{bmatrix} [P^k]_{1i} \\ \vdots \\ [P^k]_{ni} \end{bmatrix} \tag{A.127}$$

となる。式 (A.126) と式 (A.127) を式 (A.125) に代入すると，次式を得る。

$$U(x[k]) = \sum_{j=1}^{n} \left([P^k]_{ji} - \frac{1}{n}\right)^2 \leqq \left(1 - \frac{\eta}{2n^2}\right)^k \tag{A.128}$$

すなわち，任意の j に対して

$$\left([P^k]_{ji} - \frac{1}{n}\right)^2 \leqq \left(1 - \frac{\eta}{2n^2}\right)^k \tag{A.129}$$

が成り立つ。さらに，式 (A.129) は初期状態 $x_0 = e_i$ の i にはよらないため，これは任意の i に対して成立する。よって

$$1 - \frac{\eta}{2n^2} \leqq 1 - \frac{\eta}{2n^2} + \left(\frac{\eta}{4n^2}\right)^2 = \left(1 - \frac{\eta}{4n^2}\right)^2 \tag{A.130}$$

なる関係を用いれば，任意の i, j に対して

$$\left|[P^k]_{ji} - \frac{1}{n}\right| \leqq \left(1 - \frac{\eta}{4n^2}\right)^k \tag{A.131}$$

を得る。よって，式 (A.51) が示される。

□□□□□□□□□ 引用・参考文献 □□□□□□□□□

1) 東，永原：マルチエージェントシステムの制御――導入と準備，システム/制御/情報, 57-5, pp. 207–210 (2013)
2) 石井：マルチエージェントシステムの制御――I 総論，システム/制御/情報, 57-5, pp. 211–218 (2013)
3) 林，永原：マルチエージェントシステムの制御――II 代数的グラフ理論，システム/制御/情報, 57-7, pp. 283–292 (2013)
4) 桜間：マルチエージェントシステムの制御――III 合意制御 (1)，システム/制御/情報, 57-9, pp. 386–396 (2013)
5) 桜間：マルチエージェントシステムの制御――IV 合意制御 (2)，システム/制御/情報, 57-11, pp. 470–479 (2013)
6) 東：マルチエージェントシステムの制御――V 被覆制御，システム/制御/情報, 58-1, pp. 36–44 (2014)
7) 畑中：マルチエージェントシステムの制御――VI 分散最適化，システム/制御/情報, 58-3, pp. 124–131 (2014)
8) 早川：マルチエージェントシステムの制御――VII 非線形結合力学系の同期，システム/制御/情報, 58-5, pp. 199–206 (2014)
9) ミニ特集「協調とフォーメーションの制御理論」，計測と制御, 46-11 (2007)
10) P. J. Antsaklis and J. Baillieul (Guest Editors): Special Issue on the Technology of Networked Control Systems, *Proceedings of the IEEE*, 95-1 (2007)
11) F. Bullo, J. Cortés, and S. Martínez: *Distributed Control of Robotic Networks*, Applied Mathematics Series, Princeton University Press (2009)
12) M. Mesbahi and M. Egerstedt: *Graph Theoretic Methods in Multiagent Networks*, Princeton University Press (2010)
13) C. W. Reynolds: Flocks, herds and schools: A distributed behavioral model, *ACM SIGGRAPH Computer Graphics*, 21-4, pp. 25–34 (1987)
    著者のホームページ, `http://www.red3d.com/cwr/boids/`（2015 年 7 月現在）
14) N. M. Freris, S. R. Graham, and P. R. Kumar: Fundamental limits on synchronizing clocks over networks, *IEEE Transactions on Automatic Control*,

56-6, pp. 1352–1364 (2011)
15) 中須賀：宇宙機のフォーメーションフライト, システム/制御/情報, 45-10, pp. 574–579 (2001)
16) 磯部：天文学を変えた新技術, 朝倉書店 (1990)
17) NASA Jet Propulsion Laboratory: Terrestrial Planet Finder Interferometer Site, http://exep.jpl.nasa.gov/TPF-I/tpf-I_index.cfm (2015年7月現在)
18) NASA Jet Propulsion Laboratory: Mars Science Laboratory Site, http://mars.jpl.nasa.gov/msl (2015年7月現在)
19) B. A. Francis: *Distributed Control of Autonomous Mobile Robots*, ECE1635 Course Notes, University of Toronto (2007)
20) S. Tonetti, M. Hehn, S. Lupashin, and R. D'Andrea: Distributed control of antenna array with formation of UAVs, *Proceedings of 18th IFAC World Congress*, pp. 7848–7853 (2011)
21) 安藤, 田村, 戸辺, 南 (編著)：センサネットワーク技術——ユビキタス情報環境の構築に向けて, 東京電機大学出版局 (2005)
22) L. Schenato and F. Fiorentin: Average TimeSynch: A consensus-based protocol for clock synchronization in wireless sensor networks, *Automatica*, 47-9, pp. 1878–1886 (2011)
23) 特集「ネットワーク化制御の新展開」, 計測と制御, 47-8 (2008)
24) 日本ロボット学会 (編)：新版 ロボット工学ハンドブック, コロナ社 (2005)
25) 科学技術振興機構 (JST) CREST 研究領域「分散協調型エネルギー管理システム構築のための理論及び基盤技術の創出と融合展開」(研究総括：藤田政之) (2012)
26) 特集「グリーンイノベーションと制御理論」, 計測と制御, 51-1 (2012)
27) F. Dörfler and F. Bullo: Synchronization and transient stability in power networks and non-uniform Kuramoto oscillators, *SIAM Journal on Control and Optimization*, 50-3, pp. 1616–1642 (2012)
28) 蔵本：リズム現象の世界, 東京大学出版会 (2005)
29) F. Pasqualetti, R. Carli, and F. Bullo: Distributed estimation via iterative projections with application to power network monitoring, *Automatica*, 48-5, pp. 747–758 (2012)
30) 亀田, 山下：分散アルゴリズム, 近代科学社 (1994)
31) A. N. Langville and C. D. Meyer (岩野, 黒川, 黒川 訳)：Google PageRank の数理：最強検索エンジンのランキング手法を求めて, 共立出版 (2009)

32) H. Ishii and R. Tempo: Distributed randomized algorithms for the PageRank computation, *IEEE Transactions on Automatic Control*, 55-9, pp. 1987–2002 (2010)
33) 石井，テンポ：PageRank 計算に対する分散型確率アルゴリズム，計測と制御，50-11，pp. 975–980 (2011)
34) 青山，相馬，藤原（編著）：ネットワーク科学への招待（数理科学 別冊），サイエンス社 (2008)
35) 増田：私たちはどうつながっているのか（中公新書），中央公論新社 (2007)
36) R. A. Horn and C. R. Johnson: *Matrix Analysis*, Cambridge University Press (1985)
37) 児玉，須田：システム制御のためのマトリクス理論，コロナ社 (1978)
38) 太田：システム制御のための数学 (1) —— 線形代数編，コロナ社 (2000)
39) 笠原：新微分方程式対話 [新版]，日本評論社 (1995)
40) 笠原：線型代数と固有値問題（改訂増補版），現代数学社 (2005)
41) 竹中：線形代数的グラフ理論，培風館 (1989)
42) J. S. Caughman and J. J. P. Veerman: Kernels of directed graph Laplacians, *The Electronic Journal of Combinatorics*, 13-R39, pp. 1–8 (2006)
43) A. E. Brouwer and W. H. Haemers: *Spectra of Graphs*, Springer (2012)
44) D. Bauso, L. Giarré, and R. Pesenti: Non-linear protocols for optimal distributed consensus in networks of dynamic agents, *Systems & Control Letters*, 55-11, pp. 918–928 (2006)
45) J. Cortés: Distributed algorithms for reaching consensus on general functions, *Automatica*, 44-3, pp. 726–737 (2008)
46) R. Olfati-Saber, J. A. Fax, and R. M. Murray: Consensus and cooperation in networked multi-agent systems, *Proceedings of the IEEE*, 95-1, pp. 215–233 (2007)
47) W. Ren and R. Beard: *Distributed Consensus in Multi-Vehicle Cooperative Control: Theory and Applications*, Springer (2008)
48) W. Ren and Y. Cao: *Distributed Coordination of Multi-agent Networks*, Springer (2010)
49) J. Wolfowitz: Products of indecomposable, aperiodic, stochastic matrices, *Proceedings of the American Mathematical Society*, 14-5, pp. 733–737 (1963)
50) H. K. Khalil: *Nonlinear Systems (third edition)*, Prentice Hall (2002)

51) 杉浦：解析入門 I，東京大学出版会 (1980)
52) S. Martínez, J. Cortés, and F. Bullo: Motion coordination with distributed information, *IEEE Control Systems Magazine*, 27-4, pp. 75–88 (2007)
53) K. Sakurama, S. Azuma, and T. Sugie: Distributed controllers for multi-agent coordination via gradient-flow approach, *IEEE Transactions on Automatic Control*, 60-6 (2015)
54) J. Cortés, S. Martínez, and F. Bullo: Spatially-distributed coverage optimization and control with limited-range interactions, *ESAIM: Control, Optimisation and Calculus of Variations*, 11-4, pp. 691–719 (2005)
55) J. R. Marden, G. Arslan, and J. S. Shamma: Cooperative control and potential games, *IEEE Transactions on Systems, Man and Cybernetics*, 39-6, pp. 1393–1407 (2009)
56) 畑中，藤田：システム科学技術のための分散協調最適化とポテンシャルゲーム，計測と制御，51-1, pp. 49–54 (2012)
57) D. P. Bertsekas, A. Nedić, and A. Ozdaglar: *Convex Analysis and Optimization*, Athena Scientific (2003)
58) 福島：非線形最適化の基礎，朝倉書店 (2001)
59) S. Boyd and L. Vandenberghe: *Convex Optimization*, Cambridge University Press (2004)
60) A. Nedić, A. Ozdaglar, and P. A. Parrilo: Constrained consensus and optimization in multi-agent networks, *IEEE Transactions on Automatic Control*, 55-4, pp. 922–938 (2010)
61) M. Zhu and S. Martínez: On distributed convex optimization under inequality and equality constraints, *IEEE Transactions on Automatic Control*, 57-1, pp. 151–164 (2012)
62) T. Chang, A. Nedić, and A. Scaglione: Distributed constrained optimization by consensus-based primal-dual perturbation method, *IEEE Transactions on Automatic Control*, 59-6, pp. 1524–1538 (2014)
63) F. Xiao and L. Wang: Consensus problems for high-dimensional multi-agent systems, *IET Control Theory & Applications*, 1-3, pp. 830–837 (2007)
64) ロビンソン：力学系〈上〉，シュプリンガー (2001)

◻◻◻◻◻◻◻◻◻ 演習問題の解答 ◻◻◻◻◻◻◻◻◻

2 章

【1】(1) 解図 2.1 参照。

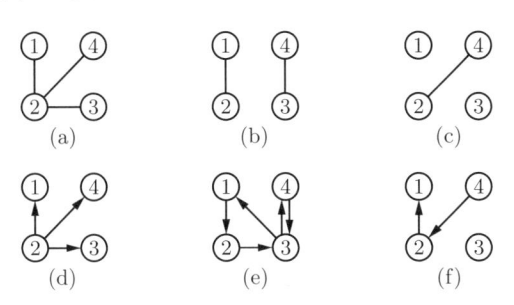

解図 2.1

(2) 固有ベクトルの例として，つぎがある：(a) $\mathbf{1}_4$，(b) $\mathbf{1}_4$，$[1\ 1\ 0\ 0]^\top$，(c) $\mathbf{1}_4$，$[1\ 0\ 0\ 0]^\top$，$[0\ 0\ 1\ 0]^\top$，(d) $\mathbf{1}_4$，(e) $\mathbf{1}_4$，(f) $\mathbf{1}_4$，$[0\ 0\ 1\ 0]^\top$。左固有ベクトルの例として，つぎがある：(a) $\mathbf{1}_4^\top$，(b) $\mathbf{1}_4^\top$，$[1\ 1\ 0\ 0]$，(c) $\mathbf{1}_4^\top$，$[1\ 0\ 0\ 0]$，$[0\ 0\ 1\ 0]$，(d) $[0\ 1\ 0\ 0]$，(e) $\mathbf{1}_4^\top$，(f) $[0\ 0\ 1\ 0]$，$[0\ 0\ 0\ 1]$。

(3) **定理 2.25**，**定理 2.26** より，有向グラフのうち，平衡グラフは (e)，全域木を含み任意の全域木の根が同じ頂点となるものは (d) である。

【2】式 (2.90) および $a_{ij} \geqq 0$ であることに注意すると，グラフラプラシアン $L = [\ell_{ij}] \in \mathbb{R}^{n \times n}$ の対角要素は，非対角要素の絶対値の和となる。すなわち，任意の $i = 1, 2, \cdots, n$ に対して

$$\ell_{ii} = \sum_{j \in \mathcal{V} \setminus \{i\}} |\ell_{ij}| \leqq \Delta \tag{a.1}$$

が成り立つ。これと**定理 2.10** より，L のすべての固有値が円板 $\mathcal{R}_L$ 上に存在することが示される。

【3】(1) 無向グラフのグラフラプラシアンは実対称行列なので，**定理 2.11** より，グラフラプラシアンの固有値はすべて実数である。また，**定理 2.19** (i)，(iii) より，グラフラプラシアンの固有値はすべて非負である。したがって，

定理 2.12 より，グラフラプラシアンは半正定値であることがいえる。

(2) G は無向グラフなので，$x^\top L x$ を計算すると，つぎのようになる。

$$x^\top L x = [x_1\ x_2\ \cdots\ x_n] \begin{bmatrix} \sum_{j=1}^{n} a_{1j} & -a_{12} & \cdots & -a_{1n} \\ -a_{21} & \sum_{j=1}^{n} a_{2j} & \ddots & \vdots \\ \vdots & \ddots & \ddots & -a_{(n-1)n} \\ -a_{n1} & \cdots & -a_{n(n-1)} & \sum_{j=1}^{n} a_{nj} \end{bmatrix} \begin{bmatrix} x_1 \\ x_2 \\ \vdots \\ x_n \end{bmatrix}$$

$$= [x_1\ x_2\ \cdots\ x_n] \begin{bmatrix} \sum_{j=1}^{n} a_{1j}(x_1 - x_j) \\ \sum_{j=1}^{n} a_{2j}(x_2 - x_j) \\ \vdots \\ \sum_{j=1}^{n} a_{nj}(x_n - x_j) \end{bmatrix}$$

$$= \sum_{i=1}^{n} x_i \sum_{j=1}^{n} a_{ij}(x_i - x_j)$$

$$= \sum_{i=1}^{n} \sum_{j=1}^{n} a_{ij} x_i (x_i - x_j) \tag{a.2}$$

また，G は無向グラフなので，任意の $i \in \mathcal{V}$ と任意の $j \in \mathcal{V}$ に対して $a_{ij} = a_{ji}$ が成り立つ。このことと式 (a.2) より

$$x^\top L x = \sum_{i=1}^{n} \sum_{j=1}^{n} a_{ij} x_i (x_i - x_j)$$

$$= \sum_{i=1}^{n} \sum_{j=1}^{n} a_{ji} x_i (x_i - x_j)$$

$$= -\sum_{i=1}^{n} \sum_{j=1}^{n} a_{ji} x_i (x_j - x_i) \tag{a.3}$$

となる。

式 (a.2) と式 (a.3) より，つぎが成り立つ。

$$2 x^\top L x = x^\top L x + x^\top L x$$

$$= \sum_{i=1}^n \sum_{j=1}^n a_{ij} x_i (x_i - x_j) - \sum_{i=1}^n \sum_{j=1}^n a_{ji} x_i (x_j - x_i)$$

$$= \sum_{i=1}^n \sum_{j=1}^n a_{ij} x_i (x_i - x_j) - \sum_{i=1}^n \sum_{j=1}^n a_{ij} x_j (x_i - x_j)$$

$$= \sum_{i=1}^n \sum_{j=1}^n a_{ij} (x_i - x_j)^2 \tag{a.4}$$

ただし,式 (a.4) の右辺第 1 式から第 2 式(1 行目から 2 行目)への変形には,第 1 項に式 (a.2) の関係を,第 2 項に式 (a.3) の関係を用いた.また,第 3 式は,第 2 式の第 2 項の添え字 i と j を入れ替えることで得られる.

式 (a.4) は任意の $x \in \mathbb{R}^n$ に対して成り立つので

$$x^\top L x = \frac{1}{2} \sum_{i=1}^n \sum_{j=1}^n a_{ij} (x_i - x_j)^2 \geqq 0 \quad \forall x \in \mathbb{R}^n \tag{a.5}$$

が成り立つ.したがって,2.1.1 項の半正定値の定義より,無向グラフのグラフラプラシアンは半正定値であることが示される.

【4】(1) 式 (2.89) のグラフラプラシアンの定義から,L_1, L_2, L_3, L_4 はそれぞれつぎのようになる.

$$L_1 = \begin{bmatrix} 1 & -1 & 0 \\ -1 & 2 & -1 \\ 0 & -1 & 1 \end{bmatrix}, L_2 = \begin{bmatrix} 1 & -1 & 0 \\ -1 & 1 & 0 \\ 0 & 0 & 0 \end{bmatrix},$$

$$L_3 = \begin{bmatrix} 0 & 0 & 0 \\ -1 & 1 & 0 \\ 0 & -1 & 1 \end{bmatrix}, L_4 = \begin{bmatrix} 0 & 0 & 0 \\ -1 & 2 & -1 \\ 0 & 0 & 0 \end{bmatrix} \tag{a.6}$$

(2) $\mathrm{rank}(L_1) = \mathrm{rank}(L_3) = 2$, $\mathrm{rank}(L_2) = \mathrm{rank}(L_4) = 1$ となる.よって,**定理 2.19** (v) より,L_1 と L_3 の固有値 0 は単純であるが,L_2 と L_4 の固有値 0 は単純ではない.

(3) **補題 2.2** より,L_1, L_2, L_3, L_4 の固有値の存在範囲 $\mathcal{R}_{L_1}, \mathcal{R}_{L_2}, \mathcal{R}_{L_3}, \mathcal{R}_{L_4}$ はつぎのようになる(**解図 2.2**).

$$\mathcal{R}_{L_1} = \mathcal{R}_{L_4} = \{z \in \mathbb{C} : |z - 2| \leqq 2\} \tag{a.7}$$

$$\mathcal{R}_{L_2} = \mathcal{R}_{L_3} = \{z \in \mathbb{C} : |z - 1| \leqq 1\} \tag{a.8}$$

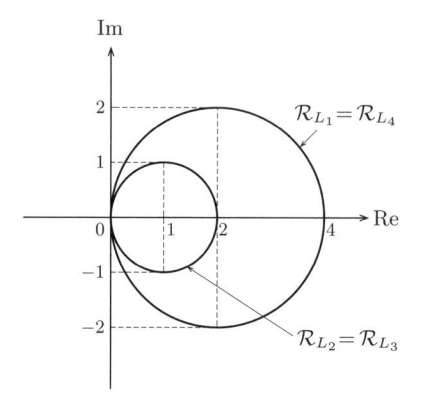

(4) L_1 の特性多項式は

$$\det(sI - L_1) = \det\left(\begin{bmatrix} s-1 & 1 & 0 \\ 1 & s-2 & 1 \\ 0 & 1 & s-1 \end{bmatrix}\right)$$
$$= s(s-1)(s-3) \tag{a.9}$$

となる。よって，L_1 の固有値は $0, 1, 3$ である。同様に，L_2 の固有値は $0, 0, 2$，L_3 の固有値は $0, 1, 1$，L_4 の固有値は $0, 0, 2$ となる。これらの固有値は，それぞれ (3) で求めた存在範囲の中にあることがわかる。

(5) 式 (2.113) のペロン行列の定義から，P_1, P_2, P_3, P_4 はそれぞれつぎのようになる。

$$P_1 = \frac{1}{4}\begin{bmatrix} 3 & 1 & 0 \\ 1 & 2 & 1 \\ 0 & 1 & 3 \end{bmatrix}, \quad P_2 = \frac{1}{4}\begin{bmatrix} 3 & 1 & 0 \\ 1 & 3 & 0 \\ 0 & 0 & 4 \end{bmatrix},$$
$$P_3 = \frac{1}{4}\begin{bmatrix} 4 & 0 & 0 \\ 1 & 3 & 0 \\ 0 & 1 & 3 \end{bmatrix}, \quad P_4 = \frac{1}{4}\begin{bmatrix} 4 & 0 & 0 \\ 1 & 2 & 1 \\ 0 & 0 & 4 \end{bmatrix} \tag{a.10}$$

(6) **補題 2.3** を用いると，(4) より，P_1 の固有値は $1, 0.75, 0.25$ となる。同様に，P_2 の固有値は $1, 1, 0.50$，P_3 の固有値は $1, 0.75, 0.75$，P_4 の固有値は $1, 1, 0.50$ となる。

[5] 式 (2.113) より

$$\Pi L \Pi^\top = \frac{1}{\varepsilon}\Pi(I_n - P)\Pi^\top = \frac{1}{\varepsilon}(I_n - \Pi P \Pi^\top) \qquad \text{(a.11)}$$

を得る。ただし，置換行列の性質である $\Pi\Pi^\top = I_n$ を利用した。したがって，$\Pi L \Pi^\top$ と $\Pi P \Pi^\top$ の零要素の位置は，対角要素を除き等しい。

ここで，**定理 2.29** より，X_{11} と X_{12} は確率行列なので

$$X_{11}\mathbf{1}_{n_1} = \mathbf{1}_{n_1} \qquad \text{(a.12)}$$

$$X_{12}\mathbf{1}_{n_2} = \mathbf{1}_{n_2} \qquad \text{(a.13)}$$

が成り立つ。また，式 (2.97), (2.123), (a.11) より

$$Z_{11} = \frac{1}{\varepsilon}(I_{n_1} - X_{11}) \qquad \text{(a.14)}$$

$$Z_{12} = \frac{1}{\varepsilon}(I_{n_2} - X_{12}) \qquad \text{(a.15)}$$

となる。よって，つぎが成り立つ。

$$Z_{11}\mathbf{1}_{n_1} = \frac{1}{\varepsilon}(I_{n_1} - X_{11})\mathbf{1}_{n_1} = 0 \qquad \text{(a.16)}$$

$$Z_{12}\mathbf{1}_{n_2} = \frac{1}{\varepsilon}(I_{n_2} - X_{12})\mathbf{1}_{n_2} = 0 \qquad \text{(a.17)}$$

さらに，X_{11} は確率行列なので，X_{11} の対角要素は 1 以下の値をとり，非対角要素は非負である。X_{12} に関しても同様である。したがって，Z_{11} と Z_{12} はいずれも対角要素が非負，かつ非対角要素が非正の行列となる。このことと**補題 2.5** より，Z_{11} と Z_{12} は G の部分グラフのグラフラプラシアンとなる。

[6] (1) G が連結の場合，すなわち，G が連結成分をただ一つ持ち，$k=1$ となる場合，**定理 2.22** より，G のグラフラプラシアン $L \in \mathbb{R}^{n \times n}$ の固有値 0 は単純である。よって，**定理 2.19** (v) より $\mathrm{rank}(L) = n-1$ となる。

G が連結成分を $k \ (\geqq 2)$ 個持つ場合，G の頂点番号を適当に付け直すことで，L はおのおのの連結成分に対応して k 個のブロックを持つブロック対角行列とすることができる。これら k 個のブロックは，おのおのの連結成分のグラフのグラフラプラシアンである。よって，G が連結の場合の議論をおのおののブロック対角行列に適用すると，$\mathrm{rank}(L) = n-k$ となることが示される。

(2) G のグラフラプラシアン L は，つぎのようになる．

$$L = \begin{bmatrix} 1 & 0 & 0 & -1 & 0 & 0 & 0 \\ 0 & 1 & 0 & -1 & 0 & 0 & 0 \\ 0 & 0 & 0 & 0 & 0 & 0 & 0 \\ -1 & -1 & 0 & 3 & 0 & -1 & 0 \\ 0 & 0 & 0 & 0 & 1 & 0 & -1 \\ 0 & 0 & 0 & -1 & 0 & 1 & 0 \\ 0 & 0 & 0 & 0 & -1 & 0 & 1 \end{bmatrix} \quad (\text{a.18})$$

よって，行列の基本変形を行うことで $\mathrm{rank}(L) = 4$ と求められる．また，G の連結成分は 3 個なので，$\mathrm{rank}(L) = 7 - 3 = 4$ となり，**定理 2.23** が成り立つ．

【7】 まず，閉路グラフ G_{cycle} に対応するグラフラプラシアン L_{cycle} の固有値について考える．$\zeta := e^{\mathrm{j}(2\pi/n)} = \cos(2\pi/n) + \mathrm{j}\sin(2\pi/n) \in \mathbb{C}$ および $x := [1 \ \nu \ \cdots \ \nu^{n-1}]^\top \in \mathbb{C}^n$ と定義する．ただし，$\nu \in \{1, \zeta, \cdots, \zeta^{n-1}\}$ であり，また，$1, \zeta, \cdots, \zeta^{n-1}$ は互いに異なる複素数である．ここで，G_{cycle} の隣接行列を A_{cycle} とする．このとき，ベクトル $A_{\text{cycle}} x$ の第 i 要素は，つぎのようになる．

$$\begin{aligned} x_{i+1} + x_{i-1} &= \nu^i + \nu^{i-2} \\ &= (\nu + \nu^{-1})\nu^{i-1} \\ &= (\nu + \nu^{-1}) x_i \end{aligned} \quad (\text{a.19})$$

ただし，$x_0 := x_n$，$x_{n+1} := x_1$ とする．式 (a.19) は，$\nu + \nu^{-1}$ が A_{cycle} の固有値となることを意味する．ここで，ν^{-1} は ν の複素共役であることと，$\nu \in \{1, \zeta, \cdots, \zeta^{n-1}\}$ であることに注意すると，A_{cycle} の固有値は

$$2, \ 2\cos\left(\frac{2\pi}{n}\right), \ \cdots, \ 2\cos\left(\frac{2(n-1)\pi}{n}\right) \quad (\text{a.20})$$

となる．いま，$L_{\text{cycle}} = 2I_n - A_{\text{cycle}}$ であるので，L_{cycle} の固有値は式 (2.104) のようになる．

つぎに，完全グラフ G_{comp} に対応するグラフラプラシアン L_{comp} の固有値について考える．行列 M を $M := \mathbf{1}_n \mathbf{1}_n^\top$ と定義し，M の特性多項式を考えると，つぎのようになる．

$$\begin{aligned}
\det(\lambda I_n - M) &= \det \begin{pmatrix} \lambda-1 & -1 & -1 & \cdots & -1 \\ -1 & \lambda-1 & -1 & \cdots & -1 \\ -1 & -1 & \lambda-1 & \ddots & \vdots \\ \vdots & \vdots & \ddots & \ddots & -1 \\ -1 & -1 & \cdots & -1 & \lambda-1 \end{pmatrix} \\
&= \det \begin{pmatrix} \lambda-n & -1 & -1 & \cdots & -1 \\ \lambda-n & \lambda-1 & -1 & \cdots & -1 \\ \lambda-n & -1 & \lambda-1 & \ddots & \vdots \\ \vdots & \vdots & \ddots & \ddots & -1 \\ \lambda-n & -1 & \cdots & -1 & \lambda-1 \end{pmatrix} \\
&= (\lambda-n) \det \begin{pmatrix} 1 & -1 & -1 & \cdots & -1 \\ 1 & \lambda-1 & -1 & \cdots & -1 \\ 1 & -1 & \lambda-1 & \ddots & \vdots \\ \vdots & \vdots & \ddots & \ddots & -1 \\ 1 & -1 & \cdots & -1 & \lambda-1 \end{pmatrix} \\
&= (\lambda-n) \det \begin{pmatrix} 1 & -1 & -1 & \cdots & -1 \\ 0 & \lambda & 0 & \cdots & 0 \\ 0 & 0 & \lambda & \ddots & \vdots \\ \vdots & \vdots & \ddots & \ddots & 0 \\ 0 & 0 & \cdots & 0 & \lambda \end{pmatrix} \\
&= (\lambda-n)(-1)^{1+1} \det \begin{pmatrix} \lambda & 0 & \cdots & 0 \\ 0 & \lambda & \ddots & \vdots \\ \vdots & \ddots & \ddots & 0 \\ 0 & \cdots & 0 & \lambda \end{pmatrix} \\
&= (\lambda-n)\lambda^{n-1} \qquad\qquad\qquad\qquad (\text{a.21})
\end{aligned}$$

ただし，式 (a.21) の右辺の第 2 式（2 行目）は，第 1 式の第 1 列に第 2〜n 列を加えることで得られる．また，右辺の第 4 式は，第 3 式の第 2〜n 行から第 1 行を引くことで得られる．式 (a.21) より，M は固有値 n を 1 個，固有値 0 を $n-1$ 個持つことがわかる．いま，$L_{\mathrm{comp}} = nI_n - M$ であるので，L_{comp} の固有値は式 (2.105) のようになる．

【8】 G の任意の辺 $(i,j) \in \mathcal{E}$ に対して,$\omega((i,j)) = 1$ であるような重み関数 ω を考える。このとき,(G,ω) のペロン行列は P に等しい。したがって,**定理 2.32** より,$\hat{P} = P^{n-1}$ は,ある重み付きグラフ $(G^{n-1}, \hat{\omega})$ の適当な正数 $\hat{\varepsilon} < 1/\hat{\Delta}$ に対するペロン行列である。ただし,$\hat{\Delta}$ はこの重み付きグラフの最大次数を表す。したがって,**補題 2.6** より,$\hat{p}_{ji} > 0$ であることは,(i,j) が G^{n-1} の辺であることと等価である。これは,**補題 2.1** (iv) より,グラフ G において始点 $i \in \mathcal{V}$ と終点 $j \in \mathcal{V}$ の有向道が存在することと等価である。

【9】 (1) 式 (2.113) のペロン行列の定義から,P_1, P_2 はそれぞれつぎのようになる。

$$P_1 = \frac{1}{4}\begin{bmatrix} 3 & 0 & 0 & 1 & 0 & 0 \\ 1 & 3 & 0 & 0 & 0 & 0 \\ 0 & 1 & 2 & 0 & 1 & 0 \\ 0 & 1 & 0 & 3 & 0 & 0 \\ 1 & 0 & 0 & 0 & 2 & 1 \\ 0 & 0 & 1 & 0 & 0 & 3 \end{bmatrix} \tag{a.22}$$

$$P_2 = \frac{1}{4}\begin{bmatrix} 3 & 0 & 0 & 1 & 0 & 0 \\ 1 & 3 & 0 & 0 & 0 & 0 \\ 0 & 1 & 1 & 0 & 1 & 1 \\ 0 & 1 & 0 & 3 & 0 & 0 \\ 1 & 0 & 0 & 0 & 2 & 1 \\ 0 & 0 & 0 & 0 & 0 & 4 \end{bmatrix} \tag{a.23}$$

(2) P_1^5, P_2^5 はそれぞれつぎのように求められる。

$$P_1^5 = \frac{1}{4^5}\begin{bmatrix} 333 & 271 & 0 & 420 & 0 & 0 \\ 420 & 333 & 0 & 271 & 0 & 0 \\ 329 & 250 & 83 & 139 & 91 & 132 \\ 271 & 420 & 0 & 333 & 0 & 0 \\ 250 & 139 & 132 & 197 & 83 & 223 \\ 139 & 197 & 223 & 27 & 132 & 306 \end{bmatrix} \tag{a.24}$$

$$P_2^5 = \frac{1}{4^5} \begin{bmatrix} 333 & 271 & 0 & 420 & 0 & 0 \\ 420 & 333 & 0 & 271 & 0 & 0 \\ 234 & 146 & 1 & 116 & 31 & 496 \\ 271 & 420 & 0 & 333 & 0 & 0 \\ 225 & 76 & 0 & 195 & 32 & 496 \\ 0 & 0 & 0 & 0 & 0 & 1024 \end{bmatrix} \quad \text{(a.25)}$$

P_1^5 はすべてが正の要素を持つ列が存在するため,G_1 は全域木を持つ.P_2^5 はそのような列が存在しないため,G_2 は全域木を持たない.

(3) P_1^5 の列ですべてが正の要素を持つものは第 1 列,第 2 列,第 4 列であるため,G_1 の全域木の根となりうる頂点は 1, 2, 4 である.

(4) G_2 の頂点を 1, 2, 4, 6, 3, 5 の順番に並び替える置換行列

$$\Pi = \begin{bmatrix} 1 & 0 & 0 & 0 & 0 & 0 \\ 0 & 1 & 0 & 0 & 0 & 0 \\ 0 & 0 & 0 & 0 & 1 & 0 \\ 0 & 0 & 1 & 0 & 0 & 0 \\ 0 & 0 & 0 & 0 & 0 & 1 \\ 0 & 0 & 0 & 1 & 0 & 0 \end{bmatrix} \quad \text{(a.26)}$$

を用いて式 (a.23) を変形すると

$$\Pi^\top P_2 \Pi = \frac{1}{4} \left[\begin{array}{ccc|c|cc} 3 & 0 & 1 & 0 & 0 & 0 \\ 1 & 3 & 0 & 0 & 0 & 0 \\ 0 & 1 & 3 & 0 & 0 & 0 \\ \hline 0 & 0 & 0 & 4 & 0 & 0 \\ \hline 0 & 1 & 0 & 1 & 1 & 1 \\ 1 & 0 & 0 & 1 & 0 & 2 \end{array} \right] \quad \text{(a.27)}$$

を得る.これは式 (2.123) の形をしている.

[10] 適当な正数 $\varepsilon < 1/\Delta$ に対して,グラフ G の ε に対するペロン行列を P とする.ただし,Δ は G の最大次数を表す.このとき,式 (2.113) より

$$\check{P} = e^{-\tau L} = e^{-\tau (I-P)/\varepsilon} = \frac{e^{(\tau/\varepsilon)P}}{e^{\tau/\varepsilon}} = \frac{e^{\rho P}}{e^{\rho}}$$

$$= \frac{1}{e^\rho} \sum_{k=0}^{\infty} \frac{\rho^k}{k!} P^k \quad \text{(a.28)}$$

を得る。ただし，$\rho = \tau/\varepsilon$ とおいた。**定理 2.32** から，P^k は重み付きグラフ (G^k, ω_k) のある正数 $\varepsilon_k < 1/\Delta_k$ に対するペロン行列である。ただし，ω_k はグラフ G^k 上の適当な重み関数であり，Δ_k はこの重み付きグラフの最大次数である。**定理 2.31** (i) が $m = \infty$ の場合も成り立つことに注意すると，式 (a.28) より，$\check{P}$ はある重み付きグラフ $\left(\bigcup_{k=0}^{\infty} G^k, \check{\omega}\right)$ のある正数 $\check{\varepsilon} < 1/\check{\Delta}$ に対するペロン行列である。ただし，$\check{\omega}$ はグラフ $\bigcup_{k=0}^{\infty} G^k$ 上の適当な重み関数であり，$\check{\Delta}$ はこの重み付きグラフの最大次数である。さらに，**補題 2.1** (ii), (iii) より，$\bigcup_{k=0}^{\infty} G^k = G^{n-1}$ である。したがって，$\check{P}$ は重み付きグラフ $(G^{n-1}, \check{\omega})$ の正数 $\check{\varepsilon} < 1/\check{\Delta}$ に対するペロン行列である。さらに，$\check{\omega}$ はグラフ G^{n-1} 上の適当な重み関数であり，$\check{\Delta}$ は重み付きグラフ $(G^{n-1}, \check{\omega})$ の最大次数である。

3章

【1】 文献63) を参照。

【2】 (1) ローカル時刻 $\tau_i(t)$ を

$$\bar{\tau}_i(t) = \tau_i(t) - t \tag{a.29}$$

のように変換する。ある合意値 α が存在し，任意の $i \in \mathcal{V}$ に対して，式 (3.12), つまり

$$\lim_{t \to \infty} \bar{\tau}_i(t) = \alpha \tag{a.30}$$

が成り立つとする。このとき，式 (3.23) が成り立つことは明らかである。また，式 (a.30) とバーバラの補題，および式 (a.29) を順に用いることで

$$0 = \lim_{t \to \infty} \dot{\bar{\tau}}_i(t) = \lim_{t \to \infty} \frac{d}{dt}(\tau_i(t) - t) = \lim_{t \to \infty} \dot{\tau}_i(t) - 1 \tag{a.31}$$

を得る。したがって，式 (3.90) が成り立つ。

(2) 式 (3.22) と式 (a.29) より，$\bar{\tau}_i(t)$ のダイナミクスは

$$\dot{\bar{\tau}}_i(t) = \nu_i(t) - 1 \tag{a.32}$$

で与えられる。これより，式 (3.27) に従って分散制御器を設計すると

$$\nu_i(t) - 1 = -\sum_{j \in \mathcal{N}_i} (\tau_i(t) - \tau_j(t)) \tag{a.33}$$

を得る．さらに，式 (a.29) より

$$\nu_i(t) = 1 - \sum_{j \in \mathcal{N}_i} (\tau_i(t) - \tau_j(t)) \tag{a.34}$$

を得る．式 (a.34) の調整則は基準時刻 t の情報を利用していないことに注意されたい．

【3】 (1) ビークルの位置座標 $(p_{xi}(t), p_{yi}(t))$ を

$$\begin{cases} \bar{p}_{xi}(t) = p_{xi}(t) - p_{xi}^* \\ \bar{p}_{yi}(t) = p_{yi}(t) - p_{yi}^* \end{cases} \tag{a.35}$$

のように平行移動する．このとき，式 (3.92) より，式 (3.91) は次式と等価である．

$$\begin{cases} \lim_{t \to \infty} (\bar{p}_{xi}(t) - \bar{p}_{xj}(t)) = 0 \\ \lim_{t \to \infty} (\bar{p}_{yi}(t) - \bar{p}_{yj}(t)) = 0 \end{cases} \tag{a.36}$$

これは式 (3.25) の形をしている．

(2) 式 (3.92) と式 (a.35) より，式 (3.27) に従って分散制御器を設計すると，つぎを得る．

$$\begin{aligned} v_{xi}(t) &= -\sum_{j \in \mathcal{N}_i} (\bar{p}_{xi}(t) - \bar{p}_{xj}(t)) \\ &= -\sum_{j \in \mathcal{N}_i} (p_{xi}(t) - p_{xj}(t) - r_{xij}) \end{aligned} \tag{a.37}$$

$$\begin{aligned} v_{yi}(t) &= -\sum_{j \in \mathcal{N}_i} (\bar{p}_{yi}(t) - \bar{p}_{yj}(t)) \\ &= -\sum_{j \in \mathcal{N}_i} (p_{yi}(t) - p_{yj}(t) - r_{yij}) \end{aligned} \tag{a.38}$$

これは座標 (p_{xi}^*, p_{yi}^*) の情報を利用していないことに注意されたい．

【4】 (1) 式 (3.18) より，合意集合 $\mathcal{A}$ 上の点 $x \in \mathbb{R}^n$ は，ある定数 α に対して $x = \alpha \mathbf{1}_n$ と表される．これを式 (3.93) に代入すると，式 (3.94) を得る．この式は任意の $\alpha \in \mathbb{R}$ に対して成り立つから，α で微分することで

$$\begin{aligned} 0 &= \frac{d}{d\alpha} c_i(\alpha, \alpha, \cdots, \alpha) \\ &= \frac{\partial c_i}{\partial x_i}(\alpha, \alpha, \cdots, \alpha) \frac{d\alpha}{d\alpha} + \sum_{j \in \mathcal{N}_i} \frac{\partial c_i}{\partial x_j}(\alpha, \alpha, \cdots, \alpha) \frac{d\alpha}{d\alpha} \end{aligned} \tag{a.39}$$

が成り立つ．したがって，式 (3.95) を得る．

(2) 合意集合 $\mathcal{A}$ 上の点 $x = \alpha\mathbf{1}_n$ の近傍で関数 $c_i(x_i, x_{j_1}, x_{j_2}, \cdots, x_{j_{n_i}})$ をテイラー展開すると

$$\begin{aligned}
c_i&(x_i, x_{j_1}, x_{j_2}, \cdots, x_{j_{n_i}}) \\
&= c_i(\alpha, \alpha, \cdots, \alpha) + \frac{\partial c_i}{\partial x_i}(\alpha, \alpha, \cdots, \alpha)(x_i - \alpha) \\
&\quad + \sum_{j \in \mathcal{N}_i} \frac{\partial c_i}{\partial x_j}(\alpha, \alpha, \cdots, \alpha)(x_j - \alpha) + o(\|x - \alpha\mathbf{1}_n\|) \\
&= - \sum_{j \in \mathcal{N}_i} \frac{\partial c_i}{\partial x_j}(\alpha, \alpha, \cdots, \alpha)(x_i - x_j) + o(\|x - \alpha\mathbf{1}_n\|)
\end{aligned} \tag{a.40}$$

を得る。ただし，最後の等式には，式 (3.94) と式 (3.95) を用いた。これより，式 (3.4) は係数 $k_{ij} = \dfrac{\partial c_i}{\partial x_j}(\alpha, \alpha, \cdots, \alpha)$ に対して式 (3.32) によって線形近似される。

【5】(1) 頂点を 7, 2, 3, 4, 9, 1, 5, 6, 8 の順に入れ替える置換行列を Π とすると，グラフラプラシアンは

$$\Pi L \Pi^\top = \begin{bmatrix}
0 & 0 & 0 & 0 & 0 & 0 & 0 & 0 & 0 \\
0 & 1 & 0 & 0 & -1 & 0 & 0 & 0 & 0 \\
0 & -1 & 1 & 0 & 0 & 0 & 0 & 0 & 0 \\
0 & 0 & -1 & 1 & 0 & 0 & 0 & 0 & 0 \\
0 & 0 & 0 & -1 & 1 & 0 & 0 & 0 & 0 \\
0 & -1 & 0 & 0 & 0 & 2 & 0 & 0 & -1 \\
0 & 0 & 0 & -1 & 0 & 0 & 1 & 0 & 0 \\
-1 & 0 & 0 & 0 & -1 & 0 & -1 & 3 & 0 \\
-1 & 0 & 0 & 0 & -1 & 0 & 0 & 0 & 2
\end{bmatrix} \tag{a.41}$$

のように変換される。

(2) (1) より，このマルチエージェントシステムを表す式 (3.30) の微分方程式の一部を取り出すと，以下を得る。

$$\dot{x}_7(t) = 0 \tag{a.42}$$

$$\begin{bmatrix} \dot{x}_2(t) \\ \dot{x}_3(t) \\ \dot{x}_4(t) \\ \dot{x}_9(t) \end{bmatrix} = - \begin{bmatrix} 1 & 0 & 0 & -1 \\ -1 & 1 & 0 & 0 \\ 0 & -1 & 1 & 0 \\ 0 & 0 & -1 & 1 \end{bmatrix} \begin{bmatrix} x_2(t) \\ x_3(t) \\ x_4(t) \\ x_9(t) \end{bmatrix} \quad \text{(a.43)}$$

式 (a.42) より，$x_7(t)$ の値は変化しない．式 (a.43) における行列はグラフラプラシアンであり，固有値 0 は単純である．また，固有値 0 に対する左固有ベクトルは $\mathbf{1}_4^\top$ である．したがって，**定理 2.25** より，対応するグラフは平衡であるため，**定理 3.3** (i) より $x_i(t)$ $(i = 2, 3, 4, 9)$ のシステムは平均合意を達成する．

【6】 $\bigcup_{\sigma=1}^{m} G_\sigma$ が全域木を持たないことを仮定し，適当な初期状態のもと，式 (3.71) の解 $y[\kappa]$ が $\mathbf{1}_n$ の定数倍には収束しないことを示す．この仮定から，**定理 2.17** と式 (3.73) より，ペロン行列 $P[\kappa]$ に対応するグラフ $G[\kappa]$ は全域木を持たない．さらに，式 (3.73) より，任意の $\kappa \in \mathbb{N}$ に対してグラフ $(G[\kappa])^{n-1}$ は等しい．これより，**定理 2.30** から，置換行列 $\Pi \in \mathbb{R}^{n \times n}$ と対角要素がすべて正の確率行列 $X_{11}[\kappa] \in \mathbb{R}^{n_1 \times n_1}$，$X_{22}[\kappa] \in \mathbb{R}^{n_2 \times n_2}$ および非負行列 $X_{31}[\kappa] \in \mathbb{R}^{n_3 \times n_1}$，$X_{32}[\kappa] \in \mathbb{R}^{n_3 \times n_2}$，$X_{33}[\kappa] \in \mathbb{R}^{n_3 \times n_3}$ が存在し，任意の $\kappa \in \mathbb{N}$ に対してつぎが成り立つ．

$$\Pi^\top P[\kappa] \Pi = \begin{bmatrix} X_{11}[\kappa] & 0 & 0 \\ 0 & X_{22}[\kappa] & 0 \\ X_{31}[\kappa] & X_{32}[\kappa] & X_{33}[\kappa] \end{bmatrix} \quad \text{(a.44)}$$

ただし，$n_1, n_2 \in \mathbb{N} \setminus \{0\}$ は $n_1 + n_2 \leqq n$ を満たし，$n_3 = n - n_1 - n_2$ である．異なる実数 γ_1 と γ_2 およびベクトル $\xi \in \mathbb{R}^{n_3}$ に対して，初期状態を

$$y[0] = \Pi \begin{bmatrix} \gamma_1 \mathbf{1}_{n_1}^\top & \gamma_2 \mathbf{1}_{n_2}^\top & \xi^\top \end{bmatrix}^\top \quad \text{(a.45)}$$

とおく．このとき，任意の $\kappa \in \mathbb{N}$ に対して，あるベクトル $\eta[\kappa] \in \mathbb{R}^{n_3}$ が存在し，$y[\kappa]$ はつぎを満たす．

$$y[\kappa] = \Pi \begin{bmatrix} \gamma_1 \mathbf{1}_{n_1}^\top & \gamma_2 \mathbf{1}_{n_2}^\top & \eta^\top[\kappa] \end{bmatrix}^\top \quad \text{(a.46)}$$

実際，式 (a.45) より $\kappa = 0$ のときは，式 (a.46) が成り立つ．つぎに，式 (a.46) が成り立つことを仮定すると，式 (3.71) と式 (a.44) より

$$y[\kappa+1] = \Pi \begin{bmatrix} X_{11}[\kappa] & 0 & 0 \\ 0 & X_{22}[\kappa] & 0 \\ X_{31}[\kappa] & X_{32}[\kappa] & X_{33}[\kappa] \end{bmatrix} \Pi^\top \Pi \begin{bmatrix} \gamma_1 \mathbf{1}_{n_1} \\ \gamma_2 \mathbf{1}_{n_2} \\ \eta[\kappa] \end{bmatrix}$$

$$= \Pi \begin{bmatrix} \gamma_1 \mathbf{1}_{n_1} \\ \gamma_2 \mathbf{1}_{n_2} \\ \gamma_1 X_{31}[\kappa]\mathbf{1}_{n_1} + \gamma_2 X_{32}[\kappa]\mathbf{1}_{n_2} + X_{33}[\kappa]\eta[\kappa] \end{bmatrix} \tag{a.47}$$

を得る.ここで,$X_{11}[\kappa]$ と $X_{22}[\kappa]$ が確率行列であることと,$\Pi^\top \Pi = I$ を用いた.したがって,$y[\kappa+1]$ に対しても式 (a.46) の形は保たれる.式 (a.46) より,状態 $y[\kappa]$ の要素のうち n_1 個は γ_1 から,n_2 個は γ_2 から変化しない.γ_1 と γ_2 は異なる実数であるから,$y[\kappa]$ が $\mathbf{1}_n$ の定数倍に収束することはない.

4章

【1】 エージェント i の可視領域は $\mathcal{D}(x_i)$ で与えられるので,n 個のエージェント全体の可視領域は $\bigcup_{i \in \mathcal{V}} \mathcal{D}(x_i)$ となる.したがって,可視領域の体積を最大にする評価関数(可視領域が最大のとき,その値が最小となる関数)は,以下のように与えられる.

$$J(x) := \int_{\bigcup_{i \in \mathcal{V}} \mathcal{D}(x_i)} -1 \, dq \tag{a.48}$$

【2】 ボロノイ領域 $\mathcal{C}_i(x)$ を考える.この領域と隣接するボロノイ領域のインデックス集合を $\mathcal{N}_i$ で表す.つまり,$\mathcal{N}_i := \{j \in \mathcal{V} : i \neq j, \mathcal{C}_i(x) \cap \mathcal{C}_j(x) \neq \emptyset\}$ である.ボロノイ図の定義から,任意の $j \in \mathcal{N}_i$ に対して,$\mathcal{C}_i(x)$ と $\mathcal{C}_j(x)$ の境界は,点 x_i と点 x_j に対する垂直二等分面の部分集合となる.そこで,この垂直二等分面を,ある行ベクトル $P_{ij} \in \mathbb{R}^{1 \times m}$ とスカラー $p_{ij} \in \mathbb{R}$ を用いて $\{x \in \mathbb{R}^m : P_{ij}x + p_{ij} = 0\}$ で表し,一般性を失うことなく $P_{ij}x_i + p_{ij} \leqq 0$ を仮定すれば

$$\mathcal{C}_i(x) = \mathcal{Q} \cap \left(\bigcap_{j \in \mathcal{N}_i} \{x \in \mathbb{R}^m : P_{ij}x + p_{ij} \leqq 0\} \right) \tag{a.49}$$

となる.この式から,$\mathcal{C}_i(x)$ は一つの凸集合と $|\mathcal{N}_i|$ 個の凸多面体の共通集合となっていることがわかる.また,一般に,任意に与えられた複数個の凸集合(凸多面体)の共通集合は,凸集合(凸多面体)である[59].これらの事実から,(iv) の前半が示される.つぎに,$\mathcal{Q}$ が凸多面体のときは,$\mathcal{C}_i(x)$ は $1 + |\mathcal{N}_i|$ 個の凸多面体の共通集合である.これより (iv) の後半が得られる.

【3】 定理 **A.2** のラサールの不変性原理において，集合 $\mathcal{X}$ が，有界閉集合 $\mathcal{X}_1$ から閉集合 $\mathcal{X}_2$ を引いた差集合で与えられるとき（つまり，$\mathcal{X}$ が有界閉集合とは限らないとき），任意の初期状態 $x_0 \in \mathcal{X}$ に対し，$x(t) \to \mathcal{X}_2$ が成立しなければ，定理 **A.2** と同じ結論が得られる。これは，$x(t) \to \mathcal{X}_2$ とならないとき，$\mathcal{X}_1 \setminus \mathcal{X}_2$ に ω 極限集合[64]) が含まれるという事実を用いれば，文献50) の定理 4.4 と同様に証明される。この拡張されたラサールの不変性原理を用いて，(i) と同じようにすればよい。

【4】 $k \in \mathbb{N}$ に対する $x(k)$ を $x[k]$ で表す。このとき，式 (4.11) をオイラー法で離散化すると

$$x[k+1] = x[k] - G(x[k])\frac{\partial J}{\partial x}(x[k]), \quad x[0] = x_0 \qquad (\text{a.50})$$

となる。ここで $G(x[k]) = \alpha[k]I$ とすると，式 (4.30) が得られる。

【5】 マルチエージェントシステム全体のダイナミクスは，式 (3.30) で与えられる。このとき，無向グラフ G のグラフラプラシアン L は対称行列であることに注意すると，式 (3.30) は，$G(x) = I_n$，$J(x) = (1/2)x^\top L x$ とした勾配系に対応する。

5 章

【1】 まず，$\|P_\mathcal{X}(\xi) - P_\mathcal{X}(\xi')\| = 0$ の場合は明らかであるので，$\|P_\mathcal{X}(\xi) - P_\mathcal{X}(\xi')\| \neq 0$ の場合のみを考える。ヒントより

$$(y - P_\mathcal{X}(\xi))^\top (\xi - P_\mathcal{X}(\xi)) \leqq 0 \quad \forall y \in \mathcal{X} \qquad (\text{a.51})$$

が成り立つ。いま，$P_\mathcal{X}(\xi') \in \mathcal{X}$ であるので，上式中の y を $y = P_\mathcal{X}(\xi')$ とおくと

$$(P_\mathcal{X}(\xi') - P_\mathcal{X}(\xi))^\top (\xi - P_\mathcal{X}(\xi)) \leqq 0 \qquad (\text{a.52})$$

を得る。同様の議論から

$$(P_\mathcal{X}(\xi) - P_\mathcal{X}(\xi'))^\top (\xi' - P_\mathcal{X}(\xi')) \leqq 0 \qquad (\text{a.53})$$

が成立する。いま，式 (a.52) と式 (a.53) を足すと

$$(P_\mathcal{X}(\xi) - P_\mathcal{X}(\xi'))^\top (\xi' - P_\mathcal{X}(\xi') - \xi + P_\mathcal{X}(\xi)) \leqq 0 \qquad (\text{a.54})$$

となる。式 (a.54) を展開，移項すると

$$\|P_\mathcal{X}(\xi) - P_\mathcal{X}(\xi')\|^2 \leqq (P_\mathcal{X}(\xi) - P_\mathcal{X}(\xi'))^\top (\xi - \xi') \qquad (\text{a.55})$$

となり，シュワルツの不等式を右辺に適用すると

$$\|P_{\mathcal{X}}(\xi) - P_{\mathcal{X}}(\xi')\|^2 \leqq \|P_{\mathcal{X}}(\xi) - P_{\mathcal{X}}(\xi')\|\|\xi - \xi'\| \tag{a.56}$$

となる。ここで，両辺を $\|P_{\mathcal{X}}(\xi) - P_{\mathcal{X}}(\xi')\|$ で割ると，式 (5.71) が示される。

【2】式 (5.21) が成り立たないと仮定する。このとき，ある $\varepsilon > 0$ が存在して

$$\liminf_{k \to \infty} J(x[k]) \geqq J(x^*) + \frac{sD^2}{2} + 2\varepsilon \tag{a.57}$$

が成立する。いま，$x' \in \mathcal{X}$ を

$$\liminf_{k \to \infty} J(x[k]) \geqq J(x') + \frac{sD^2}{2} + 2\varepsilon \tag{a.58}$$

となるようにとる。また，$\liminf$ の定義から，十分大きい k_0 が存在して，任意の $k \geqq k_0$ に対して

$$J(x[k]) \geqq \liminf_{k \to \infty} J(x[k]) - \varepsilon \tag{a.59}$$

が成立する。式 (a.59) と式 (a.58) から，任意の $k \geqq k_0$ に対して

$$\begin{aligned} J(x[k]) - J(x') &\geqq \liminf_{k \to \infty} J(x[k]) - \varepsilon \\ &\quad - \liminf_{k \to \infty} J(x[k]) + \frac{sD^2}{2} + 2\varepsilon \\ &= \frac{sD^2}{2} + \varepsilon \end{aligned} \tag{a.60}$$

が成り立つ。ここで，式 (5.73) より，$s[k] = s \ (k = 0, 1, \cdots)$ とおくと

$$\begin{aligned} \|x[k+1] - x'\|^2 &\leqq \|x[k] - x'\|^2 \\ &\quad + 2s(J(x') - J(x[k])) + s^2 D^2 \end{aligned} \tag{a.61}$$

を得る。いま，式 (a.61) に式 (a.60) を代入すると

$$\|x[k+1] - x'\|^2 \leqq \|x[k] - x'\|^2 - 2s\varepsilon \tag{a.62}$$

が成り立つ。式 (a.62) は任意の $k \geqq k_0$ に対して成り立つので

$$\begin{aligned} \|x[k+1] - x'\|^2 &\leqq \|x[k] - x'\|^2 - 2s\varepsilon \\ &\leqq \|x[k-1] - x'\|^2 - 4s\varepsilon \leqq \cdots \\ &\leqq \|x[k_0] - x'\|^2 - 2(k+1-k_0)s\varepsilon \end{aligned} \tag{a.63}$$

となるが，十分大きい k に対して右辺は負になるため，これは成り立ち得な

い。よって，式 (5.21) が成り立つ。

【3】 式 (5.16) の凹関数の劣勾配の定義より

$$H(\mu) \leqq H(\bar{\mu}) + (\mu - \bar{\mu})^\top g(x_{\bar{\mu}}^*) \tag{a.64}$$

が示されればよい。これは次式より示される。

$$\begin{aligned}
H(\mu) &= \min_{\xi \in \mathcal{X}} \Big(J(\xi) + \mu^\top g(\xi) \Big) \\
&\leqq J(x_{\bar{\mu}}^*) + \mu^\top g(x_{\bar{\mu}}^*) \\
&= J(x_{\bar{\mu}}^*) + \bar{\mu}^\top g(x_{\bar{\mu}}^*) + (\mu - \bar{\mu})^\top g(x_{\bar{\mu}}^*) \\
&= H(\bar{\mu}) + (\mu - \bar{\mu})^\top g(x_{\bar{\mu}}^*) \tag{a.65}
\end{aligned}$$

【4】 ここでは，$n=2$ に対する証明のみを示す。一般の n に対しても，以下の議論から帰納的に示すことができる。

まず，$J(\xi) = J_1(\xi) + J_2(\xi)$ の凸性を示す。いま，ある $a \in [0,1]$ および ξ_1, ξ_2 に対して，$J(a\xi_1 + (1-a)\xi_2)$ を考えると，これは

$$\begin{aligned}
J(a\xi_1 + (1-a)\xi_2) &= J_1(a\xi_1 + (1-a)\xi_2) \\
&\quad + J_2(a\xi_1 + (1-a)\xi_2) \tag{a.66}
\end{aligned}$$

を満足する。関数 J_1, J_2 の凸性および式 (5.14) から

$$\begin{aligned}
J(a\xi_1 + (1-a)\xi_2) &\leqq aJ_1(\xi_1) + (1-a)J_1(\xi_2) \\
&\quad + aJ_2(\xi_1) + (1-a)J_2(\xi_2) \\
&= a(J_1(\xi_1) + J_2(\xi_1)) \\
&\quad + (1-a)(J_1(\xi_2) + J_2(\xi_2)) \\
&= aJ(\xi_1) + (1-a)J(\xi_2) \tag{a.67}
\end{aligned}$$

を得る。式 (a.67) は任意の $a \in [0,1]$ および ξ_1, ξ_2 に対して成り立つので，式 (5.14) の定義から $J(\xi)$ の凸性が示される。

つぎに，$\mathcal{X} = \mathcal{X}_1 \cap \mathcal{X}_2$ の凸性を示す。$\mathcal{X} \subseteq \mathcal{X}_1$, $\mathcal{X} \subseteq \mathcal{X}_2$ および式 (5.13) から，任意の $\xi_1, \xi_2 \in \mathcal{X}$ に対して

$$a\xi_1 + (1-a)\xi_2 \in \mathcal{X}_i \quad \forall a \in [0,1] \quad (i=1,2) \tag{a.68}$$

が成立する。すなわち

$$a\xi_1 + (1-a)\xi_2 \in \mathcal{X}_1 \cap \mathcal{X}_2 = \mathcal{X} \quad \forall a \in [0,1] \tag{a.69}$$

である。よって，式 (5.13) の定義より $\mathcal{X}$ の凸性が示される。

【5】 $\mathcal{V}^+ \times \mathcal{V}^-$ のある要素 (i^*, j^*) に注目する。まず，以下の値を定義する。

$$p_{j^*}^+ = \sum_{i \in \mathcal{V}^+} p_{j^*i}, \quad p_{j^*}^- = \sum_{i \in \mathcal{V}^-} p_{j^*i} \tag{a.70}$$

ここで，p_{ij} は行列 P の第 (i,j) 要素である。このとき，無向グラフであることと連結性より，P は二重確率行列であるので

$$p_{j^*}^+ + p_{j^*}^- = \sum_{i \in \mathcal{V}} p_{j^*i} = 1 \tag{a.71}$$

が成立する。いま，行列 P は非負行列であるので，$p_{j^*}^+, p_{j^*}^-$ はともに非負であり，かつ $p_{j^*}^+$ および $p_{j^*}^-$ のいずれかは $1/2$ 以上の値をとる。

つぎに，$P^\top P \,(= P^2)$ の第 (i,j) 要素である w_{ij} を考える。ペロン行列は非負行列であるので，$w_{ij} \geqq 0$ が成立する。よって

$$\sum_{(i,j) \in \mathcal{V}^+ \times \mathcal{V}^-} w_{ij} \geqq \sum_{i \in \mathcal{V}^+} w_{ij^*} \tag{a.72}$$

が成り立つ。また，w_{ij^*} の定義とペロン行列の非負性から

$$w_{ij^*} = \sum_{l=1}^n p_{li} p_{lj^*} \geqq p_{j^*i} p_{j^*j^*} \geqq p_{j^*i} \eta \tag{a.73}$$

となる。式 (a.72) 右辺の w_{ij^*} を式 (a.73) の最右辺で置き換えると

$$\sum_{(i,j) \in \mathcal{V}^+ \times \mathcal{V}^-} w_{ij} \geqq \eta \sum_{i \in \mathcal{V}^+} p_{j^*i} = \eta p_{j^*}^+ \tag{a.74}$$

を得る。つぎに，式 (a.72) を

$$\sum_{(i,j) \in \mathcal{V}^+ \times \mathcal{V}^-} w_{ij} \geqq \sum_{j \in \mathcal{V}^-} w_{i^*j} \tag{a.75}$$

で置き換え，同様の操作を繰り返すと

$$\sum_{(i,j) \in \mathcal{V}^+ \times \mathcal{V}^-} w_{ij} \geqq \eta p_{j^*}^- \tag{a.76}$$

を得る。よって，式 (a.74), (a.76) と $p_{j^*}^+$ と $p_{j^*}^-$ のいずれかは，$1/2$ 以上の値をとるという事実から，式 (5.75) が示される。

索 引

【あ】
アンテナアレイ　6

【い】
入次数　41

【え】
エージェント　1

【お】
凹関数　148
重み関数　68
重み付きグラフ　68
親（頂点の）　44

【か】
確率行列　25
可視領域　140
完全グラフ　41

【き】
幾何学的重複度　28
幾何平均合意　83
狭義凸関数　148
強連結　43
距離センサ　12
近傍　81

【く】
グラフ　14, 39
グラフラプラシアン　51, 88
蔵本振動子　18

【け】
計測　11
ゲルシュゴーリンの定理　32

【こ】
子（頂点の）　44
合意　82
合意集合　84
合意速度　85
合意値　83
合意問題　7, 19, 82
勾配　131
勾配系　131
孤立点　41

【さ】
最急降下法　132
最小生成木構成問題　19
最小値合意　83
最大次数　41
最大値合意　83
最適解　143
最適配置問題　129

【し】
時刻同期　10, 85
自己ループ　49
次数　42
次数行列　50
指数合意　85
始点（辺の）　41
始点（有向道の）　43
重心ボロノイ配置　135
終点（辺の）　41
終点（有向道の）　43
主問題　151

【す】
スイッチングネットワーク　110
ステップ幅　141, 149
スペクトル半径　31
スレーターの制約想定　151

【せ】
静的なネットワーク　16
性能関数　124
正の不変集合　171
積（グラフの）　46
積分系　87, 106, 133
全域木　45
全域部分グラフ　42
センサネットワーク　8

【そ】
相違ベクトル　85
双対関数　151
双対定理　151
双対分解　147
双対問題　150

【た】
代数的重複度　28
単純（固有値が）　28

【ち】
頂点　14, 39

頂点集合	39	

【つ】

通信	11	

【て】

停留点	130	
出次数	41	
展開問題	123	
電力システム	17	

【と】

同期	10, 17	
動的なネットワーク	16	
凸関数	148	
凸集合	148	
ドロネーグラフ	127	

【な】

長さ（有向道の）	43	

【に】

二重確率行列	26	

【ね】

根	44	
ネットワーク科学	19	
ネットワーク構造	14, 81	

【は】

半単純（固有値が）	28	

【ひ】

ビジョンセンサ	12	
被覆	123	
被覆問題	10, 123	

【ふ】

フォーメーションフライト	4	
深さ（頂点の）	45	
部分グラフ	42	
不変集合	171	
分解可能問題	155	
分割（集合の）	129	
分散アルゴリズム	19	
分散最適化問題	143	
分散推定	18	
分散制御	18	
分散制御器	81	

【へ】

平均合意	83	
平衡	41	
閉路グラフ	41	
ページランク問題	19	
ベキ（グラフの）	46	
ペロン行列	61, 106	
ペロンの定理	35	
ペロン・フロベニウスの定理	34	
辺	14, 39	
辺集合	39	

【ほ】

ボイド	2	
ポテンシャルゲーム	147	
ボロノイ図	125, 126	
ボロノイ領域	126	

【ま】

マルチエージェントシステム	1, 122	
マルチホップ通信	8	

【み】

道グラフ	40	

【む】

無向グラフ	15, 39	
群れ行動	2	

【ゆ】

有向木	44	
有向グラフ	15, 39	
有向道	43	

【ら】

ラサールの不変性原理	171	
ランデブー問題	7, 86	

【り】

リアプノフ関数	170	
リアプノフの安定性定理	170	
リーダー選挙問題	19	
リーダー・フォロワー合意	83	
隣接行列	49	
隣接集合	81	
隣接する（エージェントが）	81	
隣接する（頂点が）	49	

【れ】

劣勾配	148	
劣勾配法	147	
連結	43	
連結成分	44	

【わ】

和（グラフの）	46	

―― 編著者・著者略歴 ――

東　俊一（あずま　しゅんいち）
- 1999 年　広島大学工学部第 2 類電気電子工学課程卒業
- 2001 年　東京工業大学大学院理工学研究科修士課程修了（制御工学専攻）
- 2004 年　東京工業大学大学院情報理工学研究科博士後期課程修了（情報環境学専攻），博士（工学）
- 2004 年　日本学術振興会特別研究員
- 2005 年　京都大学助手
- 2007 年　京都大学助教
- 2011 年　京都大学准教授
- 2017 年　名古屋大学教授
- 現在に至る

石井　秀明（いしい　ひであき）
- 1996 年　筑波大学第三学群工学システム学類卒業
- 1998 年　京都大学大学院工学研究科修士課程修了（応用システム科学専攻）
- 2001 年　イリノイ大学ポスドク研究員
- 2002 年　トロント大学電気コンピュータ工学科 Ph.D. 課程修了，Ph.D.
- 2004 年　東京大学助手
- 2007 年　東京工業大学准教授
- 現在に至る

桜間　一徳（さくらま　かずのり）
- 1999 年　京都大学工学部物理工学科卒業
- 2001 年　京都大学大学院情報学研究科修士課程修了（システム科学専攻）
- 2003 年　日本学術振興会特別研究員
- 2004 年　京都大学大学院情報学研究科博士後期課程修了（システム科学専攻），博士（情報学）
- 2004 年　電気通信大学助手
- 2007 年　電気通信大学助教
- 2011 年　京都大学特定研究員
- 2011 年　鳥取大学准教授
- 2018 年　京都大学准教授
- 現在に至る

永原　正章（ながはら　まさあき）
- 1998 年　神戸大学工学部システム工学科卒業
- 2000 年　京都大学大学院情報学研究科修士課程修了（複雑系科学専攻）
- 2003 年　京都大学大学院情報学研究科博士後期課程修了（複雑系科学専攻），博士（情報学）
- 2003 年　京都大学助手
- 2007 年　京都大学助教
- 2012 年　京都大学講師
- 2016 年　北九州市立大学教授
- 現在に至る

林　直樹（はやし　なおき）
- 2006 年　大阪大学基礎工学部システム科学科卒業
- 2008 年　大阪大学大学院基礎工学研究科博士前期課程修了（システム創成専攻）
- 2011 年　大阪大学大学院基礎工学研究科博士後期課程修了（システム創成専攻），博士（工学）
- 2011 年　京都大学研究員
- 2012 年　大阪大学助教
- 現在に至る

畑中　健志（はたなか　たけし）
- 2002 年　京都大学工学部情報学科卒業
- 2004 年　京都大学大学院情報学研究科修士課程修了（数理工学専攻）
- 2007 年　京都大学大学院情報学研究科博士後期課程修了（数理工学専攻），博士（情報学）
- 2007 年　東京工業大学助教
- 2015 年　東京工業大学准教授
- 2018 年　大阪大学准教授
- 現在に至る

マルチエージェントシステムの制御
Control of Multi-agent Systems

Ⓒ S. Azuma, M. Nagahara, H. Ishii, N. Hayashi,
K. Sakurama, T. Hatanaka 2015

2015年9月18日	初版第1刷発行
2020年6月10日	初版第3刷発行

検印省略

編 著 者	東	俊	一	
	永 原	正	章	
著　　者	石 井	秀	明	
	林	直	樹	
	桜 間	一	徳	
	畑 中	健	志	
発 行 者	株式会社　コロナ社			
	代 表 者　牛来真也			
印 刷 所	三美印刷株式会社			
製 本 所	有限会社　愛千製本所			

112-0011　東京都文京区千石 4-46-10
発 行 所　株式会社　コロナ社
CORONA PUBLISHING CO., LTD.
Tokyo Japan
振替 00140-8-14844・電話(03)3941-3131(代)
ホームページ　https://www.coronasha.co.jp

ISBN 978-4-339-02822-9　C3053　Printed in Japan　（新宅）

〈出版者著作権管理機構　委託出版物〉
本書の無断複製は著作権法上での例外を除き禁じられています。複製される場合は，そのつど事前に，出版者著作権管理機構（電話 03-5244-5088, FAX 03-5244-5089, e-mail: info@jcopy.or.jp）の許諾を得てください。

本書のコピー，スキャン，デジタル化等の無断複製・転載は著作権法上での例外を除き禁じられています。購入者以外の第三者による本書の電子データ化及び電子書籍化は，いかなる場合も認めていません。
落丁・乱丁はお取替えいたします。